21世纪高职高专规划教材

计算机专业基础系列

计算机专业英语

（第3版）

卜艳萍　周 伟　编著

清华大学出版社
北京

内容简介

“计算机专业英语”是一门综合计算机专业知识和英语运用能力的应用型课程，该课程涵盖面广，综合性强。在本次再版中，保留了第2版中关于计算机基础理论知识及应用等方面的内容，增加了一些计算机新技术方面的内容。全书共分5章，第1章介绍计算机专业英语基础知识，第2章是计算机硬件和软件的知识，第3章是计算机网络知识，第4章主要是计算机应用方面的内容，第5章讲述计算机领域新技术。书末附有练习答案和课文及阅读材料的参考译文。

本书适合于计算机应用专业及相关专业高职高专学生使用，也可供广大计算机专业技术人员学习和参考。

图书在版编目(CIP)数据

计算机专业英语/卜艳萍，周伟编著．—3版．—北京：清华大学出版社，2019（2023.1重印）
（21世纪高职高专规划教材．计算机专业基础系列）
ISBN 978-7-302-52006-1

Ⅰ．①计…　Ⅱ．①卜…②周…　Ⅲ．①电子计算机—英语—高等职业教育—教材　Ⅳ．①TP3

中国版本图书馆CIP数据核字(2019)第000132号

责任编辑：孟毅新
封面设计：常雪影
责任校对：赵琳爽
责任印制：宋　林

出版发行：清华大学出版社
网　　址：http://www.tup.com.cn，http://www.wqbook.com
地　　址：北京清华大学学研大厦A座　　**邮　　编**：100084
社 总 机：010-83470000　　**邮　　购**：010-62786544
投稿与读者服务：010-62776969，c-service@tup.tsinghua.edu.cn
质量反馈：010-62772015，zhiliang@tup.tsinghua.edu.cn
课件下载：http://www.tup.com.cn，010-62770175-4278
印 装 者：三河市龙大印装有限公司
经　　销：全国新华书店
开　　本：185mm×260mm　　**印　　张**：17.75　　**字　　数**：408千字
版　　次：2004年9月第1版　2019年6月第3版　　**印　　次**：2023年1月第5次印刷
定　　价：48.00元

产品编号：065424-01

前言（第3版）

“计算机专业英语”是计算机专业和信息类专业的综合应用型课程。本课程的目标是使学生掌握计算机专业英语的技术词汇，能够顺利阅读、理解及翻译计算机软硬件技术方面的专业文献。本课程为学生将来工作中顺利阅读英文资料打下良好的基础，并为解决涉及专业英语知识的问题提供必要的知识保证。本书力求体现系统性、完整性、准确性、先进性、实用性，把培养学生掌握计算机专业词汇及提高专业文献阅读理解能力作为出发点，充分体现计算机领域技术发展快的特点。

本书共分5章，第1章介绍计算机专业英语的基础知识，包括专业英语中的词汇特点以及阅读与翻译计算机专业资料的方法、技巧等知识。第2章到第5章是专业英语阅读课文及阅读资料，每篇课文配有语法解释、重点词汇介绍、习题等。课文及阅读资料按专题分配在各章中。与第2版相比，各章的课文及阅读材料的内容安排上做了一些调整，选材上尽量选择新技术、新知识、新系统的相关素材，第1章中计算机专业英语基础知识的相关内容也作了一些改写。

第3版将计算机硬件和软件的基本知识组合成第2章；将计算机网络与互联网相关的内容放在第3章；将计算机软硬件技术在各个领域中应用的内容组织成第4章；而第5章主要是计算机领域新技术的讲述。相对于第2版，此次再版将增加一些计算机新技术方面的内容，如云计算、大数据、物联网、移动商务等方面的内容，这部分主要放在第5章。书末附有练习答案和课文的参考译文。附录部分的专业词汇表补充了一些新词。

本书由上海交通大学卜艳萍副教授和华东理工大学周伟副教授编著，卜艳萍负责第1章和第2章内容的编写以及对全书的统稿工作；周伟负责第3章、第4章、第5章、附录A和附录B的编写工作。赵桂钦、陈绍东、王德俊、何飞等对本书的结构和选材方面提供了宝贵的意见和建议，邱遥、周烨晴和周允帮助整理及录入了部分书稿，在此一并表示感谢。

由于编著者水平有限，书中不当之处敬请同行批评指正。

编著者
2019年3月

前言（第3版）

目 录

第1章 计算机专业英语基础知识

1.1 计算机专业英语的特点分析

科技文章中的语言表述要求严谨周密，层次分明，重点突出，属于严肃的书面语体。在科技英语中，各个领域的专业英语(English for Special Science and Technology)都以表达科技概念、理论和事实为主要目的，因此，它们很注重客观事实和真相，要求逻辑性强，条理规范，表达准确、精练以及正式。

计算机专业英语同其他科技英语一样，由于其内容、使用领域和功能的特殊性，在表达方式、词汇内容、文体和语法结构等方面与普通英语有所不同。

计算机专业术语多，而且派生和新出现的专业用语还在不断地增加。这些术语的出现是和计算机技术的高速发展分不开的。例如，Internet、Intranet、Extranet 等都是随着网络技术的发展而出现的。另外缩略词汇多，而且新的缩略词汇还在不断增加，并成为构成新词的词源。如 CPU(Central Processing Unit)、WPS(Word Processing System)、NT(Net Technology)、IT(Internet Technology)等，这些词汇的掌握首先要有一定的英语词汇量，还要有对新技术的了解。因此，要学好计算机专业英语并不是一件容易的事情，因为计算机技术不断发展，每个新技术都会有相应的一批新术语和新的知识描述。

在表达形式上，计算机专业英语与普通英语一样都有口语和书面形式两种。口语形式大多出现在一些专业知识的讲座、广播等场合中，它的特点是用词有含糊的地方，也会出现不完全句或反复的情况。而书面形式一般是一些书籍、论文和杂志等，用语正规。但不管哪种形式都少不了大量的专业词汇。

在文体结构上，由于专业英语大多强调简单明了、精练准确，所以会大量地使用一些诸如动名词、分词和不定式等非限定性动词。另外也使用一些名词结构以及像"with+名词"这样的结构，这些都是为了达到简化句子结构，简明表达文章内容的目的。除了精练的特点外，在专业英语中还使用限制条件，以便进一步准确地说明意思。

在语态上，大量使用被动语态是专业英语的一大特色。由于被动语态中，包含大量信息的主语在句子的开始出现，这样很容易引起读者的注意。另外，在专业英语中，许多句子中常常不指定特定的主语，总是用一些像 it、there 等词代替具体的主语。这是由于有时人们更关心所发生的动作和事实，而对发生动作的主语并不关心。所以在专业英语的翻译和理解中,就要找到合适的方法来处理这些被动语态和无特定主语句子的翻译,使翻译后的句子既不偏离原意又在表达上符合汉语的习惯。

专业英语中所使用的时态有60%以上是一般现在时,有大约5%是一般过去时,所以在翻译过程中,就要用一些能突出英语句子中对时态表达的词。

1.1.1 专业英语的专业性与客观性

专业英语的专业性就体现在它的特殊专业内容和特殊专业词汇,词汇是组成句子的基本元素,对词汇含义不能确定,就很难理解句子的内容。

专业英语在词汇短语和句子结构方面的特点如下。

(1) 合成新词多、专业术语多、介词短语多及半技术词汇多。

(2) 缩略词经常出现。

(3) 长句多。

(4) 被动语态使用频繁。

(5) 用虚拟语气表达假设或建议。

(6) 常用It ... 句型结构。

(7) 常使用动词或名词演化成的形容词。

(8) 在说明书、手册中广泛使用祈使语句。

(9) 插图、插画、表格、公式、数字所占比例大。

计算机专业文章一般重在客观地叙述事实,力求严谨和清楚,避免主观成分和感情色彩,这就决定了专业文体具有以下语法特点。

(1) 时态:时态形式使用比较单一,最常用的有5种时态,即一般现在时、现在进行时、一般过去时、一般将来时和现在完成时。

(2) 语态:经常使用被动语态,而且多为没有行为的被动语态。

(3) 谓语:经常使用静态结构,用来表示状态或情况。

(4) 定语:经常使用名词作定语,以取得简洁的效果。如用radar range-finder target selector switch表达雷达测距目标选择开关。

(5) 动词非限定形式:经常使用它们来扩展句子,如动词不定式短语、动名词短语、分词短语及独立分词结构。

(6) 名词化:以名词为中心词构成短语以取代句子,如句子when the experiment has been completed可改写成名词短语on completion of the experiment。

(7) 多重复合句:长复合句较多,句子中又嵌入句子。

(8) 逻辑词语:使用很频繁,明确表示出内容的内在联系,有助于清楚地叙述、归纳、推理、论证和概括。如hence、consequently、as a result、nevertheless、on the contrary、in short、as mentioned above等。

(9) 叙述方式:常避免用第一人称单数,而用第一人称复数we,或用the author等第三人称形式。

由于科学技术关心的不是个人的心理情绪,而是客观的普遍规律和对过程、概念的描述,因此专业英语应具有的客观性和无人称性(Objectivity and Impersonality)必然要反映到语法结构上。

专业英语文体在很多情况下是对某个科学论题的讨论，介绍某个科技产品和科学技术。为了表示一种公允性和客观性，往往在句子结构上采用被动语态描述，即以被描述者为主体，或者以第三者的身份介绍文章要点和内容。于是，被动语态反映了专业英语文体中文体的客观性。除了表述作者自己的看法、观点以外，很少直接采用第一人称表述法，但在阅读理解和翻译时，根据具体情况，又可以将一个被动语态句子翻译成主动形式，以便强调某个重点，更适合汉语的习惯。

因为专业英语的客观性，所以在文章中常用被动语态。有人统计出专业英语中被动语态的句子要占 1/3～1/2。即使用主动语态，主语也常常是非动物的(inanimate subject)。就时态而言，因为专业科技文献所涉及的内容(如科学定义、定理、方程式或公式、图表等)一般并没有特定的时间关系，所以在专业英语中大部分都使用一般现在时。其中一般过去时、一般完成时也在专业英语中经常出现，如科技报告、科技新闻、科技史料等。

(1) The procedure by which a computer is told how to work is called programming.

句子的主要结构为 The procedure is called programming，用一般现在时和被动语态。by which 为"介词＋关系代词"引导定语从句，从句的谓语也为被动语态，which 指代 procedure。

译文：告诉计算机如何工作的过程称为程序设计。

(2) Written language uses a small number of symbols which are easily encoded in digital form and can be combined in innumerable ways to convey meaning.

句中 are encoded 和 can be combined 是并列谓语，用被动语态，in digital form 和 in innumerable ways 中的介词 in 表示以什么形式，用什么方式。

译文：书面语言只使用少数符号，它们很容易用数字形式编码，并且可以用数不清的方法进行组合以便表达意义。

因为要求精练，专业英语中常希望用尽可能少的单词来清晰地表达原意。这就导致了非限定动词、名词化单词或词组及其他简化形式的广泛使用。

通常的表达形式如下。

(1) When you use the mouse to click a button, you can select an option from a list.

(2) We keep micrometers in boxes. Our object in doing this is to protect them from rust and dust.

(3) What does a fuse do? It protects a circuit.

(4) It is necessary to examine whether the new design is efficient.

精练的表达形式如下。

(1) By using the mouse to click a button, you can select an option from a list.

(2) We keep micrometers in boxes to protect them from rust and dust.

(3) The function of a fuse is to protect a circuit.

(4) It is necessary to examine the efficiency of the new design.

专业英语的准确性主要表现在用词上。然而在语法结构上也有其特点。例如，为了准确精细地描述事物过程，所用句子都较长，有些甚至一段就是一个句子。长句反映了客观事物中复杂的关系,它与前述精练的要求并不矛盾,句子长,结构仍是精练的,只是包含的信息量大,准确性较高。

例:The runtime system initializes fixed variables only once,whereas dynamic variables,if they are declared with an initializer,are re-initialized each time their block is entered.

Whereas 是一个连词,意思是"but in contrast; while on the other hand"。中文含义是"反之;而在另一方面却"。而 if 引导了一个条件状语从句。

译文:运行期间系统只初始化一次固定变量,而对于动态变量,若用初始程序说明,则每当进入动态变量块时,就重新初始化。

下面两个例句也是长句,翻译时注意内容的完整和准确。

例:And not only is it technically impossible to censor current content of the Internet,but the Internet is set to explode exponentially in the indefinite future,with there being literally millions of changes and additions to Web content on a daily basis.

译文:从技术上讲,要审查目前互联网的内容不仅不可能,在无限期的未来,它正在以幂指数的速度发展,互联网的内容每天都在进行无数的变动,并有无数的新内容出现。

例:After all,the purpose of education is not only to impart knowledge but to teach students to use the knowledge that they either have or will find,to teach them to ask and seek answers for important questions.

译文:毕竟,教育的目的不仅仅是传授知识,还要教会学生应用现有的,或是将来要掌握的知识,去提出问题,并寻找重要问题的答案。

1.1.2 计算机专业英语中长句的运用

由于科学的严谨性,专业英语中常常出现许多长句。长句主要是由于修饰语过多、并列成分多及语言结构层次多等因素造成的。如名词后面的定语短语或定语从句,以及动词后面或句首的介词短语或状语从句。这些修饰成分可以一个套一个连用(包孕结构),形成长句结构。显然,英语的一句话可以表达几层意思,而汉语习惯用一个小句表达一层意思,一般几层意思要通过几个小句来表达。在专业文章中,长句往往是对技术的关键部分的叙述,翻译得不恰当就会造成整个段落甚至通篇文章的意思都不清楚。在阅读及翻译专业文章时,遇到长句要克服畏惧心理,无论多么复杂的句子都由一些基本的成分组成。要弄清楚原文的句法结构,找出整个句子的中心内容及其各层意思,并分析几层意思之间的逻辑关系。

通常分析长句时采用的方法如下。

(1) 找出全句的基本语法成分,即主语、谓语和宾语,从整体上把握句子的结构。

(2) 找出句子中所有的谓语结构、非谓语动词、介词短语和从句的引导词等。

(3) 分析从句和短语的功能,即是否为主语从句、宾语从句、表语从句等,若是状语从句,则分析它是属于时间状语从句、原因状语从句、条件状语从句、目的状语从句、地点状语从句、让步状语从句、方式状语从句、结果状语从句,还是比较状语从句。

(4) 分析词、短语和从句之间的相互关系,如定语从句修饰的先行词是哪一个等。

(5) 注意分析句子中是否有固定词组或固定搭配。

(6) 注意插入语等其他成分。

在英语长句的阅读和翻译过程中,常采用以下几种方法。

(1) 顺序法:当英语长句的内容叙述层次与汉语基本一致时,或英语长句中所描述的一连串动作是按时间顺序安排的,可以按照英语原文的顺序翻译成汉语。

例:Personal computer-based office automation software has become an indispensable part of electron management in many countries. Word processing programs have replaced type-writers; spreadsheet programs have replaced ledger books; database programs have replaced paper-based electoral rolls, inventories and staff lists; personal organizer programs have replaced paper diaries; and so on.

译文:个人计算机办公自动化软件在许多国家已经成为电子管理不可缺少的组成部分。文字处理程序取代了打字机;电子表格取代了账簿;数据库取代了传统的纸选票、库存品和职员列表;个人管理程序取代了纸日记簿等。

例:No such limitation is placed on an alternating-current machine; here the only requirement is relative motion, and since a stationary armature and a rotating field system have numerous advantages, this arrangement is standard practice for all synchronous machines rated above a few kilovolt amperes.

译文:交流机不受这种限制,唯一的要求是相对移动,而且由于固定电枢和旋转磁场有很多优点,这种安排是所有容量超过几千伏安的同步机的标准做法。

(2) 逆序法:所谓逆序法,就是从长句的后面或中间译起,把长句的开头放在译文的结尾。这是由于英语和汉语的表达习惯不同:英语习惯于用前置性陈述,先结果后原因;而汉语习惯则相反,一般先原因后结果,层层递进,最后综合。当遇到这些表达次序与汉语表达习惯不同的长句时,就要采用逆序法。

例:In order to assist users to name files consistently, and, importantly, to allow the original creator and other users to find those files again, it is useful to establish naming conventions.

译文:为了帮助用户统一地命名文件,重要的是使最初的创建者和其他用户能再一次找到那些文件,建立命名公约是很必要的。

例:Instead of paying someone to manually enter reams of data into the computer, you can use a scanner to automatically convert the same information to digital files using OCR (Optical Character Recognition) software.

译文:你只要在使用扫描仪的过程中借助于光学字符识别软件就可以将信息转换成数字文件的形式,从而代替人们手工将大量数据输入计算机中的过程。

(3) 分句法:有时长句中主语或主句与修饰词的关系并不十分密切,翻译时可以按照汉语多用短句的习惯,把长句的从句或短语化成句子,分开来叙述。而有时英语长句包含多层意思,而汉语习惯于一个小句表达一层意思。为了使行文简洁,翻译时可把长句中的从句或介词短语分开叙述,顺序基本不变,保持前后的连贯。翻译时为了使语意连贯,有时需要适当增加词语。

例：Television,it is often said,keeps one informed about current events,allow one to follow the latest developments in science and politics,and offers an endless series of programs which are both instructive and entertaining.

译文：人们常说,通过电视可以了解时事,掌握科学和政治的最新动态。从电视里还可以看到层出不穷、既有教育意义又有娱乐性的系列节目。

例：The loads a structure is subjected to are divided into dead loads,which include the weights of all the parts of the structure,and live loads,which are due to the weights of people,movable equipment,etc.

译文：一个结构受到的载荷可以分为静载和动载两类。静载包括该结构各部分的重量。动载则是由于人和可移动设备等的重量而引起的载荷。

(4) 综合法：在一些长句单纯采用上述任何一种方法都不准确时,就需要仔细分析,或按照时间先后,或按照逻辑顺序,顺逆结合,主次分明地对全句进行综合处理。

例：Modern scientific and technical books,especially textbooks,require revision at short intervals if their authors wish to keep pace with new ideas,observations and discoveries.

译文：现代科技书籍,特别是教科书,要是作者希望内容与新见解、新观察、新发现保持一致,就应该每隔较短的时间,将内容重新修改。

例：Noise can be unpleasant to live even several miles from an aerodrome; if you think what it must be like to share the deck of a ship with several squadrons of jet aircraft,you will realize that a modern navy is a good place to study noise.

译文：噪声甚至会使住在远离飞机场几英里以外的人感到不适。如果你能想象到站在甲板上的几个中队喷气式飞机中间将是什么滋味,那你就会意识到现代海军是研究噪声的理想场所。

1.1.3 被动语态在计算机专业英语中的应用

语态是动词的一种形式,它表示主语和谓语的不同关系。语态有两种：主动语态和被动语态。主动语态表示句子的主语是谓语动作的发出者;被动语态表示主语是谓语动作的承受者。也就是说,主动语态句子中的宾语,在被动语态中作句子的主语。由于被动语态句子的主语是谓语动作的承受者,故只有及物动词才会有被动语态。

被动语态在科技文章中用得十分频繁,主要有两个原因。第一个原因是科技文章重在描写行为或状态本身,所以由谁或由什么作为行为或状态的主体就显得不重要。行为或状态的主体或者没有必要指出,或者根本指不出来。被动语态使用频繁的第二个原因是便于向后扩展句子,避免句子头重脚轻和不平衡。下面介绍科技英语中主要时态的被动语态形式。

1. 一般现在时

一般现在时的被动语态构成如下：

主语+am(is,are)+及物动词的过去分词

例：The switches are used for the opening and closing of electrical circuits.

译文：开关是用来开启和关闭电路的。

2. 一般过去时

一般过去时的被动语态构成如下：

主语+was(were)+及物动词的过去分词

例：That plotter was not bought in Beijing.

译文：那台绘图仪不是在北京买的。

3. 一般将来时

一般将来时的被动语态构成如下：

主语+will be+及物动词的过去分词

当主语是第一人称时，可用：

主语+shall be+及物动词的过去分词

例：I shall not be allowed to do it.

译文：不会让我做这件事的。

例：What tools will be needed for the job?

译文：工作中需要什么工具？

4. 现在进行时

现在进行时的被动语态构成如下：

主语+is(are)being+及物动词的过去分词

例：Electron tubes are found in various old products and are still being used in the circuit of some new products.

译文：在各种老产品里看到的电子管，在一些新产品的电路中也还在使用。

5. 过去进行时

过去进行时的被动语态构成如下：

主语+was(were)being+及物动词的过去分词

例：The laboratory building was being built then.

译文：实验大楼当时正在建造。

6. 现在完成时

现在完成时的被动语态构成如下：

主语+have(has)been+及物动词的过去分词

例：The letter has not been posted.

译文：信还没有寄出。

例：The virus in the computer has been found out.

译文：计算机中的病毒已经找出来了。

7. 过去完成时

过去完成时的被动语态构成如下：

主语+had been+及物动词的过去分词

例：When he came back，the problem had already been solved.

译文：他回来时，问题已经解决了。

1.1.4 英语的句子成分简介

英语的句子成分一般包括主语、谓语、宾语、定语、状语、补语及同位语等。

1. 主语

主语(Subject)是句子的主体，是句子所要说明的人或事物。主语通常是一些代表事物性或实体性的问语。除了名词可担任主语外，代词、数词、动词不定式、动名词、从句均可作主语。

例：**She** works in a big company.

译文：她在一家大公司工作。

2. 谓语

谓语(Predicate)说明主语"做什么""是什么"或"怎么样"。

例：They **decided** not to sell their computers.

译文：他们决定不卖掉他们的计算机。

3. 宾语

宾语(Object)表示动作的对象，是主语的动作的承担者，有宾语的动词称为及物动词，宾语一般在及物动词之后，作宾语的词有名词、代词宾格、数词、动词不定式、动名词、复合结构、从句等。

例：They have already finished **the work.**

译文：他们已经完成了那项工作。

4. 定语

定语(Attribute)是用来修饰名词或代词的。除形容词外，数词、名词所有格、动词不定式、介词短语、分词短语、动名词、副词和从句等，都可以作定语。

例：There is some exciting news **on the newspaper today.**

译文：今天报上有令人兴奋的消息。

5. 状语

状语(Adverbial)是用来修饰动词、形容词、副词的，表示时间、地点、原因、方式、程度等。作状语的词有副词或相当于副词的其他词、短语和从句。

例：There is a printer **in the room.**

译文：房间里有一台打印机。

6. 补语

英语中有些及物动词虽然有了宾语，但句子的意思仍不完整，还需要在宾语之后增加一个成分以补足其意义，这种成分叫宾语补语(Complement)。能作宾语补语的有名词、形容词、介词短语、副词、动词不定式和分词等。

例：They believe this printer to be **the best.**

译文：他们相信这台打印机是最好的。

7. 同位语

同位语(Appositive)用来对一个词或词组的内容加以补充和说明。它通常位于其说明的词或词组之后。

例：Our teacher,**Mr. Smith**,has developed a kind of new software.

译文：我们的老师,史密斯先生,已经开发了一种新软件。

例：We **Chinese** are working hard to make our country rich and strong.

译文：我们中国人民正努力工作使我们的国家富强起来。

8. 插入语

插入语通常是对一句话作一些附加的解释。常用来作这类附加成分的结构有 I think,I hope,I suppose,I guess,you know,don't you think,it seems,you see,it is said,it is suggested 等。它们一般放在句子末尾,也可放在句子中间。

例：Her design,**I think**,is the best of all.

译文：我认为她的设计是最好的。

例：This is the best printer in this company,**I suppose.**

译文：我想这是这个公司最好的打印机。

1.2 计算机专业英语的词汇特点

1.2.1 专业英语词汇的构成特点

词汇是构成句子的元素以及阅读、翻译和写作的基础。因此要忠实、通顺地翻译原文,对于构成句子的词的意思的把握就至关重要了。英汉两种语言对比来看,英语的词义灵活多变,词的含义范围比较宽,词义对上下文的依赖性比较强;汉语的词义比较严谨精确,词的含义范围比较窄,词义对上下文的依赖性比较小。在翻译时,要抓住两种语言的特点,在词义的选择和引申上多加注意。

词汇随着社会发展和信息的传递而发展,新的词汇层出不穷,各个学科都建立了自己的专业词汇库。随着科学技术的发展,新术语、新概念、新理论和新产品不断出现。不但新词大量涌现,许多日常用语也不断增加新的科技含义,如 off-the-shelf(成品的)、state-of-art(现代化设备)等。在专业英语中,缩略词的增加尤其迅速,各类技术词汇也随着专业的细分、学科的渗透而日益增多。

如果不能对词义进行很好的理解和准确的翻译,就不可能达到准确理解原文,通顺表达原文的目的。在进行翻译时,要准确选义,恰当引申,同时要注意勤于学习和收集一些新词、缩略词、专业术语词。另外,还可能遇到要翻译的词在字典中查找不到合适词义的现象。在这种情况下,就要根据上下文和逻辑关系,从该词的基本意思引申,选择恰当的汉语词义予以确切表达。在词义引申时,不是无原则的任意发挥。

1. 计算机专业英语中常见的词汇分类方法

(1) 技术词汇(technical words)。这类词的意义狭窄、单一,一般只使用在各自的专业范围内,因而专业性很强。这类词一般较长并且越长词义越狭窄,出现的频率也不高。

例如:bandwidth(带宽),flip-flop(触发器),superconductivity(超导性),hexadecimal(十六进制),amplifier(放大器)等。

(2) 次技术词汇(sub-technical words)。次技术词汇是指不受上下文限制的各专业中出现频率都很高的词。这类词往往在不同的专业中具有不同的含义。

例如:register 在计算机系统中表示寄存器,在电学中表示计数器、记录器,在乐器中表示音区,而在日常生活中则表示登记簿、名册、挂号信等。

(3) 特用词(big words)。在日常英语中,为使语言生动活泼,常使用一些短小的词或词组。而在专业英语中,表达同样的意义时,为了准确、正式、严谨,不引起歧义却往往选用一些较长的特用词。这些词在非专业英语中极少使用但却属于非专业英语。

日常英语中常用下列句子:

Then the light is turned on.

在专业英语中,却表示为

The circuit is then completed.

这是由于 complete 词义单一准确,可以避免歧义。而 turned on 不仅表示开通,而且还可以表示其他意义,例如:

The success of a picnic usually turns on(依赖)the weather.

类似的词还有

go down —— depress　　turn upside down —— invert

keep —— maintain　　enough —— sufficient

push in —— insert　　find out —— determine

(4) 功能词(function words)。它包括介词、连词、冠词、代词等。功能词为词在句子中的结构关系提供了十分重要的结构信号,对于理解专业内容十分重要,而且出现频率极高。研究表明,在专业英语中,出现频率最高的 10 个词都是功能词,其顺序为:the,of,in,and,to,is,that,for,are,be。下例 14 个词中功能词就占了 5 个。

When the recorder is operated in the record mode,previous recordings are automatically erased.

译文:当录音机工作在录音模式时,以前的录音被自动擦除。

2. 计算机专业英语的构词方法

(1) 大部分专业词汇来自希腊语和拉丁语。

(2) 前缀和后缀的出现频率非常高。

希腊语和拉丁语是现代专业英语词汇的基础。各行各业都有一些自己领域的专业词汇,有的是随着本专业发展应运而生的,有的是借用公共英语中的词汇,有的是借用外来语言词汇,有的则是人为构造成的词汇。

1) 合成词(composition)

合成词(也称复合词)是专业英语中另一大类词汇,其组成面广,多数以短画线“-”连接单词构成，或者采用短语构成。合成方法有名词＋名词，形容词＋名词，动词＋副词，名词＋动词，介词＋名词，形容词＋动词等。但是合成词并非随意可以构造，否则会形成一种非正常的英语句子结构。虽然可由多个单词构成合成词，但这种合成方式太冗长，应尽量避免。

(1) 下面这些是由短画线"-"连接的合成词。

file＋based→file-based　基于文件的

Windows＋based→Windows-based　以Windows为基础的

object＋oriented→object-oriented　面向对象的

thread＋oriented→thread-oriented　面向线程的

point＋to＋point→point-to-point　点到点

plug＋and＋play→plug-and-play　即插即用

peer＋to＋peer→peer-to-peer　对等的

front＋user→front-user　前端用户

push＋up→push-up　上拉

pull＋down→pull-down　下拉

line＋by＋line→line-by-line　逐行

paper＋free→paper-free　无纸的

jumper＋free→jumper-free　无跳线的

user＋centric→user-centric　以用户为中心的

wave＋length→wave-length　波长

medium＋sized→medium-sized　中型的

(2) 也有一些合成词的各部分构词成分依然分开写，但表达一个特定意义的情况。例如：

bus＋stop→bus stop　汽车站

machine＋building→machine building　机器制造

book＋learning→book learning　书本知识

building＋material→building material　建筑材料

swimming＋pool→swimming pool　游泳池

off＋hand→off hand　即刻的

(3) 随着词汇的专用化，合成词中间的连接符被省略，形成了一个独立的单词。例如：

in＋put→input　输入

out＋put→output　输出

feed＋back→feedback　反馈

work＋shop→workshop　车间

fan＋in→fanin　扇入

fan＋out→fanout　扇出

out＋come→outcome　结果

on+line→online 在线

2) 派生词(derivation)

这类词汇非常多,专业英语词汇大部分都是用派生法构成的,它是根据已有的词,通过对词根加上各种前缀和后缀来构成新词。如果较好地掌握了构词的三要素:前缀、词根和后缀,词汇运用能力就会得到很大提高。这些前缀有名词词缀,如 inter-、sub-、in-、tele-、micro-等;形容词词缀,如 im-、un- 等;动词词缀,如 re-、under-、de-、con-等。其中,采用前缀构成的单词在计算机专业英语中占了很大比例。后缀是指在单词后部跟上构词结构,形成新的单词,如-able、-al、-ing、-ed、-meter、-ware、-en 等。下面是与计算机专业非常相关的一些典型的派生词。

① multi- 多,多的

multimedia 多媒体　　multiprocessor 多处理器

multiprogram 多道程序　　multiplex 多路复用

② hyper- 超级

hypertext 超文本　　hypermedia 超媒体

hyperswitch 超级交换机　　hypersonic 超音速的

③ super- 超级

supertanker 超级油轮　　superstate 超级大国

superstructure 上层建筑　　superuser 超级用户

④ tele- 远程的,电的

telephone 电话　　teleconference 远程会议

telescope 望远镜　　telegraph 电报

⑤ micro- 微型

microprocessor 微处理器　　microcode 微代码

microcomputer 微型计算机　　microwave 微波

⑥ inter- 相互,在……之间

interface 接口　　internet 互联网

interlace 隔行扫描　　interlock 联锁,互锁

⑦ re- 再,重新

rerun 重新运行　　rewrite 改写

resetup 重新设置　　reprint 重新打印

⑧ semi- 半

semiconductor 半导体　　semiautomatic 半自动的

semidiameter 半径　　semicircular 半圆的

⑨ ultra- 超过,极端

ultrashort 超短(波)的　　ultrared 红外线的

ultraspeed 超高速的　　ultramicroscope 超显微镜

⑩ un- 反,不,非

unformat 未格式化的　　undelete 恢复

uninstall 卸载　　unimportant 不重要的

⑪ poly- 多,复,聚

polycrystal 多晶体　　polytechnical 多工艺的

polyatomic 多原子的　　polyester 聚脂

⑫ -meter 计量仪器

barometer 气压表　　telemeter 测距仪

⑬ -ware 件,部件

hardware 硬件　　software 软件

⑭ -able 可能的

programmable 可编程的　　portable 便携的

adjustable 可调整的　　considerable 值得重视的

⑮ -lity ……性能

reliability 可靠性　　confidentiality 保密性

⑯ -ize ……化,变成

characterize 表示……的特性　　industrialize 使工业化

optimize 完善　　realize 实现

⑰ -ment 行为,状态

development 发展　　agreement 同意,协议

equipment 设备　　adjustment 调整

⑱ -ic 有……特性的,属于……的

academic 学术的　　elastic 灵活的

atomic 原子的　　periodic 周期的

⑲ -ive 有……性质的,与……有关的

productive 生产的　　expensive 昂贵的

active 主动的　　attractive 有吸引力的

⑳ -ate 成为……,处理

eliminate 消除　　circulate 循环,流通

terminate 终止　　estimate 估计,估算

3) 借用词

借用词是指借用公共英语及日常生活用语中的词汇来表达专业含义。借用词一般来自厂商名、商标名、产品代号名、发明者名、地名等,也可将普通公共英语词汇演变成专业词意而实现。也有对原来词汇赋予新的意义的。例如:

cache 高速缓存　　semaphore 信号量

firewall 防火墙　　mailbomb 邮件炸弹

fitfall 子程序入口　　flag 标志,状态

register 寄存器　　router 路由器

sector 扇区　　package 软件包

4) 转换词(conversion)

在英语中,一些单词可以从一种词类转换为另一种词类,转换时词形一般不变,有时发生重音或尾音的变化,转换后的词义往往与原来的词义有密切的联系。例如:

① 名词转化为动词。

use 用途→to use 使用

time 时间→to time 计时,定时

format 格式→to format 格式化

② 动词转化为名词。

to talk 交谈→talk 谈话,讲话

to test 测验,检查→test 测试,检验

to increase 增加→increase 增加,增量(注意重音不同)

③ 形容词转化为名词。

mineral 矿物的→mineral 矿物质

good 好的→good 益处

final 最后的→final 决赛

1.2.2 词汇缩略

词汇缩略是指将较长的单词取其首部或主干构成与原词同义的短单词,或者将组成词汇短语的各个单词的首字母拼接为一个大写字母的字符串,通常词汇缩略在文章索引、前序、摘要、文摘、电报、说明书、商标等科技文章中频繁采用。对计算机专业来说,在程序语句、程序注释、软件文档、互联网信息、文件描述中也采用了大量的缩略词汇作为标识符、名称等。缩略词汇的出现方便了印刷、书写、速记以及口语交流等,但同时也增加了阅读和理解的困难。词汇缩略有以下4种形式。

(1) 节略词(Clipped words)。某些词汇在发展过程中为方便起见逐渐用它们的前几个字母来表示,这就是节略词。

如 maths——mathematics;ad——advertisement;kilo——kilogram;dir——directory 等。

(2) 首字词(Initials)。首字词与缩略词基本相同,区别在于首字词必须逐字母念出。

如 CAD——Computer Aided Design;CPU——Central Process Unit;DBMS——Database Management System(数据库管理系统);CGA——Color Graphics Adapter(彩色图形适配器)等。

(3) 缩写词(Abbreviation)。缩写词并不一定由某个词组的首字母组成,有些缩写词仅由一个单词变化而来,而且大多数缩写词每个字母后都附有一个句点。

如 e.g. —— for example;Ltd. —— limited;sq. —— square 等。

(4) 缩略词(Acronyms)。缩略词是指由某些词组的首字母所组成的新词。

如 ROM——Read Only Memory;RAM——Random Access Memory;RISC——Reduced Instruction Set Computer(精简指令集计算机);CISC——Complex Instruction Set Computer(复杂指令集计算机);COBOL——Common Business Oriented Language(面向商务的通用语言)等。

1.2.3 计算机专用术语与命令

在计算机语言、程序语句、程序文本注释、系统调用、命令字、保留字、指令字以及网络操作中广泛使用专业术语进行信息描述。随着计算机技术的发展，这样的专业术语还会进一步增加。

1. 专用的软件名称

人类相互交流信息所用的语言称为自然语言，但是当前的计算机还不能理解自然语言，它能理解的是计算机语言，也即软件。软件分成系统软件和用户软件。近几年来，随着计算机技术的发展，新的软件不断推出。下面是一些常用软件的名称。

NextStep 面向对象操作系统(Next)

Netware 局域网络操作系统(Novell)

Cairo 面向对象操作系统(MS)

Daytona 视窗型操作系统(MS)

Java 网络编程语言(Sun)

Excel 电子表格软件(MS)

Delphi 视窗系统开发工具(Borland)

Informix 关系数据库系统(Informix)

Nevigator 互联网浏览软件(Netscape)

2. DOS 系统

DOS(Disk Operating System)是个人计算机磁盘操作系统，DOS是一组非常重要的程序，它帮助用户建立、管理程序和数据，也管理计算机系统的设备。DOS是一种层次结构，包括DOS BIOS(基本输入输出系统)、DOS核心部分和DOS COMMAND(命令处理程序)。

一般情况下，在DOS启动盘上有配置系统文件CONFIG.SYS，在该文件内给出有关系统配置命令，能确定系统的环境。配置系统包括以下9个方面的内容。

1) 设置Ctrl-Break(BREAK)检查

格式：BREAK=[ON] | [OFF]

隐含是BREAK=OFF，这时DOS只是对以下过程检查Ctrl-Break：标准输出操作、标准输入操作、标准打印操作和标准辅助操作。

如果设置BREAK=ON，则DOS在它被调用的任何时候都检查Ctrl-Break，比如编译程序，即使没有标准设备操作，在编译过程中遇到错误，能使编译停止。

2) 指定磁盘缓冲区的数目(BUFFERS)

格式：BUFFERS=X，X是1～99的数。

3) 指定国家码及日期时间格式(COUNTRY)

格式：COUNTRY=XXX，XXX是电话系统使用的三数字的国际通用国家码。

4) 建立能由文件控制块打开的文件数(FCBS)

格式：FCBS=m，n

m 取值 1～255。

n 指定由 FCBS 打开但不能由 DOS 自动关闭的文件数，n 取值 0～255，约定值是 0。

5) 指定能一次打开的最大文件数(FILES)

格式：FILES＝X

X 取值 8～255，约定值是 8。

6) 指定能访问的最大驱动器字母(LASTDRIVE)

格式：LASTDRIVE＝X

X 可以是 A 到 Z 之间的字母，它表示 DOS 能接受的最后一个有效驱动器字母，约定值为 E。

7) 指定高层命令处理程序的文件名(SHELL)

格式：SHELL＝[d：][path] filename [.ext] [parm1] [parm2]

8) 安装驱动程序(DEVICE)

格式：DEVICE＝[d：][path] filename [.ext]

除标准设备外，如果用户增加了其他设备，就要由用户自己提供相应的驱动程序。在 CONFIG.SYS 中加上命令“DEVICE＝驱动程序名称。”

9) 指定堆栈空间(STACKS)

格式：STACKS＝n，s

n 是堆栈的框架个数，取值 8～64。

s 是每层堆栈框架的字节数，取值 32～512。

3. 计算机专用命令和指令

程序设计语言同任何一门自然语言一样，有它自己的一套词法和语法规则，只是它的规则很少，也很死板，每一条语句的规定都很严格，一旦违反就可能导致整个系统瘫痪。到目前为止，大部分的计算机语言的词汇都是取自英语词汇中一个很小的子集和最常用的数学符号。由于各种计算机指令系统所具有的功能大致相同，各种程序设计语言也大体包含了函数、过程、子程序、条件、循环以及输入和输出等部分，所以它们必然存在一些共同的词汇特点和语法特点。

系统命令与程序无关，而且语法结构简单。主要的系统命令有系统连接命令、初始化命令、程序调试命令和文件操作命令。即

系统命令<CR>

其中＜CR＞为回车换行符，一般而言，系统命令总是立即被执行，但某些系统命令也可以用于程序执行。至于词汇特点，同一功能的命令在不同机器中一般以相同的单词表示，如删除文件命令 DELETE，列磁盘文件命令 DIR，复制文件命令 COPY。但有相当一部分系统命令名是由各厂家或公司自己定义的，如清屏命令就有 CLEAR、CLS、CLR、HOME 等几种。

每一个处理器都具有很多指令，每一台机器也具有很多系统命令，不同的操作系统也定义了不同的操作命令，它们通常是缩写的。牢记这些指令，就熟悉了计算机的操作；了解缩写的含义，也就了解了所用的操作的含义。例如：

创建目录 MD(make directory)
改变目录 CD(change directory)
删除目录 RD(remove directory)
列表目录 DIR(directory)
重命名 REN(rename)
中断请求 INT(call to interrupt procedure)
中断返回 IRET(interrupt return)
取数据段地址指令 LDS(load doubleword pointer)
取偏移地址指令 LEA(load effective address offset)
串装入操作指令 LODS(load string operand)
总线封锁命令 LOCK(assert bus lock signal)

4. 网络专用术语

1) Internet 专用缩写术语

(1) TCP/IP 协议。Internet 使用的一组网络协议,其中 IP 是 Internet Protocol 的缩写,即网际协议;TCP 是 Transmission Control Protocol 的缩写,即传输控制协议,这是最核心的两个协议。IP 协议提供基本的通信,TCP 协议提供应用程序所需要的其他功能。

(2) SMTP。简单邮件传送协议(Simple Mail Transfer Protocol),用于电子邮件传送。

(3) FTP。文件传送协议(File Transfer Protocol),用来实现计算机之间的文件传送。

(4) TELNET。远程登录协议。可以看成 Internet 的一种特殊通信方式,它的功能是把用户正在使用的终端或主机变成它要在其上登录的某一远程主机的仿真远程终端。

(5) HTTP。超文本传送协议(Hypertext Transfer Protocol),用于 World Wide Web 服务。

(6) SNMP。简单网络管理协议(Simple Network Management Protocol),用于网络管理。

(7) TFTP。简单文件传送协议(Trivial File Transfer Protocol),用于无盘工作站的自举。

(8) BOOTP。自举协议(Bootstap Protocol),用于无盘工作站的启动。

(9) NFS。网络文件系统(Network File System),用于实现计算机间共享文件系统。

(10) UDP。用户数据报协议(User Datagram Protocol),用于可靠性要求不高的场合。

(11) ARP。地址解析协议(Address Resolution Protocol),用于从 IP 地址找出对应的以太网地址。

(12) RARP。逆向地址解析协议(Reverse Address Resolution Protocol),用于从以太网地址找出对应的 IP 地址。

(13) ICMP。Internet 控制信息协议(Internet Control Message Protocol)。

(14) IGMP。Internet 成组广播协议(Internet Group Multicast Protocol)。

2) Internet 服务

(1) E-mail。电子邮件是指通过计算机网络收发信息的服务。电子邮件是 Internet 上最普遍的应用,它加强了人与人之间沟通的渠道。

(2) Telnet。远程登录,用户可以通过专门的 Telnet 命令登录到一个远程计算机系统,该系统根据用户账号判断用户对本系统的使用权限。

(3) FTP(File Transfer Protocol)。文件传输协议,利用 FTP 服务可以直接将远程系统上任何类型的文件下载到本地计算机上,或将本地文件上载到远程系统。它是实现 Internet 上软件共享的基本方式。

(4) Usenet。新闻组,又称网上论坛或电子公告板系统(Bulletin Board System, BBS),是人们在一起交流思想观点、公布公共注意事项、寻求帮助的地方。

(5) WWW(World Wide Web)。万维网,当前 Internet 上最重要的服务方式。WWW 是由欧洲粒子物理研究中心(CERN)研制的,它将位于全球 Internet 上不同地点的相关多媒体信息有机地编织在一起,称为网页的集合。

3) Internet 地址

(1) Domain Name。域名,它是 Internet 中主机地址的一种表示方式。域名采用层次结构,每一层构成一个子域名,子域名之间用点号隔开并且从右到左逐渐具体化。域名的一般表示形式为:计算机名、网络名、机构名、一级域名。一级域名有一些规定,用于区分机构和组织的性质,如 edu 教育机构、com 商业单位、mil 军事部门、gov 政府机关、org 其他组织。

用于区分地域的一级域名采用标准化的 2 个字母的代码。例如:

cn 中国
us 美国
gb 英国(官方)
fr 法国
nz 新西兰
ch 瑞士
jp 日本
it 意大利
ca 加拿大
au 澳大利亚
uk 英国(通用)
un 联合国
dk 丹麦
de 德国
sg 新加坡

(2) E-mail。在 Internet 上,电子邮件(E-mail)地址具有如下统一的标准格式:用户名@主机域名。例如,wang@online. sh. cn 是一个电子邮件的地址,其中 wang 是用户名,@是连接符,online. sh. cn 是"上海热线"的主机域名,这是注册"上海热线"后得到的一个 E-mail 地址。

5. 专用计算机厂商及商标名

下面给出的是一些著名计算机公司的译名。

Microsoft 微软
Compaq 康柏
Panasonic 松下
Samsung 三星
Philip 飞利浦
DELL 戴尔
ASUS 华硕
Intel 英特尔

Acer 宏碁　　　　Epson 爱普生

Hewlett-Packard (HP) 惠普

1.2.4 专业英语中常用的符号和数学表达式

在专业英语中，通常会用到一些符号和数学表达式。下面将简要介绍加、减、乘、除、分数、小数及关系运算符的表达。

1) 加法(addition)

3+4=7　Three plus four equals seven. 或 Three plus four is seven.

2) 减法(subtraction)

7-3=4　Seven minus three leaves four. 或 Seven minus three equals four. 或 Seven minus three is four.

3) 乘法(multiplication)

3×4=12　Three multiplied by four is twelve.

4) 除法(division)

15÷3=5　Fifteen divided by three is five.

5) 关系运算符

在等式表达中，常用到等号(=)，而在一些不等关系表达中，则要用到表示不等关系的各种符号(≈、≠、≤、≥、<、>)。下面分别举例说明。

a=b　a equals b 或 a is equal to b 或 a is b

a≈b　a is approximately equal to b

a≠b　a is not equal to b 或 a is not b

a≤b　a is less than or equal to b

a≥b　a is more than or equal to b

a<b　a is less than b

a>b　a is greater than b

6) 分数

分数词由基数词和序数词搭配而成，分子用基数词，分母用序数词。当分子是1时，可以用 one 或 a，分母使用序数词；当分子大于1时，分子使用基数词，而分母要用序数词的复数形式。分数的另外一种表示方法是将“/”说成 over。对于假分数，也就是分数由一个整数和一个真分数组成，则说成“整数部分 and 真小数部分”。

1/5　one fifth 或 a fifth

3/4　three fourths 或 three quarters

1/2　a half

45/199　forty-five over one hundred and ninety-ninth

$3\frac{2}{3}$　three and two thirds

7) 小数

对于小数的表示，直接将组成小数的各个数字读出。其中小数点可以说成是 point。0的表示有多种，可以是 zero、naught 或 o(字母 o 的音)。

0.5　zero point five

0.08　zero point zero eight

302.67　three o two point six seven

8) 百分数

百分数用 percent 表示,既可与 by 连用,也可单独使用。在句子中主要作状语。

例:Its total output value increased by 10 percent over the previous year.

译文:它的总产值比去年增长了10%。

例:The output of computers in China last year was 25 percent more than in 2000.

译文:去年中国计算机的产量比2000年上升了25%。

9) 倍数

倍数的表达在计算机专业英语中时常出现,一般用 times 表示。而倍数也是"汉译英"及"英译汉"中的难点,稍有不慎,就会产生理解错误。故在翻译倍数时,应仔细推敲。下面通过几个例子来说明倍数的各种翻译方式。

在简单的倍数表示法中,主要使用"… x times as … as""… x times the size (length, width, height, depth, amount) of …"和"… x times+比较级+than …"几种形式。

例:The speed of this new printer is **four times faster** than that old one.

译文:这台新打印机的速度比那台旧打印机**快4倍**。

对于增加倍数的表示,在 increase 等表示"增加"或"提高"词的后面也可用 times。若是 increase by x times,则翻译为"增加了 x 倍"或"增加到原来的 x+1 倍"。另外,在 increase by 后面除可用 x times 外,也可使用其他数词。increase 后面也可跟介词 to,表示"增加到……"。

例:Next year the output of computers will **increase by four times.**

译文:明年计算机的产量将**增加到5倍**。

对于减少倍数的表示,在 decrease 或 reduce 等表示"减少"或"降低"的词后面也常用 times。若是 decrease by x times,则常译为"减少到 1/x"或"减少了 1-1/x"。decrease by 也可使用其他数词,decrease to 表示"减少到……"。注意,by 后面表示的是净增减数,by 有时可以省略,而 to 后面为增加或减少后达到的数字。

例:The new equipment they are designing will **reduce** error probability **by three times** and its speed will **increase by two times.**

译文:他们正在设计的那种新设备将使误差率**降低到1/3**,而速度将**增加两倍**。

(10) 章节、页数的表示法和读法

第一章　the First Chapter 或 Chapter One

第二节　the Second Section 或 Section Two

第三课　the Third Lesson 或 Lesson Three

第463页　page four six three

第2 564页　page two five six four 或 page twenty-five sixty-four

1.3　计算机专业文献的阅读与翻译

1.3.1　计算机专业文献的阅读方法

阅读是语言知识、语言技能和智力的综合运用。在阅读过程中，这三个方面的作用总是浑然一体，相辅相成的。词汇和语法结构是阅读所必备的语言知识，但仅此是难以进行有效阅读的，学生还需具备运用这些语言知识的能力。即根据上下文来确定准确词义和猜测生词词义的能力；辨认主题和细节的能力；正确理解连贯的句与句之间、段与段之间的逻辑关系的能力。

1. 阅读方法简介

(1) 学习性阅读：这种阅读，用于学习文化知识、参加考试、知识竞赛等。因为要学习文章中的字、词、句、段、篇，还要了解文章的作者、体裁、结构和写作特点等，所以要慢速阅读。

(2) 涉猎性阅读：课外活动时，浏览书籍报刊，以求扩大知识面，获得有关信息，所以要快读。

(3) 搜索性阅读：为了搜索某些资料所采用的一种阅读方式。如掌握一本书、一个章节或一篇文章总的观点等，阅读的速度要中等。

常用的有效的阅读方法有三种，即略读(Skimming)、查读(Scanning)、精读(Reading for full understanding)。

略读是指以尽可能快的速度进行阅读。了解文章的主旨和大意，对文章的结构和内容获得总的概念和印象。进行略读时精力必须特别集中，还要注意文中各细节分布的情况。略读过程中，学生不必去读细节，遇到个别生词及难懂的语法结构也应略而不读。略读时主要注意以下几点。

(1) 注意短文的开头句和结尾句，力求抓住文章的主旨大意。

(2) 注意了解文章的主题句及结论句。

(3) 注意文章的体裁和写作特点，了解文章结构。

(4) 注意支持主题句或中心思想的信息句，其他细节可以不读。

查读主要是有目的地去找出文章中某些特定的信息，也就是说，在对文章有所了解的基础上，在文章中查找与某一问题、某一观点或某一单词有关的信息。查读时，要以很快的速度扫视文章，确定所查询的信息范围，注意所查信息的特点，而与所查信息无关的内容可以略过。

精读是指仔细地阅读，力求对文章有深层次的理解，以获得具体的信息。包括理解衬托主题句的细节，根据作者的意图和中心思想进行推论，根据上下文猜测词义等。对难句、长句，要借助语法知识，对其进行分析，达到准确的理解。

总之，要想提高阅读理解能力，必须掌握以下6项基本的阅读技能。

(1) 掌握所读材料的主旨大意。

(2) 了解阐述主旨的事实和细节。

(3) 根据上下文判断某些词汇和短语的意义。

(4) 既理解个别句子的意义,也理解上下文之间的逻辑关系。

(5) 根据所读材料进行一定的判断、推理和引申。

(6) 领会作者的观点、意图和态度。

在阅读专业文章时,可以借鉴以下几种阅读方法。

(1) 鉴别阅读法。鉴别阅读法是一种快速提炼文章的段意、主要内容和中心思想的阅读方法。鉴别阅读法包括下列三个环节。

① 划分出文章的段落,迅速找出段落的中心句、重点句,或用自己的语言概括出段意。

② 连接各段的段意,分析文章的重点句、段,归纳主要内容。

③ 在阅读过程中,要留意文章的题目、开头段、结尾段以及文章的议论部分,从中概括出中心思想。

鉴别阅读法实际上是通过以上三个环节来掌握文章的重要信息,因而无须一字不漏地通读全文。在运用鉴别阅读法时,注意力要高度集中,使大脑处于积极思维状态,这样才能保证阅读质量。

(2) 默读法。在阅读时,大脑直接感受文字的意思,不必通过发音器官将文字转换为声音,这种阅读方式叫作无声阅读。在进行无声阅读时,由于发音器官受抑制,视觉不受逐字换音的牵制,因而视角广度大,便于以句、以行,甚至以段为单位进行阅读,还可以根据阅读目的的需要进行浏览、跳读。由于是直接理解文字的意义,省掉了发音阶段,所以无声阅读的速度比出声阅读的速度快得多。

(3) 视觉辅助阅读法。很多阅读者常常在阅读时用手指点着单词,传统上把这种习惯看成一种错误,并要求他们把手指从书本上拿开。现在看来,要做的不是叫他们把手指从书本上拿开,而是让他们更快地移动手指。显然,手指不会减缓眼睛的移动,相反,它在帮助养成流畅的阅读节奏方面有着不可估量的作用。当然,读者也不必局限于使用手指作为视觉引导物,也可以用钢笔或铅笔引导视觉。对于还没有掌握快速阅读技巧的阅读者来说,可以充分利用视觉辅助引导物进行快速阅读训练。

2. 提高阅读能力的方法

阅读理解能力的提高是由多方面因素决定的,学生应从以下几个方面进行训练。

1) 打好语言基本功

扎实的语言基础是提高阅读能力的先决条件。首先,词汇是语言的建筑材料。提高专业英语资料的阅读能力必须扩大词汇量,尤其是掌握一定量的计算机专业词汇。如词汇量掌握得不够,阅读时就会感到生词多,不但影响阅读的速度,而且影响理解的程度,因此不能进行有效的阅读。其次,语法是语言中的结构关系,用一定的规则把词或短语组织到句子中,表示一定的思想。熟练掌握英语语法和惯用法也是阅读理解的基础。在阅读理解中必须运用语法知识来辨认出正确的语法关系。如果语法基础知识掌握得不牢固,在阅读中遇到结构复杂的难句、长句,就会不知所措。

2) 在阅读实践中提高阅读能力

阅读能力的提高离不开阅读实践。在打好语言基本功的基础上,还要进行大量的阅读实践。词汇量和阅读能力的提高是一种辩证关系：要想读得懂，读得快，就必须扩大词汇量；反之，要想扩大词汇量，就必须大量阅读。同样，语法和阅读之间的关系也是如此：有了牢固的语法知识就能够促进阅读的顺利进行，提高阅读的速度和准确率；反之，通过大量的阅读实践又能够巩固已掌握的语法知识。只有在大量的阅读中，才能培养语感，掌握正确的阅读方法，提高阅读理解能力。同时在大量的阅读中，还能巩固计算机专业知识以及了解到计算机专业的发展趋势，对于跟踪计算机技术的发展很有好处。

3）掌握正确的阅读方法

阅读时，注意每次视线的停顿应以一个意群为单位，而不应以一个单词为单位。要是一个单词一个单词地读，当读完一个句子或一个段落时，前面读的是什么早就忘记了。这样读不仅速度慢，还影响理解。因此，正确的阅读方法可以提高阅读速度同时提高阅读理解能力。

4）利用专业性文章段落结构知识提高阅读速度和理解能力

（1）解释性段落：这是作者用来解释某一特定的概念或观点的段落。它通常是易于认知的，因而也是易于理解的。解释性段落一开始的一两句话通常点出所要解释或讨论的论点或总体想法，最后一两句话是结果或结论，而中间部分则是详细的论述。阅读者可根据不同的阅读目的将注意力集中在解释性段落的开头、结尾或中间部分。

（2）描述性段落：描述性段落通常是设置场景和扩展前文的段落。这些段落常常用于修饰，因此与那些介绍主要要素的段落相比，就显得不是那么重要，可以用高速略读法来阅读描述性段落。当然，也有一些例外情况，如在描述性段落中也有一些关于人物和事物的重要描述，在这种情况下，读者会意识到它的重要性，自然能给予适当的注意。

（3）连接性段落：有些段落的作用是把其他的段落串接在一起。这种段落通常都包含一些关键的信息，并对其前后的某些段落进行概括总结。因此，可以把连接性段落当作阅读指南和预习或复习的有用工具。

（4）段落的结构及其位置：充分利用段落的结构和它们在文中的位置能提高阅读效率。在多数专业性报刊文章中，开头和结尾的几段常常包含着大部分有效信息，而中间的段落则包含着一些细节。在阅读这类文章时，应把精力集中在开头和结尾段落。

1.3.2　计算机专业文献翻译的基本方法

翻译是用一种语言把用另一种语言表示的内容准确无误地重新表达出来，翻译不是原文的翻版或者复制，从某种意义上来说是原文的再创作。其目的是使不懂原文的读者能够了解原文所表达的科技内容。科技文章并不要求像文艺作品那样具有形象化和感染性，但也必须文理优美。译文应该修辞正确、逻辑合理、语言简洁和文理通顺。

如果把一种语言的所有词汇作为一个词汇总集来看待，则各种词汇的分布情况和运用频率是不一样的。在词汇的总体分布中，功能词和日常用词构成了语言的基础词汇，各个学术领域的技术术语和行业词构成了词汇总集的外缘，而处于基础词汇和外缘之间的是那些准技术词汇（sub-technical words）。而各个学科领域又存在大量的行业专用表达方法和词汇，正是这些词汇在双语翻译中构成了真正的难度。在科技英语翻译中，准确是第一要素，如果为追求译文的流畅而牺牲准确，不但会造成科技信息的丢失，影响文献交流,还可能引起误解,造成严重后果。

由于准技术词汇的扩展意义(即技术意义)在科技文献中出现的频率要比其一般意义大得多,因此对这种词的翻译应充分考虑其技术语境。有些语境提供的暗示并不充分,这要靠译者从更广阔的篇章语境中去寻找合理的解释,给出合适的翻译。

1. 专业英语翻译的基本方法

1) 原文的分析与理解

要做好翻译工作,必须从深刻理解原文入手,力求做到确切表达译文。原文是翻译的出发点和唯一依据,只有彻底理解原文含义,才有可能完成确切的翻译,才能达到上述翻译标准的要求。要深刻理解原文,首先,要认识到专业科技文献所特有的逻辑性、正确性、精密性和专业性等特点,力求从原文所包含的专业技术内容方面去加以理解。其次,要根据原文的句子结构,弄清每句话的语法关系,采用分组归类的方法辨明主语、谓语、宾语及各种修饰语,联系上下文来分析和理解句与句之间、主句与从句之间的关系。专业科技文献中长句难句较多,各种短语和从句相互搭配、相互修饰,使人感到头绪纷繁、无所适从。在这种情况下更应重视语法分析,突出句子骨架,采用分解归类、化繁为简、逐层推进理解的策略。

例:Just click to open the new Office E-mail header in Word and send your document as an E-mail message that retains your original formatting.

本句使用了科技英语中常用的"祈使句+and..."句型。

译文:只要单击就可打开 Word 中的新 Office E-mail 标题,这样就可以把你的文档资料按照原来的格式作为电子邮件发送出去。

例:Unlike Word for Windows,in which macros are directly linked to document and template files,AmiPro macros are contained in a separate file.

句中的"in which macros are directly linked to document and template files"是一个介词前置的非限定性定语从句,修饰 Word for Windows。

译文:在 Windows Word 环境中,宏是直接连接到文档和模板文件上的。与此不同,AmiPro 宏病毒则包含在一个独立的文件中。

科技文献翻译中的汉语表达切记以下几点。

① 不符合汉语逻辑。

② 过于强调"忠实"使原文与译文貌合神离。

③ 中文修辞不当,表达中存在明显的翻译腔。

④ 表达啰唆、不简洁。

2) 词义的选择与引申

(1) 词义的选择。在翻译过程中,若英汉双方都是相互对应的单义词,则汉译不成问题,如 ferroalloy(铁合金)。然而,由于英语词汇来源复杂,一词多义和一词多性的现象十分普遍,比如 power 在数学中译为"乘方",在光学中译为"率",在力学中译为"能力",在电学中译为"电力"。

例:The electronic microscope possesses very high resolving power compared with the optical microscope.

译文：与光学显微镜相比，电子显微镜具有极高的分辨率。

例：Energy is the power to do work.

译文：能量是指做功的能力。

(2) 词义的引申。英汉两种语言在表达方式方法上差异较大，英语一词多义现象使在汉语中很难找到绝对相同的词。如果仅按词典意义原样照搬，逐字硬译，不仅使译文生硬晦涩，而且会词不达意，造成误解。因此，有必要结合语言环境透过外延看内涵，对词义做一定程度的扩展、引申。

例：Two and three make five.

译文：二加三等于五。(make 本意为“制造”，这里扩展为“等于”)

The report is happily phrased.

译文：报告措辞很恰当。(happily 不应译为“幸运地”)

3) 词语的增减与变序

(1) 词语的增加。由于英语和汉语各自独立演变发展，因而在表达方法和语法结构上有很大的差别。在英译汉时，不可能要求两者在词的数量上绝对相等。通常应该依据句子的意义和结构适当增加、减少或重复一些词，以使译文符合汉语习惯。

例：The more energy we want to send, the higher we have to make the voltage.

译文：想要输电越多，电压也就得越高。(省略 we)

例：This condenser is of higher capacity than is actually needed.

译文：这只电容器的容量比实际所需要的容量大。(补译省略部分的 capacity)

(2) 词序的变动。英语和汉语的句子顺序通常都是按主语＋谓语＋宾语排列的，但修饰语的区别却较大。英语中各种短语或定语从句作修饰语时，一般都是后置的，而汉语的修饰语几乎都是前置的，因而在翻译时应改变动词的顺序。同时，还应注意英语几个前置修饰语(通常为形容词、名词和代词)中最靠近被修饰词的为最主要的修饰语，翻译时应首先译出。此外，英语中的提问和强调也大都用倒装词序，翻译时应注意还原。

例：Such is the case.

译文：情况就是这样。(倒装还原)

例：The transformer is a device of very great practical important which makes use of the principle of mutual induction.

译文：变压器是一种利用互感原理的在实践中很重要的装置。(从句)

4) 词性的转换

科技类文章出于本身的一些表达要求，大量使用名词化结构，以达到简洁的目的。而汉语是一种动态的语言，大量使用的是动词。翻译和理解时，就要进行必要的转换。英语和汉语属于不同的语系，在语言结构和表达形式上都有各自的特点。比如，英语中的冠词、关系代词、不定式等在汉语中就没有。这时，必须进行相应的转换，才能使翻译出来的译文流畅，符合汉语的表达习惯。下面简要介绍词性转换的各种情况。

(1) 可转换成汉语动词的情况：名词、名词化结构以及起名词作用的不定式、动名词等一般均可译成汉语的动词；英语介词在构成状语、含有动词意义时都可以翻译成汉语的动词；作表语的形容词和副词可以转换成汉语的动词来翻译。

例：There was no **mention** of the details of manufactory of the chip in the specification.

译文：说明书中没有**提及**芯片制造商的详细信息。

例：System performance is improved greatly **by** double CPU.

译文：**使用**两个中央处理器后，系统性能大大提高了。

例：The 6.0 version of the software will be **out** at the beginning of next month.

译文：下月初将**推出**这个软件的6.0版。

(2) 可转换成汉语名词的情况：有些英语动词表达的概念难以直接用汉语的动词来翻译时，可以采取转换为汉语名词的方法。

例：A machine language **differs** from a high-level language in that the computer can execute it directly.

译文：机器语言和高级语言的**区别**在于计算机可以直接执行机器语言。

例：Some people think a computer will be **intelligent** someday.

译文：有些人认为计算机总有一天会具有**智能**。

(3) 可转换成汉语形容词的情况：由于动词转换成汉语的名词，所以可以相应地将修饰动词的副词转换成形容词；由于形容词转换成汉语名词，所以可以相应地将修饰形容词的副词转换为汉语形容词；副词作定语修饰名词时，可以翻译成汉语形容词。

例：The scanner is **chiefly** characterized by its simplicity of structure.

译文：这种扫描仪的**主要**特点是结构简单。

例：Mercury is **appreciably** volatile even at room temperature.

译文：即使在室温下，水银的挥发作用也**很明显**。

例：The style of buildings **around** is mostly like that of the Chinese Qing Dynasty.

译文：**附近**的建筑物的样式大部分类似于中国清代的建筑样式。

(4) 可转换成汉语副词的情况：修饰名词的形容词，当名词转换成汉语动词时，应当将其转换成汉语副词。

例：We should make **full** use of the resource of Internet in our everyday life and work.

译文：我们应该在日常生活和工作中**充分**利用互联网资源。

5) 语法成分的转换

为了使译文达到"明确""通顺"和"简练"的要求，有时需要把原语句中的某种成分转译为另一种成分。成分的转换在大多数情况下并不引起词性的转换，而词性的转换经常会引起成分的转换。

(1) 主语的转译。为了使译文简明通顺，要把英语的被动句译成汉语的主动句，这时常常把英语句中的主语转译为汉语的宾语。有时根据译文修辞上的需要，将英语主动句的主语转译为汉语的宾语。这种转译中的词性一般不变。

例：**Much progress** has been made in computers in recent years.

译文：近年来，计算机取得了**很大的进步**。

例：Considering the processor range only, **several disadvantages** attend the computer.

译文：仅就处理器范围而言，该计算机就有**几个缺点**。

汉语句中的主语有时可转换成英语的宾语、介词宾语、表语、谓语、状语或定语。

例：Light beams can carry more **information** than radio signals because light has a much higher **frequency** than radio waves.

译文：光束运载的**信息**比无线电信号运载的信息多，因为光波的**频率**比无线电波高。

例：It is a **basic rule of design** that each program is adaptable to users.

译文：**设计的基本准则**是每项程序都适用于用户。

例：The electronic computer **is chiefly characterized** by its accurate and rapid computations.

译文：电子计算机的**主要特点**是计算准确而迅速。

(2) 谓语的转译。为了使译文符合汉语习惯，把英语句中的谓语动词转译为汉语名词并将它作为主语。有时为了使译文更简明通顺，也将英语句中的谓语转译成汉语句的宾语、定语、状语等成分。

例：This paper **aims** at discussing new developments in computers.

译文：本文的**目的**在于讨论计算机方面的新发展。

例：The computer **schedules** the operations of the whole plant.

译文：计算机能**排定**整套设备的操作**时间表**。

汉语句中的谓语有时可转译成英语的定语、状语、补语、宾语、主语或表语。

例：Electronic computers have great **importance** in the production of modern industry.

译文：电子计算机在现代工业生产中很**重要**。

例：These new memories are now **in wide use**.

译文：这些新型存储器正在**广泛使用**。

(3) 宾语的转译。当英语句中的动词宾语或介词宾语在意义上与主语有密切联系时，可以将这种英语句中的宾语转译成汉语句的主语。另外当英语名词转译为汉语动词或形容词时，可能发生宾语转译成谓语的情况。

例：You should not confuse the processor's **instruction set** with the **instructions** found in high-level programming languages, such as BASIC or PASCAL.

译文：不要将处理器的**指令系统**与 BASIC 或 PASCAL 这样的高级程序设计语言中的**指令**混淆。

汉语中常常使用无主句，或在一定的上下文中将主语省略。这样的句子译成英语时，句中的宾语就变成英语被动语态句式的主语。有时汉语句中的宾语还可以转译成英语的状语、定语或表语。

例：Microcomputers have found their application in the production of genius sensors.

译文：微型计算机已经**应用到了**智能传感器的生产中。

例：To fulfill this need, **many kinds of printers** have been designed.

译文：为了满足这种需求，已经设计出了**许多类型**的打印机。

例：Dot-matrix printers are **highly reliable and inexpensive.**

译文：点阵打印机具有**可靠性强和价格便宜的特点**。

(4) 定语的转译。英语中常常利用定语来表达事物的性质、特点和参数，而汉语却无此习惯。因此，遇到这种情况时，可将英语句中的定语转译成汉语的表语。另外充当名词定语的形容词转译为动词时，经常发生定语转译为谓语的情况。充当定语的分词、分词短语或介词短语也可转译为谓语。

例：The **fast** speed is one of the advantages of this printer.

译文：这台打印机的优点之一是速度**快**。

例：There is a large amount of paper **wasted** due to the hard-copy output.

译文：硬拷贝输出**浪费**大量的纸张。

汉语句的定语一般放在它所修饰的词语之前，而英语则可前可后，有时汉语定语较长，如不变为英语后置定语，还可译为状语。此外，汉语中的定语有时还可以转译为英语的谓语、宾语或主语。

例：**In data-processing operation**, the final results must be made available in a form usable by humans.

译文：**数据处理操作**的最终结果必须成为可供人们使用的形式。

例：**Matrix printers** are relative low cost, high speed, and quite operation.

译文：**点阵式打印机**的价格较低，速度较快，噪声较小。

(5) 状语的转译。当英语句中的副词转译为汉语句中的名词时，经常发生状语转译为主语的情况。充当状语修饰谓语动词的介词短语，有时也可以转译为汉语译句的主语。另外，有时根据修辞的需要，把英语句中用作状语的副词转译为汉语译句的补语、定语、谓语、表语或宾语等。

例：The speeds of ink-jet printers are **extremely** high.

译文：喷墨打印机的速度高得**惊人**。

例：Computerized systems using electronic transducers can actuate automatic exposure and focusing mechanisms **in cameras.**

译文：使用电子传感器的计算机化系统可以开动**摄像机中的**自动曝光和聚焦装置。

汉语句中的状语有时可转译为英语句的表语、定语、谓语或主语。

例：This type of display screen can provide a **clearer** screen image.

译文：这种显示器能够**更清晰地**显示屏幕图像。

6) 注意事项

综合以上讲述，可以总结出在翻译科技资料时要注意的问题。

(1) 首先要把原文全部阅读一遍，了解其内容大意、专业范围和体裁风格，然后开始翻译。如果条件许可，在动手翻译之前最好能熟悉一下有关的专业知识。

(2) 遇到生词，不要马上查字典，应该先判断是属于普通用语，还是属于专业用语。如果是专业词汇，则要进一步分析是属于哪一个具体学科范围的，然后再有目的地去查找普通词汇或有关的专业词典。

(3) 翻译时，最好不要看一句译一句，更不能看一个词译一个词。而应该看一小段，译一小段。这样做便于从上下文联系中辨别词义,也便于注意句与句之间的衔接,段与段之间的联系,使译文通顺流畅,而不致成为一句句孤立译文的堆砌。

(4) 翻译科技文献并不要求像翻译文艺作品那样在语言形象、修辞手段上花费很大的工夫,但是要求译文必须概念清楚,逻辑正确,数据无误,文字简练,语句流畅。

7) 例文

下面是一篇关于文字处理软件的功能与应用方面的文章,可以根据前面讲述的翻译方法给出它的译文。

Word Processing

Word processing refers to the methods and procedures involved in using a computer to create,edit,and print documents. Of all computer applications,word processing is the most common. To perform word processing, you need a computer, a special program called a word processor,and a printer. A word processor enables you to create a document,store it electronically on a disk,display it on a screen,modify it by entering commands and characters from the keyboard,and print it out on a printer.

Word processing software has replaced typewriters for producing documents such as reports,letters, papers, and manuscripts. Individuals use word processing software for correspondence,students use it to write reports and papers,writers use it for novels,reporters use it to compose news stories, scientists use it to write research reports, and business people use it to write memos, reports, letters, and marketing material. When documents exist in an electronic format,it is easy to reuse them, share them, and even collaborate on them. Word processing software gives you the ability to create spell-check,edit and format a document on the screen before you commit to paper. When you are satisfied with the content of your document,you can use the page layout and formatting features of your word processing software to create a professional-looking printout.

Microsoft Word is a powerful word processing application that will allow you, through simple keystroke and menu navigation,to create dynamic documents for work, school,or personal use. This application is one of the most popular applications on the market today. Learning to use Microsoft Word proficiently can further your job readiness and give you a solid foundation in the world of computing.

译文:

文字处理

使用计算机可以创建文档并可进行编辑、打印,其中涉及的各种方法和程序被称为文字处理技术。在计算机众多的应用中,文字处理是最普通的。为实现文字处理,需要一台计算机,一种称作文字处理器的专用软件,还有一台打印机。使用文字处理软件,用户可以创建文档、以电子的方式在磁盘上存储文档、在屏幕上显示文档、通过键盘输入命令或字符以修改文档,并可以通过打印机输出文档。

文字处理软件取代了打字机来制作各种文档,如报告、信件、论文和手稿等。个人使用文字处理软件来写信,学生用来写报告和论文,作家用来写小说,记者用来写新闻,科学家用来写研究报告,商人用来写备忘录、报告、信函和市场材料。因为文档是电子格式的,它可以方便地重用、共享,甚至合成。在提交论文之前,文字处理软件使你能够在屏幕上进行拼写检查、编辑和格式化文档。当你对文档内容满意时,就可以使用文字处理软件的格式化和页面设置功能来制作一个具有专业风格的打印输出。

Microsoft Word 是一款功能强大的文字处理软件,通过简单的键盘输入以及菜单导航,你可以为工作、学习或者个人使用创建动态的文档。它是现今市面上最流行的应用软件之一。通过学习熟练使用 Microsoft Word,你能在工作中事半功倍,并在计算机领域打下坚实的基础。

2. 专业术语的翻译

1) 意译

科技术语在可能情况下应尽量采用意译法。采用这种方法便于读者顾名思义,不加说明就能直接理解新术语的确切含义。

例:

loudspeaker 扬声器

semiconductor 半导体

modem=modulator+demodulator 调制解调器

copytron=copy+electron 电子复写(技术)

2) 音译

当由于某些原因不便采用意译法时,可采用音译法或部分音译法。

例:Radar 是取 radio detection and ranging 等词的部分字母拼成的,如译成“无线电探测距离设备”,显得十分啰唆,故采用音译法,译成“雷达”。

又如:

bit 比特(二进制信息单位)

baud 波特(发报速率单位)

quark 夸克(基本粒子,属新材料类)

nylon 尼龙(新材料类)

3) 象译

英文用字母或词描述某种事物的外形,汉译时也可以通过具体形象来表达原义,称为“象译”。

例:

I-shaped 工字形

Y-connection Y 形连接

Zigzag wave 锯齿形波

4) 形译

科技文献常涉及型号、牌号、商标名称及代表某种概念的字母。这些一般不必译出,直接抄下即可,称为“形译”。

例:

Q band Q 波段(指 8mm 波段,频率为 36~46kHz)

p-n-p junction　p-n-p 结(指空穴导电型—电子导电型—空穴导电型的结)

计算机专业的新技术词汇不断出现。这些词往往通过复合构词(compounding)或缩略表达全新的概念。它们由于在词典中缺乏现成的词项,一个词往往会有两个甚至两个以上的译名,造成很大混乱。全国科学技术名词审定委员会为了规范译名,定期发表推荐译名,因此还必须跟踪计算机行业的发展,掌握新出现的词汇。

3. 屏幕显示信息的翻译

随着软件技术的发展,特别是微机商品软件的大量涌现,软件质量的标准发生了深刻的变化。一个好的软件不仅要求结构好、速度高、省内存,而且要求有较强的通用性和坚固性。对于日益普及的微机软件,尤其要考虑怎样方便用户,使不懂计算机的人也能得心应手地正确使用。由于这个原因,目前大部分软件都采用了菜单技术及其他人机对话技术。能否正确地阅读和理解这些屏幕信息,关系到人们能否正确使用这些软件以及充分发挥软件所提供的全部功能。

当一个程序具有若干项供用户选择的功能时,通常使用交互技术进行分支处理。实现的过程是,屏幕首先显示出提供的功能名称,用户根据需要指出希望完成的功能,然后由程序分析用户的选择并调用不同的功能块进行处理。此过程称为“菜单技术”(Menu technique)。

一个软件能否为用户所欢迎,在很大程度上取决于它的人机交互性能。为了使程序具有较好的通用性、坚固性及人机交互性,在设计屏幕“菜单”和其他输入输出内容时,应符合下述主要原则。

(1) 检测所有输入数据的合法性。

(2) 输入方式要简单,并尽可能每一步给出屏幕提示。

(3) 如果用户选择的功能可能会产生严重的后果(如删除文件、格式化磁盘等),应再次予以确认,以提醒用户不致误操作。

(4) 尽量减少用户处理出错的工作量。

(5) 屏幕显示信息应简洁、易懂,避免二义性。

(6) 尽可能在一屏中包含更多的信息。

可以总结出屏幕菜单的语言特色为：菜单中所显示的备选功能一般不用英语句子来表示,而是用表示该功能的单词、词组或动词短语来表示,个别菜单内容也用不完全句。所以,菜单语言的主要特点是精练且一般不存在时态和语态问题。

屏幕输出信息涉及的语法现象较多,输出的内容也较广泛,下面是常见的几类。

(1) 引导用户按一定步骤进行某些操作。这种类型通常使用祈使语句。

例：Insert new diskette for drive A：and strike any key when ready.

译文：将新盘插入驱动器 A,准备好后按任意键。

例：Press Esc key to return to main menu.

译文：按 Esc 键返回主菜单。

(2) 要求用户回答某一个问题。所用句型通常是 Yes/No 型疑问句,也有按填空的方式向用户提出要求的。

例：Do you want to make another copy? [Y/N]

译文：还要复制吗？[Y/N]

例：Is this list correct? [Y/N]

译文：列表正确吗？[Y/N]

(3) 报告错误信息或其他提示信息。既可以用短语表示，也可以用一些简单句来表示。为了醒目，有时还配上一些特殊标记(如 * * * 等)。

例：An unexpected error occurred, please restart.

译文：出现了异常错误，请重新启动。

例：No database is in use.

译文：无打开的数据库。

(4) 程序调试过程中的出错信息。

例：Symbol not defined.

译文：符号没有定义。

例：Syntax error.

译文：语法错误。

例：Constant was expected.

译文：需要的是一个常量。

例：Must be structure field name.

译文：需要的是结构字段名。

例：Unknown symbol type.

译文：在符号语句的类型字段中，有些不能识别的东西。

例：Expression type does not match the return type.

译文：表达式类型和该函数的返回类型不匹配。

例：Formal parameters specify illegal.

译文：形式参数定义非法。

例：Friend must be function or classes, not field.

译文：友元必须是一个函数或另一个类，不能是字段。

例：Main must have a return type of int.

译文：main 函数要求必须用整型说明返回类型。

例：Access declarations cannot grant or reduce access.

译文：导出类不能增加或减少存取权限。

例：Call to function with no prototype.

译文：调用函数之前没有给出函数的原型。

例：Cannot modify a const object.

译文：不能对 const 类型的对象进行赋值等非法操作。

4. 翻译的过程

翻译的过程大致可分为理解、表达、校对三个阶段。

(1) 理解阶段。理解原文是确切表达的前提。必须从整体出发,不能孤立地看待一词一句。每种语言几乎都存在着一词多义的现象。因此,同样一个词或词组,在不同的上下文搭配中,在不同的句法结构中就可能有不同的意义。一个词、一个词组脱离上下文是不能正确理解的。因此,译者首先应该结合上下文,通过对词义的选择、语法的分析,彻底弄清楚原文的内容和逻辑关系。

(2) 表达阶段。表达就是要寻找和选择恰当的语言材料,把已经理解的原作内容重新叙述出来。表达的好坏一般取决于理解原著的深度和对语言的掌握程度。故理解正确并不意味着表达一定正确。

(3) 校对阶段。校对阶段是理解和表达的进一步深化,是使译文符合标准的一个必不可少的阶段,是对原文内容的进一步核实,对译文语言的进一步推敲。校对对于科技文献的译文来说尤为重要。

看下面这个例子。

例: It is based on the principle that a "single" parent can have "many" children and a child can have only "one" parent.

这里给出两种译文。

(1) 它基于这样一种原则,即某一"单个"的父目录可以有"多个"子目录,而一个子目录只能有一个父目录。

(2) 它基于这样一种原则,即某一"单个"父母可以有"多个"孩子,而一个孩子只能有一个父亲(或母亲)。

以上两种译法都是可能的,至于哪一种译法更合理,要取决于这句话出现的语言环境及文章的主题。

科技翻译需要熟悉和掌握以下的知识。

(1) 掌握一定的词汇量。

(2) 具备科技知识,熟悉所翻译专业。

(3) 了解中西方文化背景的异同,科技英语中词汇的特殊含义。

(4) 日常语言和文本的表达方式以及科技英语的翻译技巧。

翻译不能逐词逐字直译,必须在保持原意的基础上灵活引申,其步骤可以初步归结如下。

(1) 通读整个句子,了解初步含义。重点注意谓语动词、连词、介词、专用词组和实义动词以及暂时不了解的新词汇。

(2) 决定是否分译,如何断句。原句标点和句型结构如何,语态及时态如何,灵活组织,保持前后文之间的逻辑联系和呼应关系。

(3) 决定汉语如何表达,如何组句,所选汉语词意是否确切。译文是否要进行查、加、减、改或者引申译法。概念明确、用词恰当、逻辑清楚、文字通顺。

(4) 翻译完成后要多读译文,是否通顺、能懂,上下文及逻辑关系是否正确等,既要译者自己懂,也要尽量使别人阅读译文后也能懂,要为读者着想。

例: College kids enter the marketplace armed with computer literacy completely alien to many veteran practitioners.

译文:拥有计算机知识的大学生进入了市场,而这种新知识对于许多年长的从业者来说是完全新奇的东西。

下面这段文章讲述的是读书对人们生活的影响,翻译时注意内容的连贯和准确。

Reading broadens our experience. It enables us to feel how others felt about life, even if they lived thousands of miles away and centuries ago. Although we may be unworthy, we can become the friends of wise men. Only books can give us these pleasures. Those who cannot enjoy them are poor men; those who enjoy them most obtain the most happiness from them.

译文:读书能丰富我们的阅历。读书使我们能体验到别人对生活的感受,哪怕他们生活在千里之外或数百年之前。尽管我们可能是微不足道的,但我们却能和聪明人交朋友。只有书籍能给我们这些乐趣。那些不能享受读书之乐的人是贫乏的人,而那些最喜欢读书的人,可以从中得到最大的幸福与满足。

下面是一篇关于计算机犯罪的文章,它共有两段,第一段讲述计算机具有优良的性能,已经在很大程度上取代了文书工作,以银行系统为例,讲述它的优点,它不会有个人情绪,不会偷钱,但是用一句,“它也没有良知”,引出有人利用计算机犯罪的可能。第二段用一个实例讲述利用计算机犯罪的隐蔽性和严重性,一个银行职员通过转账的方法,盗窃客户的钱,数量很大,一直没有被发现,直到因为赌博案发,他利用计算机盗窃的事才被发现。

Computer Crimes

In many businesses, computers have largely replaced paperwork, because they are fast, flexible, and do not make mistakes. As one banker said, “Unlike humans, computers never have a bad day.” And they are honest. Many banks advertise that their transactions are “untouched by human hands” and therefore safe from human temptation. Obviously, computers have no reason to steal money. But they also have no conscience, and the growing number of computer crimes shows they can be used to steal.

Computer criminals don’t use guns. And even if they are caught, it is hard to punish them because there is no witness and often no evidence. A computer cannot remember who used it, it simply does what it is told. The head teller at a New York City Bank used a computer to steal more than one and a half million dollars in just four years. No one noticed this theft because he moved the money from one account to another. Each time a customer he had robbed questioned the balance in his account, the teller claimed a computer error, then replaced the missing money from someone else’s account. This man was caught only because he was a gambler. When the police broke up an illegal gambling operation, his name was in the records.

译文：

计算机犯罪

许多商业活动中，计算机在很大程度上已取代了文书工作，因为它们速度快、灵活，而且不会犯错误。正像一位银行家所说的，“与人不同的是，计算机没有情绪不好的时候”。计算机很诚实。许多银行都在广告中说他们的业务往来都不是“由人手办理”，所以不会受到个人情绪的影响。计算机没有理由去偷钱，这是显而易见的。但它们也没有良知，数量逐渐上升的计算机犯罪表明它们可以被用来盗窃。

计算机犯罪不用枪。即使被抓住了，也很少受到惩罚，因为没有证人，而且通常也没有证据。计算机无法记住是谁使用过它们，它们只是执行命令。纽约城市银行的一个出纳员主任短短 4 年时间内使用计算机偷了 150 多万美元。没人注意到这个盗窃案，因为他把钱从一个账户转到另一个账户。每次，被他偷过的顾客对自己账户的余额提出疑问时，这个出纳员就说这只是计算机的小错误，然后他把另一个账户的钱补到这个账户上。后来，这个人被逮捕了，只是因为他赌博。当警方击碎一个非法赌博机构时，他的名字记录在案。

翻译是把一种语言表达的思想用另一种语言再现出来的活动。因此译文要忠实于原文，准确完整地表达原文的内容，使译文在表达思想、精神、风格和体裁方面起到与原文完全相同的作用。另一方面，译文语言必须符合规范，用词造句应符合本民族语言习惯，要使用民族的、科学的、大众的语言，力求通顺易懂。不应有文理不通、逐字死译和生硬晦涩等现象。

科技文献主要为叙事说理，其特点一般是平铺直叙，结构严密，逻辑性强，公式、数据和专业术语繁多，所以专业英语的翻译应特别强调“明确”“通顺”和“简练”。所谓明确，就是要在技术内容上准确无误地表达原文的含义，做到概念清楚，逻辑正确，公式、数据准确无误，术语符合专业要求，不应有模糊不清、模棱两可之处。专业科技文献中一个概念、一个数据翻译不准将会带来严重的后果，甚至有巨大的经济损失。通顺的要求不但指选词造句应该正确，而且译文的语气表达也应正确无误，尤其是要恰当地表达出原文的语气、情态、语态、时态以及所强调的重点。简练就是要求译文尽可能简短、精练，没有冗词废字，在明确、通顺的基础上力求简洁明快、精练流畅。

例：

Intelligent Printer

In the past, printing devices simply took the results stored in the computer and placed them on paper. If you wanted to perform payroll, the paper used had to be produced by a printing company that specialized in making computer forms. Company logos, symbols, headings for reports, or special characters had to be placed on the paper by the printing company. Then the printer had to be instructed by the computer to place the data on the forms. Today modern printers are able to print company logos, special symbols, unique characters, and the forms. Some printers even are able to use 40 different character sets without modification. These new types of printers are intelligent printing systems.

Using an intelligent printer requires two phases. The first is the design phase. Using a terminal, the output on the printer is designed in detail. The second phase is the format phase. During this phase, the margins to be used, the type of paper to be used, and how the data is to be placed on each page is determined.

译文：

智能打印机

以前,打印设备接收存储在计算机中的结果并把它们打印在纸上。假如要制作工资表,就要由专门制作计算机表格的印刷公司生产这种纸。印刷公司设计企业标志、符号、报表表头以及纸上必须设置的特殊字符。接着,计算机再控制打印机确定表格上的数据位置。今天,新式打印机有能力打印出公司标志、特殊符号、独特的字符和表格。一些打印机甚至可以不加限制地使用40种不同的字符集。这些新型打印机是智能打印系统。

使用智能打印机需要两个阶段。第一是设计阶段。在终端上详细地设计打印机的输出。第二是确定格式阶段。在这个阶段,确定要使用的范围、纸的类型以及每页纸上数据的位置。

这篇文章共有两段,分别讲述智能打印机的特点和使用。在通读全文的基础上必须正确理解以下文中重要的专业词汇,如printing devices、perform payroll、printing company、company logos、headings for reports、modern printers、character sets、intelligent printing systems、design phase、format phase,可分别翻译成打印设备、制作工资表、印刷公司、企业标志、报表表头、新式打印机、字符集、智能打印系统、设计阶段和格式阶段。

第 2 章

Hardware and Software Knowledge

2.1 Computer Hardware Basics

2.1.1 Text

Flip-Flop and Clock

Microprocessors employ both latches and flip-flops. The basic RS latch,or the basic D latch,is not a flip-flop because it is an asynchronous device (it is un-clocked). That is,a latch functions at arbitrary times,whenever data pulses may be inputted. On the other hand,we will see that a flip-flop is a synchronous device; it is clocked,and it can change state only on arrival of a clock pulse. Clock pulses are basically square waves; they may have a very low repetition,or they may have a very high repetition rate.

Note that the simple arrangement depicted in Fig. 2-1 operates as a flip-flop,in as much as the RS latch function is locked in step with the clock input. This is active-low configuration; the R and S outputs can be complemented only while the clock is logic-low. A gate pulse may occur at any time; whereas,a clock input is steady square-wave signal.

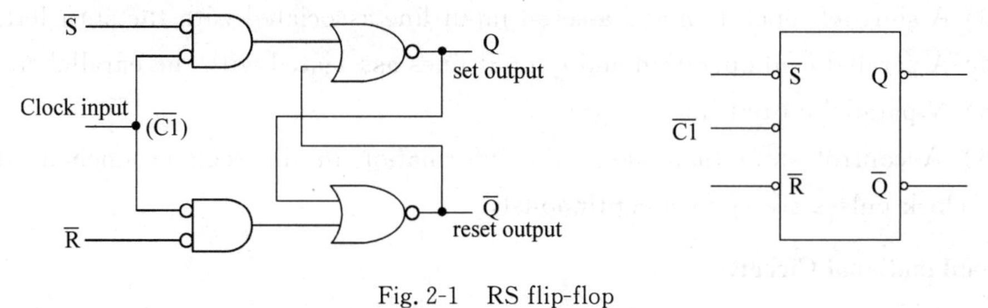

Fig. 2-1 RS flip-flop

Shift Registers

A register capable of shifting its binary information in one or both directions is called a shift register. The logical configuration of a shift register consists of a chain of flip-flops in cascade, with the output of one flip-flop connected to the input of the next flip-flop[1]. All flip-flops receive common clock pulses that initiate the shift from one stage to the next.

The simplest possible shift register is one that uses only flip-flops, as shown in Fig. 2-2. The output of a given flip-flop is connected to the D input of the flip-flop at its right. The clock is common to all flip-flops. The serial input determines what goes into the leftmost position during the shift. The serial output is taken from the output of the rightmost flip-flop.

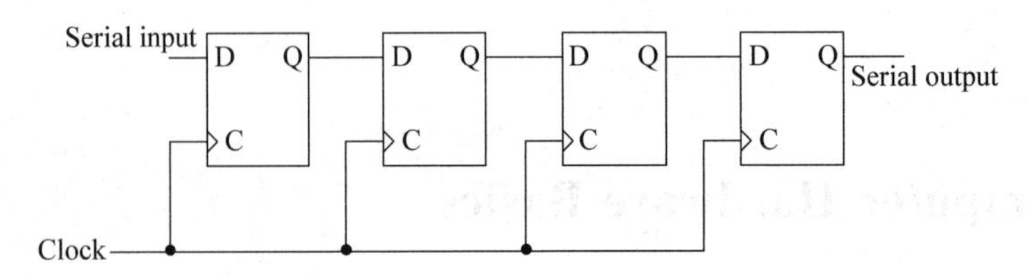

Fig. 2-2 4-bit shift register

Sometimes it is necessary to control the shift so that it occurs with certain clock pulses but not with others[2]. This can be done by inhibiting the clock from the input of the registers if we do not want it to shift. When the shift register of Fig. 2-2 is used, the shift can be controlled by connecting the clock to the input of an AND gate, and a second input of the AND gate can then control the shift by inhibiting the clock.

A register capable of shifting in one direction only is called a unidirectional shift register. A register that can shift in both directions is called a bi-directional shift register[3]. Some shift registers provide the necessary input terminals for parallel transfer. The most general shift register has all the capabilities listed below. Others may have some of these capabilities, with at least one shift operation.

(1) An input for clock pulses to synchronize all operations.

(2) A shift-right operation and a serial input line associated with the shift-right.

(3) A shift-left operation and a serial input line associated with the shift-left.

(4) A parallel load operation and n input lines associated with the parallel transfer.

(5) N parallel output lines.

(6) A control state that leaves the information in the register unchanged even though clock pulses are applied continuously.

Combinational Circuit

A combinational circuit is a connected arrangement of logic gates with a set of inputs and outputs. At any given time, the binary values of the outputs are a function of the binary combination of the inputs. A block diagram of a combinational circuit is shown in Fig. 2-3. The n binary input variables come from an external source, the m binary output variables go to an external destination, and in between there is an interconnection of logic gates. A combinational circuit transforms binary information from the given input data to the required output data[4].

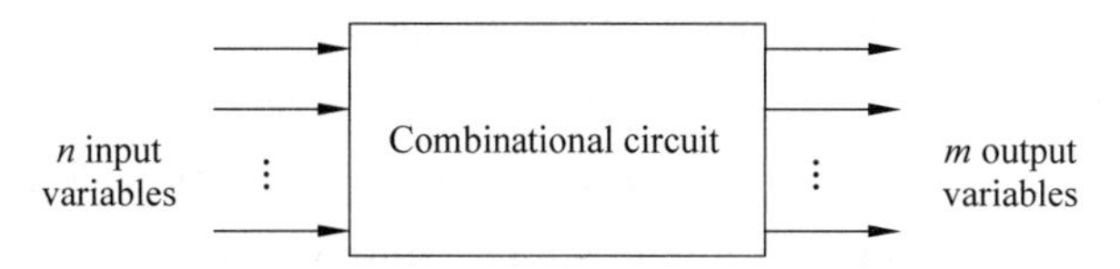

Fig. 2-3　Block diagram of a combinational circuit

A combinational circuit can be described by a truth table showing the binary relationship between the n input variables and the m output variables. The truth table lists the corresponding output binary values for each of 2^n input combination. A combinational circuit can also be specified with m Boolean functions, one for each output variable[5]. Each output function is expressed in terms of the n input variables.

Logic Systems

In a DC, or level-logic system, a bit is implemented as one of two voltage levels. If the more positive voltage is the 1 level and the other is the 0 level, the system is said to employ DC positive logic. On the other hand, a DC negative-logic system is one which designates the more negative voltage state of the bit as the 1 level and the more positive as the 0 level. It should be emphasized that the absolute values of the two voltages are of no significance in these definitions. In particular, the 0 state need not represent a zero voltage level (although in some systems it might).

The parameters of a physical device are not identical from sample to sample, and they also vary with temperature. Furthermore, ripple or voltage spikes may exist in the power supply or ground leads, and other sources of unwanted signals, called noise, may present in the circuit. For these reasons the digital levels are not specified precisely, but each state is defined by a voltage range about a designated level, such as 4 V±1 V and 0.2 V±0.2 V.

In a dynamic, or pulse-logic system, a bit is recognized by the presence or absence of a pulse. A 1 signifies the existence of a positive pulse in a dynamic positive-logic system; a negative pulse denotes a 1 in a dynamic negative-logic system. In either system a 0 at a particular input (or output) at a given instant of time designates that no pulse is present at that particular moment.

Logic Circuits

The design of digital computers is based on a logical methodology called Boolean Algebra which uses three basic operations: logical addition, called the OR function; logical multiplication, called the AND function; and logical complementation, called the NOT function. The variables in Boolean algebra are binary, namely, the resulting variable of an operation or a set of operations can have only one of the two values: One or

Zero. These two values may also be interpreted as being True or False, Yes or No, and Positive or Negative.

A switch is ideally suited to represent the value of any two-state variable because it can only be "off" or "on".

There are only three basic logic operations: the conjunction (logical product) commonly called AND; the disjunction (logic sum) commonly called OR; and the negation commonly called NOT.

Key Words

arbitrary	任意的
arrangement	排列,整理
asynchronous	异步的
bi-directional	双向的
Boolean function	布尔函数
cascade	级连的,串级
combinational circuit	组合电路
complement	补充,补足
configuration	配置,结构
flip-flop	触发器
inasmuch	因……之故
inhibit	禁止,抑制
initiate	开始,激发
interconnection	互联网络
microprocessor	微处理器
negative-logic	负逻辑
parallel transfer	并行传送
serial	顺序的,串行的
significance	重要性,意义
square-wave	方波
unidirectional	单向的

Notes

[1] The logical configuration of a shift register consists of a chain of flip-flops in cascade, with the output of one flip-flop connected to the input of the next flip-flop.

此句中的 with the output of one flip-flop connected to the input of the next flip-flop 是独立结构作状语,说明触发器连接的方式。

译文:移位寄存器的逻辑结构是由一连串串接的触发器所组成的,一个触发器的输出端连接到相邻的触发器的输入端。

[2] Sometimes it is necessary to control the shift so that it occurs with certain clock pulses but not with others.

此句中的 it 是形式主语，to control the shift 是真正主语，so that 引导状语从句。

译文：有时候有必要对移位进行控制以便移位只对某些特定脉冲而不对其他脉冲发生。

[3] A register that can shift in both directions is called a bi-directional shift register.

本句用被动语态表示客观性，that can shift in both directions 是主语从句，修饰 a register。

译文：能够在两个方向上移位的寄存器叫作双向移位寄存器。

[4] A combinational circuit transforms binary information from the given input data to the required output data.

本句中的介词短语 from … to …作宾语补足语，进一步说明宾语 binary information。

译文：组合电路通过传输二进制信息，使给定的输入数据产生了所需要的输出数据。

[5] A combinational circuit can also be specified with *m* Boolean functions, one for each output variable.

本句中的 one for each output variable 是同位语。

译文：组合电路也能规定 *m* 种布尔函数，每种函数对应一个输出变量。

2.1.2 Exercises

1. Translate the following phrases into English

(1) 锁存器

(2) 逻辑电路

(3) R-S 触发器

(4) 有效数据

(5) 向左移位操作

(6) 输出变量

(7) 8 位移位寄存器

(8) 二进制信息

2. Identify the following to be True or False according to the text

(1) A shift-left operation and a serial input line associated with the shift-right.

(2) Clock pulses are basically square waves.

(3) A switch is ideally suited to represent the value of only one-state.

(4) A register that can shift in both directions is called a unidirectional shift register.

(5) In logic circuits, the undesired data is usually called invalid data.

(6) The R and S outputs can be complemented only while the clock is logic-high.

(7) The output values are a function of the combination of the inputs in a combination circuit.

3. Reading Comprehension

(1) The parameters of a physical device are not identical from sample to sample, and they also vary with ________.

a. height b. weight

c. temperature d. length

(2) ________ may have a very low repetition, or they may have a very high repetition rate.

a. Clock pulses b. Data

c. Input signals d. Output signals

(3) A combinational circuit transforms ________ information from the given input data to the required output data.

a. hexadecimal b. binary

c. octal d. decimal

(4) ________ that leaves the information in the register unchanged even though clock pulses are applied continuously.

a. A control state b. A square wave

c. Binary signals d. Logic gates

2.1.3 Reading Material

Digital Computer System

The hardware of a digital computer system is divided into four functional sections. The block diagram of Fig. 2-4 shows the four basic units of simplified computer: the input unit, central processing unit, memory unit, and output unit. Each section has a special function in terms of overall computer operation.

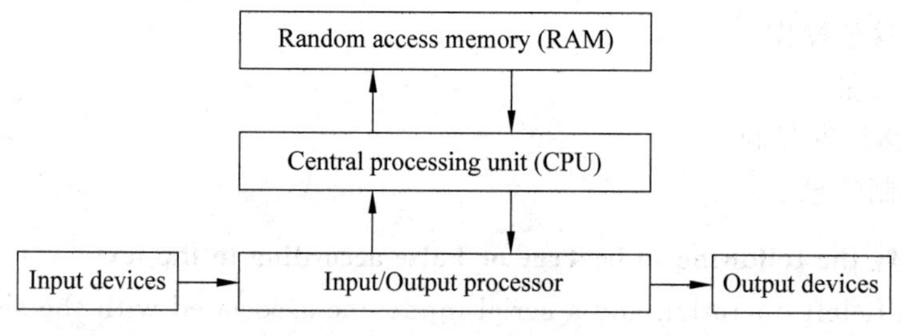

Fig. 2-4 A digital computer

The central processing unit (CPU) is the heart of the computer system. It is responsible for performing all arithmetic operations and logic decisions initiated by the program. In addition to arithmetic and logic functions, the CPU controls overall system operation. There are two main sections found in the CPU of a typical personal computer system: the arithmetic-logic section and the control section. But these two sections are not unique to personal computer. They are found in CPUs of all sizes.

Every processor comes with a unique set of operations such as ADD, STORE, or LOAD that represent the processor's instruction set. Computer designers are fond of calling their computer machines, so the instruction set is sometimes referred to as machine instructions and the binary language in which they are written is called machine language.

The memory unit of the computer is used to store information such as numbers, names, and addresses. By "store", we mean that memory has the ability to hold this information for processing or for outputting for later time. The programs that define how the computer is to process data also reside in memory.

In computer system, memory is divided into two different sections, known as main storage and auxiliary storage. They are also sometimes called internal memory and external memory respectively. External memory is used for long term storage of information that is not in use. For instance, it holds programs, files of data, and files of information. In most computers, this part of memory employs storage on magnetic media such as magnetic tapes, magnetic disks, and magnetic drums. This is because they have the ability to store large amount of data. Internal memory is a smaller segment of memory used to temporary storage of programs, data, and information. For instance, when a program is to be executed, its instructions are first brought from external memory into internal memory together with the files of data and information that it will affect. After this, the program is executed and its files updated while they are held in internal memory. When the processing defined by the program is completed, the updated files are returned to external memory. Here the program and files are retained for use at later time.

On the other hand, the input and output units are the means by which the CPU communicates with the outside world. The input unit is used to input information and commands to the CPU for processing. After processing, the information that results must be output. This output of data from the system is performed under control of the output unit.

Input Devices. Computer systems use many devices for input purpose. Some Input Devices allow direct human/ machine communication, while some first require data to be recorded on an input medium such as a magnetic material. Devices that read data magnetically recorded on specially coated plastic tapes or flexible or floppy plastic disks are popular. The keyboard of a workstation connected directly to or online to a computer is an example of a direct input device. Additional direct input devices include the mouse, input pen, touch screen, and microphone. Regardless of the type of device used, all are components for interpretation and communication between people and computer systems.

Output Devices. Like input units, output devices are instruments of interpretation and communication between humans and computer systems of all sizes. These devices take output results from the CPU in machine-coded form and convert them into a form that can be used by people (e. g. a printed and /or displayed report) or as machine input in another processing cycle. In personal computer systems, display screen and desktop printers are popular output devices. Larger and faster printers, many online workstations, and magnetic disk drives are commonly found in larger systems.

2.2 CPU

2.2.1 Text

A computer can solve a series of problems and make hundreds, even thousands, of logical decisions without becoming tired or bored. It can find the solution to a problem in a fraction of the time it takes a human being to do the job. A computer can replace people in dull, routine tasks, but it has no originality; it works according to the instructions given to it and cannot exercise any value judgements. But a computer can carry out vast numbers of arithmetic logical operations almost instantaneously.

The CPU means the Central Processing Unit. It is the heart of a computer system. The CPU in a microcomputer is actually one relatively small integrated circuit or chip. Although most CPU chips are smaller than a lens of a pair of glasses, the electronic components they contain would have filled a room a few decades ago. Using advanced microelectronic techniques, manufacturers can cram tens of thousands of circuits into tiny layered silicon chips that work dependably and use less power. The CPU coordinates all the activities of the various components of the computer. It determines which operations should be carried out and in what order. The CPU can also retrieve information from memory and can store the results of manipulations back into the memory unit for later reference.

The basic job of computers is the processing of information. For this reason, computers can be defined as devices which accept information in the form of instructions called a program and characters called data, perform mathematical and/or logical operations on the information, and then supply results of these operations. The program, which tells the computers what to do and the data, which provide the information needed to solve the problem, are kept inside the computer in a place called memory[1].

Computers are thought to have many remarkable powers. However, most computers, whether large or small, have three basic capabilities.

First, computers have circuits for performing arithmetic operations, such as:

addition, subtraction, division, multiplication and exponentiation.

Second, computers have a means of communicating with the user. After all, if we couldn't feed information in and get results back, these machines would not be of much use.

Third, computers have circuits which can make decisions. The kinds of decisions which computer circuits can make are of the type: Is one number less than another? Are two numbers equal? And, is one number greater than another?

A CPU can be a single microprocessor chip, a set of chips, or a box of boards of transistors, chips, wires, and connectors. Differences in CPUs distinguish mainframes, mini- and microcomputers. A processor is composed of two functional units: a control unit and an arithmetic/logic unit, and a set of special workspaces called registers.

The Control Unit

The control unit is the functional unit that is responsible for supervising the operation of the entire computer system. In some ways, it is analogous to a telephone switchboard with intelligence because it makes the connections between various functional units of the computer system and calls into operation each unit that is required by the program currently in operation. The control unit fetches instructions from memory and determines their type or decodes them. It then breaks each instruction into a series of simple small steps or actions. By doing this, it controls the step-by-step operation of the entire computer system.

The Arithmetic/Logic Unit

The Arithmetic/Logic Unit (ALU) is the functional unit that provides the computer with logical and computational capabilities[2]. Data are brought into the ALU by the control unit, and the ALU performs whatever arithmetic or logic operations are required to help carry out the instructions. Arithmetic operations include adding, subtracting, multiplying, and dividing. Logic operations make a comparison and take action based on the results. For example, two numbers might be compared to determine if they are not equal. If they are equal, processing will continue; if they are not equal, processing will stop.

Registers

A register is a storage location inside the processor. Registers in the control unit are used to keep track of the overall status of the program that is running. Control unit registers store information such as the current instruction, the location of the next instruction to be executed, and the operands of the instruction. In the ALU, registers store data items that are added, subtracted, multiplied, divided, and compared. Other registers store the results of arithmetic and logic operations.

Instruction

An instruction is made up of operations that specify the function to be performed and operands that represent the data to be operated on. For example, if an instruction is to perform the operation of adding two numbers, it must know what the two numbers are and where the two numbers are[3]. When the numbers are stored in the computer's memory, they have an address to indicate where they are, so if an operand refers to data in the computer's memory it is called an address. The processor's job is to retrieve instructions and operands from memory and to perform each operation. Having done that, it signals memory to send it the next instruction.

The CPU executes each instruction in a series of small steps.

(1) Fetch the next instruction from memory into the instruction register.

(2) Change the program counter to point to the following instruction.

(3) Determine the type of instruction just fetched.

(4) If the instruction uses data in memory, determine where they are.

(5) Fetch the data, if any, into internal CPU registers.

(6) Execute the instruction.

(7) Store the results in the proper place.

(8) Go to step.

This sequence of steps is frequently referred to as the fetch-decode-execute cycle. It is central to the operation of all computers. This step-by-step operation is repeated over and again at awesome speed. A timer called a clock releases precisely timed electrical signals that provide a regular pulse for the processor's work[4]. The term that is used to measure the computer's speed is borrowed from the domain of electrical engineering and is called a megahertz (MHz) which means million cycles per second.

Key Words

analogous	类似的,相似的
Arithmetic/Logic Unit	算术逻辑单元
awesome	惊人的,令人敬畏的
capability	性能,能力
chip	芯片
decode	解码,译码
exponentiation	幂运算
fetch	获取,取得
instantaneously	瞬间地,即时地
microelectronic techniques	微电子技术
operand	操作数
originality	创意,创造力
overall	全部的
register	寄存器

remarkable	显著的，不平常的
retrieve	恢复
switchboard	接线总机
transistor	晶体管

Notes

[1] The program, which tells the computers what to do and the data, which provide the information needed to solve the problem, are kept inside the computer in a place called memory.

这里的主语是 the program and the data，由 which 引导的两个定语从句分别修饰 the program 和 the data。

译文：程序的作用是指示计算机如何工作，而数据则是为解决问题提供的所需要的信息，两者都存储在存储器里。

[2] The Arithmetic/Logic Unit (ALU) is the functional unit that provides the computer with logical and computational capabilities.

本句由 that 引导定语从句，修饰 the functional unit。

译文：算术逻辑单元(ALU)是为计算机提供逻辑及计算能力的功能部件。

[3] For example, if an instruction is to perform the operation of adding two numbers, it must know what the two numbers are and where the two numbers are.

这里的 what the two numbers are and where the two numbers are 作宾语，它由两个并列的从句组成。

译文：例如，一条指令要完成两数相加的操作，它就必须知道：这两个数是什么，这两个数在哪儿。

[4] A timer called a clock releases precisely timed electrical signals that provide a regular pulse for the processor's work.

本句中的 that provide a regular pulse for the processor's work 修饰 electrical signals。

译文：一个称作时钟的计时器准确地发出定时电信号，该信号为处理器工作提供有规律的脉冲信号。

2.2.2 Exercises

1. Translate the following phrases into English

(1) 智能

(2) 取指—译码—执行

(3) 算术逻辑运算

(4) 硅

(5) 区别，辨别

(6) 顺序

(7) 发出,释放

(8) 兆赫

2. Identify the following to be True or False according to the text

(1) A computer can replace people to do all kinds of work.

(2) In the ALU, registers store data items that are added, subtracted, multiplied, divided, and compared.

(3) Registers in the control unit are used to keep track of the overall status of the program.

(4) In the ALU, registers only store the results of arithmetic and logic operations.

(5) A register is a storage location inside the processor.

(6) ALU fetched instructions from memory and determines their type.

(7) To store the results in the proper place is done by ALU.

3. Reading Comprehension

(1) A processor is composed of two functional units, they are ________.

a. an arithmetic/logic unit and a storage unit

b. a control unit and some registers

c. a control unit and an arithmetic/logic unit

d. some registers and an arithmetic/logic unit

(2) The control unit fetches ________ from memory and decodes them.

a. data　　b. information

c. results　　d. instructions

(3) ________ is a storage location inside the processor.

a. A register　　b. ALU

c. Control unit　　d. Memory

(4) The CPU executes each instruction in a series of steps, the sequence is ________.

a. execute-fetch-decode　　b. fetch-decode-execute

c. decode-execute-fetch　　d. fetch-execute-storage

2.2.3 Reading Material

Multiprocessing

In order to cooperate on a single application or class of applications, the processors share a common resource. Usually this resource is primary memory, and the multiprocessor is called a primary memory multiprocessor. A system in which each processor has a private (local) main memory and shares secondary (global) memory with the others is a secondary memory multiprocessor. The more common multiprocessor systems incorporate only processors of the same type and performance and thus are called homogeneous multiprocessors; however, heterogeneous multiprocessors are also employed.

Multiprocessor systems may be classified into four types: single instruction stream, single data stream (SISD); single instruction steam, multiple data stream (SIMD); multiple instruction stream, single data stream (MISD); and multiple instruction stream, multiple data stream (MIMD). Systems in the MISD category are rarely built. The other three architectures may be distinguished simply by the differences in their respective instruction cycles.

In an SISD architecture there is a single instruction cycle; operands are fetched serially into a single processing unit before execution.

An SIMD architecture also has a single instruction cycle, but multiple sets of operands may be fetched to multiple processing units and may be operated upon simultaneously within a single instruction cycle. Multiple-functional-unit, array, vector, and pipeline processors are in this category.

In an MIMD architecture, several instruction cycles may be active at any given time, each independently fetching instructions and operands into multiple processing units and operating on them in a concurrent fashion. This category includes multiple processor systems in which each processor has its own program control, rather that sharing a single control unit.

MIMD systems can be further classified into throughput-oriented systems, high-availability systems, and response-oriented systems.

The goal of throughput-oriented multiprocessing is to obtain high throughput at minimal computing cost (subject to fail-soft equipment redundancy requirements) in a general-purpose computing environment by maximizing the number of independent computing jobs done in parallel. The techniques employed by multiprocessor operating systems to achieve this goal take advantage of an inherent processing versus input/output balance in the workload to produce balanced, uniform loading of system resources with scheduled response.

High-availability multiprocessing systems are generally interactive, often with never-fail real-time on-line performance requirements. Such application environments are usually centered on a common database and are almost always input/output-limited rather than computer-limited. Tasks are not independent but are often interdependent at the database level. The operating system goal is to maximize the number of cooperating tasks done in parallel. Such systems may also process multiple independent jobs in a background mode. The additional hardware redundancy in fault-tolerant system over a general-purpose multiprocessor can considered a trade-off against software complexity and the time required for software check-pointing in a sequential mainframe system.

The goal of response-oriented multiprocessing (or parallel processing) is to minimize system response time for computational demands. Applications for such systems are naturally computer-intensive, and many such applications can be decomposed into multiple tasks or processes to run concurrently on multiple processors.

2.3 Memory

2.3.1 Text

A memory cell is a circuit, or in some cases just a single device, that can store a bit of information. A systematic arrangement of memory cells constitutes a memory. The memory must also include peripheral circuits to address and write data into the cells as well as detect data that are stored in the cells.

Two basic types of semiconductor memory are considered. The first is the random access memory (RAM), a read-write memory, in which each individual cell can be addressed at any particular time. The access time to each cell is virtually the same. Implicit in the definition of the RAM is that both the read and the write operations are permissible in each cell with also approximately the same access time.

A second class of semiconductor memory is the read-only memory (ROM). The set of data in this type of memory is generally considered to be fixed, although in some designs the data can be altered. However, the time required to write new data is considerably longer than the read access time of the memory cell. A ROM may be used, for example, to store the instructions of a system operating program.

A volatile memory is one that loses its data when power is removed from the circuit, while nonvolatile memory retains its data even when power is removed. In general, a random access memory is a volatile memory, while read-only memories are nonvolatile.

Two type of RAM are the static RAM (SRAM) and dynamic RAM (DRAM). A static RAM consists of a basic bi-stable flip-flop circuit that needs only a DC current or voltage applied to retain its memory. Two stable states exist, defined as logic 1 and logic 0. A dynamic RAM is an MOS memory that stores one bit of information as charge on a capacitor. Since the charge on the capacitor decays with a finite time constant (milliseconds), a periodic refresh is needed to restore the charge so that the dynamic RAM does not lose its memory.

The advantage of the SRAM is that this circuit does not need the additional complexity of a refresh cycle and refresh circuitry, but the disadvantage is that this circuit is fairly large. In general, a SRAM requires six transistors. The advantage of a DRAM is that it consists only one transistor and one capacitor, but the disadvantage is the required refresh circuitry and refresh cycles.

There are two general types of ROM. The first is programmed either by the manufacturer (mask programmable) or by the user (programmable, or PROM). Once the ROM has been programmed by either method, the data in the memory are fixed and cannot be altered. The second type of ROM may be referred to as an alterable ROM in that the data in the ROM may be reprogrammed if desired. This type of ROM may be called an EPROM (erasable programmable ROM), EEPROM (electrically erasable PROM), or flash memory. As mentioned, the data in these memories can be reprogrammed although the time involved is much longer than the read access time. In some cases, the memory chip may actually have to be removed from the circuit during the reprogramming process.

The basic memory architecture has the configuration shown in Fig. 2-5. The terminal connections may include inputs, outputs, addresses, and read and write controls. The main potion of the memory involves the data storage. A RAM memory will have all of the terminal connections mentioned, whereas a ROM memory will not have the inputs and the write controls.

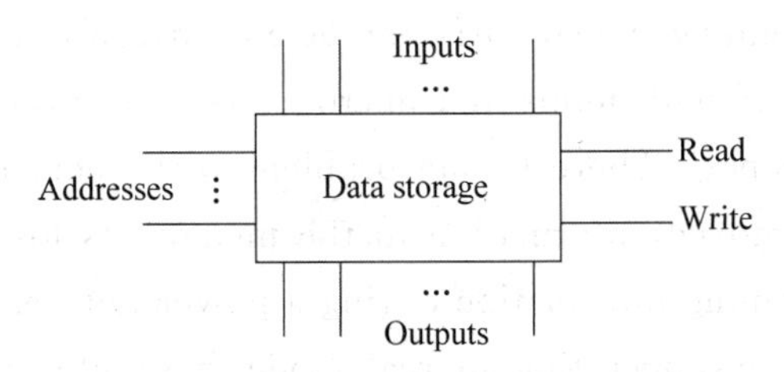

Fig. 2-5 Basic memory architecture

Computer memory is measured in kilobytes or megabytes of information. (A byte is the amount of storage needed to hold one character, such as a letter or a numeric digit.) One kilobyte(KB) equals 1 024 bytes, and one megabyte(MB) is about 1 million bytes. Software requires the correct amount of RAM to work properly. If you want to add new software to your computer, you can usually find the exact memory requirements on the software packaging.

Memories consist of a number of cells each of which can store a piece of information. Each cell has a number, called its address, by which programs can refer to it. If a memory has n cells, they will have addresses 0 to $n-1$. All cells in a memory contain the same number of bits. If a cell consists of k bits, it can hold any one of 2^k different bit combinations. Note that adjacent cells have consecutive addresses.

Computers that use the binary number system (including octal and hexadecimal notation for binary numbers) also express memory addresses as binary numbers. If an address has m bits, the maximum number of cells directly addressable is 2^m. The number of bits in the address is related to the maximum number of directly addressable cells in the memory and is independent of the number of bits per cell[1]. A memory with 2^{12} cells of 8 bits each and a memory with 2^{12} cells of 64 bits each would each need 12-bit addresses.

The significance of the cell is that it is the smallest addressable unit. In recent years, most computer manufactures have standardized on an 8-bit cell, which is called a byte. Bytes are grouped into words. A computer with a 16-bit word has 2 bytes/word, whereas a computer with a 32-bit word has 4 bytes/word. The significance of a word is that most instructions operate on entire words, for example, adding two words together. Thus a 16-bit words, whereas a 32-bit machine will have 32-bit registers and instructions for moving, adding, subtracting, and otherwise manipulating 32-bit words[2].

In the 1970s, there was a further development which revolutionized the computer field. This was the ability to etch thousands of integrated circuits onto a tiny piece (chip) of silicon, which is a non-metallic element with semiconductor characteristics[3]. Chips have thousands of identical circuits, each one capable of storing one bit. Because of the very small size of the chip, and consequently of the circuits etched on it, electrical signals do not have to travel far; hence, they are transmitted faster. Moreover, the size of the components containing the circuitry can be considerably reduced, a step which has led to the introduction of both minis and micros. As a result, computers have become smaller, faster, and cheaper. There is one problem with semiconductor memory, however, when power is removed, information in the memory is lost, unlike core memory, which is capable of retaining information during a power failure.

The 80x86 processors, operating in real mode, have physical address-ability to 1 megabyte of memory. EMS was developed to allow real mode processing to have access to additional memory. It uses a technique called paging, or bank switching. The requirements for expanded memory include additional hardware and a software device driver. The bank switching registers act as gateways between the physical window within the 1 megabyte space and the logical memory that resides on the expanded memory board. The device driver, called the expanded memory manager (EMM), controls the registers so that a program's memory accesses can be redirected throughout the entire of available expanded memory.

To access expanded memory, a program needs to communicate with the EMM. Communication with the EMM is similar to making calls to DOS. The program sets up the proper CPU registers and makes a software interrupt request. More than 30 major functions are defined, and applications and operating systems are given control over expanded memory. When a program allocates expanded memory pages, the EMM returns a handle to the requesting program[4]. This handle is then used in future calls to the EMM to identify which block of logical pages is being manipulated.

Key Words

adjacent	邻近的,接近的
allocate	分配,分派

approximately	大约，大致，近于
consecutive	连续的，连贯的
constitute	构成，组成
erasable	可擦除的
essential	必要的，基本的
etch	蚀刻
hexadecimal	十六进制的
implicit	暗示的，绝对的
kilobyte	千字节
manipulate	操作
megabyte	兆字节
non-metallic	非金属的
octal	八进制的
property	适当地，相当地
redirect	更改地址
refer to	指，提到，参照
refresh	刷新
semiconductor	半导体
turn off	关闭
virtually	事实上
volatile	易失的

Notes

[1] The number of bits in the address is related to the maximum number of directly addressable cells in the memory and is independent of the number of bits per cell.

本句中，of directly addressable cells in the memory 修饰 the maximum number。

译文：地址的位数与存储器可直接寻址的最大单元数量有关，而与每个单元的位数无关。

[2] Thus a 16-bit words，whereas a 32-bit machine will have 32-bit registers and instructions for moving，adding，subtracting，and otherwise manipulating 32-bit words.

Thus a 16-bit words 是一个省略句，这里的 whereas 作"而"讲。

译文：因而 16 位机器具有 16 位的寄存器和指令以实现 16 位字的操作；32 位机器则有 32 位的寄存器和指令，以实现传送、加法、减法和其他 32 位字的操作。

[3] This was the ability to etch thousands of integrated circuits onto a tiny piece (chip) of silicon，which is a non-metallic element with semiconductor characteristics.

由 which 引导的是非限定性定语从句，用来修饰 silicon。

译文：这就是将成千上万个集成电路蚀刻在一小块硅(芯)片上的能力。硅片是具有半导体特性的非金属元件。

[4] When a program allocates expanded memory pages, the EMM returns a handle to the requesting program.

本句中,由 when 引导了一个时间状语从句。

译文:当一个程序装入扩展存储器页中时,EMM 就将一个标志回复给这个请求程序。

2.3.2 Exercises

1. Translate the following phrases into English

(1) 扩展存储器

(2) 半导体存储器

(3) 外围电路

(4) 实模式

(5) 寻址能力

(6) 组织

(7) 只读存储器

(8) 随机存取存储器

2. Identify the following to be True or False according to the text

(1) Both static and dynamic RAM cells are read-write memory.

(2) RAM can be used to store the instructions of a system program.

(3) Nonvolatile memory loses its data when power is removed from the circuit.

(4) ROM does not have the inputs and the write controls.

(5) A byte is the amount of storage needed to hold one character.

(6) The memory addresses are expressed as binary numbers.

(7) EMS allows the real mode processing to access 1 MB memory.

3. Reading Comprehension

(1) One megabyte equals approximately ________.

a. 1 000 000 bytes　　b. 1 024 bytes

c. 65 535 bytes　　d. 10 000 bytes

(2) If a cell consist of n bits, it can hold any one of ________.

a. $2n$ different bit combinations　　b. 2^{n-1} different bit combinations

c. 2^n different bit combinations　　d. n different bit combinations

(3) When power is removed, information in the semiconductor memory is ________.

a. reliable　　b. lost

c. manipulated　　d. remain

(4) A periodic refresh is needed to restore the information for the ________.

a. SRAM　　b. DRAM

c. EPROM d. EEPROM

2.3.3 Reading Material

Magnetic Disks and Optical Disks

Magnetic Disks

There are two major types of magnetic disks: floppy disks and hard disks. Both types of disks rely on a rotating platter coated with a magnetic surface and use a moveable read/write head to access the disk. Disk storage is nonvolatile, meaning that the data remains even when power is removed. Because the platters in a hard disk are metal (or, recently, glass), they have several significant advantages over floppy disks.

Every user has used hard disks and liked them very much since they have gigantic storage capacity and work fast, especially since operating systems grow larger and larger. One example is Windows 98, with its full installation needing 300 MB memory, long application programs and multimedia development need more and more storage space, etc. All of these spur the development of hard disks. The hard disk storage capacity almost is doubled every year and the hard disk works faster and faster.

The rotative velocity of a main shaft of a motor in a hard disk is working speed of the hard disk. The velocities is now commonly from 5 400 rpm to 7 200 rpm. The high turning velocity can reduce average seek times and waiting times. Most of average seek times are less than 10 ms. The hard disk capacity develops very fast. It is almost doubled every year. The larger the capacity, the lower the cost of storage per bit. You should select a suitable one according to your economic ability and experience.

To access data, the operating system must direct the disk through a three-stage process. The first step is to position the arm over the proper track. This operation is called a seek, and the time to move the arm to the desired track is called seek time. Once the head has reached the correct track, we must wait for the desired sector to rotate under the read/write head. This time is called the rotation latency or rotational delay. The average latency to the desired information is halfway around the disk. Smaller diameter disks are attractive because they can spin at higher rates without excessive power consumption, thereby reducing rotational latency. The last component of a disk access, transfer time, is the time to transfer a block of bits, typically a sector. This is a function of the transfer size, the rotation speed, and the recording density of a track.

Optical Disks

An optical disk is a disk on which data are encoded for retrieval by a laser. Optical disks offer information densities far beyond the range of current magnetic mass-storage devices. Similar devices have been on the market for several years in the form of laser videodisks and audio compact disks (CDs) for consumer use. These laser videodisks are analog, that is, the disk contains one spiral track, like the track on a phonograph record.

Optical disks for computer applications are digital and store their information on concentric tracks, like their magnetic cousins. Currently, three versions of optical disk technology are competing for the mass-storage market, they are read-only optical disks, write-once optical disks, and erasable optical disks.

Unlike conventional magnetic disks, read-only optical disks cannot be written on and so have the functional equivalence of read-only memory(ROM). The most popular version of read-only optical disks employs the same technology as the CD that has become popular for audio recording. The technology is digital and based on a 4¾ inch optical disk that can store 540 MB on a single side. The devices are called compact disk read-only memories(CD-ROMs).

Write-once optical disks(also called write-once, read-mostly, or WORM) are blank disks that are recorded on by the user. To write data, a powerful beam of laser light burns tiny spots or pits into the coating that covers the surface of these disks. Once burnt in, the spots are not erasable. To retrieve the data, a less powerful laser is used to read the pattern of spots and convert the patterns into audiovisual signals that can be played back on a television set. Write-once optical disks are being used to replace microfilm storage. Because optical disks have the ability to store images as well as sound, their use is quite versatile. Anything that can be digitized, such as documents, pictures, photographs, line drawings, and music, can be recorded and stored on an optical disk.

Erasable optical disks use lasers to read and write information to and from the disk but also use a magnetic material on the surface of the disk and a magnetic write head to achieve erasability. To write on such as disk, a laser beam heats a tiny spot on it; then a magnetic field is applied to reverse the magnetic polarity of the spot. Erasable optical disk systems offer the same storage capabilities of the non-erasable optical disks, along with the same reusability capabilities of conventional magnetic disks, such as Winchester systems.

2.4 Input/Output Devices

2.4.1 Text

Input is a process that involves the use of a device to encode or transform data into digital codes that the computer can process. Input devices enable you to input data and commands into the computer. The type of input device used is determined by the task to be completed. An input device can be as simple as the keyboard or as sophisticated as those used for specialized applications such as voice or retinal recognition devices.

Information processing is complete when the results of processing are communicated. What a computer program produces is a stream of coded symbols[1]. In most cases, it is the job of the output device to decode these coded symbols into a form of information that is easy for people to use or understand, such as text, pictures, graphics, or sound.

Keyboard

The keyboard is one of the main input devices for computer system. It is the way you will most commonly communicate with a computer; even if your mouse is broken down you can still communicate with your machine. Since the first IBM-PC came out in 1981, there have been two basic styles of keyboards. They are PC-style keyboard and AT style ones. As the Windows operating system is popular, the keyboard now you are using everyday is changed into the keyboard for Windows which has several additional keys to manipulate the Windows very easily. In addition to these keyboard styles supported by IBM, several independent manufactures have created replacement keyboards for users who want a different layout. Even if keyboards look different from each other, they still contain all the necessary keys.

The computer keyboard is much like the keyboard of a typewriter. They both have alphabetic and numeric keys; however, the computer keyboard has some additional keys called modifier keys. These are the Shift, Ctrl (control) and Alt (alternate) keys. A letter or number must be depressed while the modifier key is held.

The numeric keypad is located on the right side of the keyboard and looks like an adding machine. However, when you are using it as a calculator, be sure to depress the Num Lock key so the light above Num Lock is lit.

The function keys (F1, F2 and so forth) are usually located at the top of the keyboard. These keys are used to give the computer commands. The function of each key varies with each software program.

The arrow keys allow you to move the position of the cursor on the screen[2].

Special-purpose keys perform a specialized function. The Esc key's function depends on the program being used. Usually it will back you out of a command. The Print Screen sends a copy of whatever is on the screen to the printer. The Scroll Lock key, which does not operate in all programs, this key is rarely used with today's software. The Num Lock key controls the use of the number keypad. The Caps Lock key controls typing text in all capital letters.

Mouse

A mouse is a small device that a computer user pushes across a desk surface in order to point to a place on a display screen and to select one or more actions to take from that position. The mouse first became a widely used computer tool when Apple Computer made it a standard part of the Apple Macintosh. Today, the mouse is an integral part of the graphical user interface (GUI) of any personal computer. The mouse apparently got its name by being about the same size and color as a toy mouse.

A mouse consists of a metal or plastic housing or casing, a ball that sticks out of the bottom of the casing and rolls on a flat surface, one or more buttons on the top of the casing, and a cable that connects the mouse to the computer. As the ball is moved over the surface in any direction, a sensor sends impulses to the computer that causes a mouse-responsive program to re-position a visible indicator (called a cursor) on the display screen. The positioning is relative to some starting place. Viewing the cursor's present position, the user readjusts the position by moving the mouse.

The most conventional kind of mouse has two buttons on the top: the left one is used most frequently. In the Windows operating systems, it allows the user to click once to send a "Select" indication that provides the user with feedback that a particular position has been selected for further action. The next click on a selected position or quick clicks on it causes a particular action to take place on the selected object. For example, in Windows operating systems, it causes a program associated with that object to be launched. The second button, on the right, usually provides some less-frequently needed capability[3]. For example, when viewing a Web page, you can click on an image to get a pop-up mean that, among other things, lets you save the image on your hard disk.

Monitor

Monitors maybe are one of the most important output devices. Computers only use monitors to show you exciting operation results or marvelous and vivid pictures. Monitors also are the best windows for conversation between users and computers. So, many users select monitors carefully. The display provides instant feedback by showing you text and graphic images as you work or play. Most desktop displays use a cathode ray tube (CRT), while portable computing devices such as laptops incorporate liquid crystal display (LCD), light-emitting diode (LED), gas plasma or other image projection technology. Because of their simmer design and smaller energy consumption, monitors using LCD technologies beginning to replace the venerable CRT on many desktops.

A character-based display divided the screen into a grid of rectangles, each of which can display a single character. The set of characters that the screen can display is not modifiable; therefore, it is not possible to display different sizes or styles of characters. A bitmap display divides the screen into a matrix of tiny, square "dots" called pixels. Any characters or graphics that the computer displays on the screen must be constructed of dot patterns within the screen matrix. The more dots your screen displays in the matrix, the higher its resolution. A high-resolution monitor can produces complex graphical images and text that is easier to read than on a low-resolution monitor.

Resolution: Resolution refers to the number of individual dots of color, known as pixels, contained on a display. Resolution is typically expressed by identifying the number of pixels on the horizontal axis (rows) and the number on the vertical axis (columns), such as 640×480. The monitor's viewable area, refresh rate and dot pitch all directly affect the maximum resolution a monitor can display.

Dot Pitch: Briefly, the dot pitch is the measure of how much space there is between a display's pixels. When considering dot pitch, remember that the smaller the better. Packing the pixels closer together is fundamental to achieving higher resolutions. A display normally can support resolutions that match the physical dot (pixel) size as well as several lesser resolutions. For example, a display with a physical grid of 1 280 rows by 1 024 columns can obviously support a maximum resolution of 1 280×1 024 pixels. It usually also supports lower resolutions such as 1 024×768, 800×600, and 640×480.

Refresh Rate: In monitors based on CRT technology, the refresh rate is the number of times that the image on the display is drawn each second. If your CRT monitor has a refresh rate of 72 hertz (Hz), then it cycles through all the pixels from top to bottom 72 times a second. Refresh rates are very important because they control flicker, and you want the refresh rate as high as possible. Too few cycles per second and you will notice a flickering, which can lead to headaches and eyestrain.

Scan Style: The scan style of a electron gun in a tube is divided into two styles, interlace and non-interlace. In interlace style, electron-beam sweeps elements in odd rows first time and does elements in even rows second time[4]. A frame to be renewed needs sweeping two times. In non-interlace style, electron-beam sweeps all elements only in one time. In non-interlace work style, the monitor works better and gives clear pictures without flash.

Scanner

A scanner is a device that can read text or illustrations printed on paper and translate the information into a form the computer can use. A scanner works by digitizing an image, dividing it into a grid of boxes and representing each box with either a zero or a one, depending on whether the box is filled in. The resulting matrix of bits, called a bit map, can then be stored in a file, displayed on a screen, and manipulated by programs.

Optical scanners do not distinguish text from illustrations; they represent all images as bit maps. Therefore, you cannot directly edit text that has been scanned. To edit text read by an optical scanner, you need an optical character recognition (OCR) system to translate the image into ASCII characters[5]. Most optical scanners sold today come with OCR packages.

Key Words

alphabetic	字母的
apparently	清楚地，显然地
bit map	位图
capital letter	大写字母
cursor	光标

digitize	数字化
electron-beam	电子束
flicker	闪耀,闪烁
illustration	例证,插图
integral	整体,整数
layout	布局
manufacture	制造
matrix	矩阵,阵列
non-interlace	非隔行
pixel	像素
rectangle	矩形
replacement	更换,代替
resolution	分辨率
retinal	视网膜的
scanner	扫描仪
sensor	传感器
sophisticate	复杂
typewriter	打字机
venerable	庄严的

Notes

[1] What a computer program produces is a stream of coded symbols.

本句中的 what a computer program produces 作主语。

译文:计算机程序产生的是编码的符号流。

[2] The arrow keys allow you to move the position of the cursor on the screen.

本句中的不定式结构 to move the position of the cursor on the screen 作宾语补足语。

译文:方向键允许你移动光标在屏幕上的位置。

[3] The second button,on the right,usually provides some less-frequently needed capability.

本句中的 on the right 是同位语,进一步说明主语。

译文:第二个按键在右边,提供了某些不太常用的功能。

[4] In interlace style,electron-beam sweeps elements in odd rows first time and does elements in even rows second time.

本句中的 electron-beam 译作电子射枪,elements 译作像素。

译文:在隔行方式中,电子射枪首先扫描奇数项中的像素,第二次再扫描偶数项中的像素。

[5] To edit text read by an optical scanner,you need an optical character recognition

(OCR) system to translate the image into ASCII characters.

本句中的 to edit text read by an optical scanner 是目的状态，而 to translate ...是宾语补足语。

译文：要编辑由光学扫描仪读入的文本，你需要一套光学字符识别系统(OCR)将图像翻译成 ASCII 码。

2.4.2　Exercises

1. Translate the following phrases into English

(1) 基于字符的显示器

(2) 隔行及非隔行

(3) 布局

(4) 输入/输出设备

(5) 功能键

(6) 光标

(7) 像素距离

(8) 分辨率

2. Identify the following to be True or False according to the text

(1) Keyboard, mouse and monitor are all input devices.

(2) The computer keyboard is not like the keyboard of a typewriter.

(3) A monitor is the best window for conversation between users and a computer.

(4) The mouse first became a widely used computer tool when Apple Computer made it a standard part of the Apple Macintosh.

(5) The Num Lock key controls typing text in all capital letters.

(6) When you are using the numeric keypad as a calculator, be sure to depress the Num Lock key so the light above Num Lock is lit.

(7) The type of input device used is determined by the task to be completed.

3. Reading Comprehension

(1) Which is wrong in four items below? ________.

a. The keyboard has letter keys and punctuation keys

b. The keyboard has spacebar and punctuation keys

c. The keyboard has function keys and numeric keys

d. The keyboard has not arrow keys

(2) ________ is the distance between two picture elements in horizontal direction.

a. Element Distance　　　b. Scan Style

c. Solution　　　d. Vertical Scan Rate

(3) A mouse is a small device that a computer user pushes across a desk surface in order to point to a place on a ________ and to select one or more actions to take from

that position.

a. desktop b. display screen

c. console d. platform

(4) ________ refers to the number of individual dots of color, known as pixels, contained on a display.

a. Dot Pitch b. Resolution

c. Refresh Rate d. Scan Style

2.4.3 Reading Material

Printer

Printers are used to produce a paper or hard copy of the processing results. There are several types of printers with tremendous differences in speed, print quality, price and special features. When selecting a printer, consider the following features.

(1) Speed: Printer speed is measured in pages per minute. The number of pages a printer can print per minute varies for text and for graphics. Graphics print slower than regular text.

(2) Print quality: Print quality is measured in dots per inch. This refers to the resolution.

(3) Price: The price includes the original cost of the printer as well as what it costs to maintain the printer. A good-quality printer can be purchased very inexpensively. The ink cartridges and toners need to be replaced periodically.

Dot-Matrix Impact Printers

Characters are printed as a matrix of dots. Thin print wires driven by solenoids at the rear of the print head hit the ribbon against the paper to produce dots. The print wires are arranged in a vertical column so that characters are printed out one dot column at a time as the print head is moved across a line. Early dot-matrix print heads had only seven print wires, so print quality of these units was not too good. Currently available dot-matrix printers use 9, 14, 18, or even 24 print wires in the print head. Using a large number of print wires and /or printing a line twice with the dots for the second printing offset slightly from those of the first, produces print that is difficult to tell from that of a Selectric or daisy wheel.

Unlike the formed character printers, dot-matrix printers can also print graphics. To do this the dot pattern for each column of dots is out to the print head solenoids as the print head is moved across the paper. The principle is similar to the way we produce bitmapped raster graphics on a CRT screen. By using different color ribbons and making several passes across a line, some dot-matrix impact printers allow you to print color graphics, most dot-matrix printers now contain one or more microprocessors to control all of this.

Dot-Matrix Thermal Printers

Most thermal printers require paper which has a special heat-sensitive coating. When a spot on this special paper is heated, the spot turns dark. Characters or graphics are printed with a matrix of dots. There are two main print head shapes for producing the dots. For one of these the print head consists of a 5 by 7 or 7 by 9 matrix of tiny heating elements. To print a character the head is moved to a character position and the dot-sized heating elements for the desired character turned on. After a short time the heating elements are turned off and the head is moved to the next character position. Printing then is done one complete character at a time.

The main advantage of thermal printers is their low noise. Their main disadvantages are: the special paper or ribbon is expensive, printing carbon copies is not possible, and most thermal printers with good print quality are slow.

Laser Printers

Laser printers produce images using the same technology as copier machines. The image is made with a power substance called toner. Laser printers paint dots of light on a light-sensitive drum. Electro statically charged ink is applied to the drum, and then transferred to paper. A laser printer produces high-quality output. The cost of a laser printer has come down substantially. Personal laser printers produce 6 to 8 ppm (pages per minute) at a resolution of 600 dpi. Professional models pump out 15 to 25 ppm at 1 200 dpi.

Laser printers accept print commands from a personal computer, but use their own printer language to construct a page before printing it. Printer Control Language (PCL) is the most widely used printer language, but some printers use the PostScript language, which is preferred by many publishing professionals. Printer languages require memory, and most laser printers have between 2 MB and 8 MB. A large memory capacity is required to print color images and graphics-intensive documents. A laser printer comes equipped with enough memory for typical print jobs.

Ink-Jet Printers

Still another type of printer that uses a dot-matrix approach to produce text and graphics is the ink-jet. Early ink-jet printers used a pump and a tiny nozzle to send out a continuous stream of tiny ink globules. These ink globules were passed though an electric field which left them with an electrical charge. The stream of charged ink globules was then electro-statically deflected to produce characters on the paper in the same way that the electron beam is deflected to produce an image on a CRT screen. Excess ink was deflected to a gutter and returned to the ink reservoir. Ink-jet printers are relatively quite, and some of these electro-statically deflected ink-jet printers can print up to 45 000 lines /min. Today's ink jet printers have excellent resolution, which can range from 600 dpi to 2 880 dpi. Several disadvantages, however, prevented them from being used more widely. They tend to be messy and difficult to keep working well. Print quality at high speeds is poor and multiple copies are not possible.

Newer ink-jet printers use a variety of approaches to solve these problems. Some, such as the HP Thinkjet, use ink cartridges which contain a column of tiny heaters. When one of these tiny heaters is pulsed on, it caused a drop of ink to explode onto the paper. Others, such as the IBM Quietwriter, for example, use an electric current to explode microscopic ink bubbles from a special ribbon directly onto the paper. These last two approaches are really hybrids of thermal and ink-jet technologies.

2.5 Data Structures

2.5.1 Text

A data structure is a specialized format for organizing and storing data. General data structure types include the array, the file, the record, the table, the tree, and so on. Any data structure is designed to organize data to suit a specific purpose so that it can be accessed and worked with in appropriate ways. In computer programming, a data structure may be selected or designed to store data for the purpose of working on it with various algorithms.

Descriptions of problems in the real world have many superfluous details. An essential step in problem solving is to identify the underlying abstract problem devoid of all unnecessary detail. Similarly, a particular model of computer has many details that are irrelevant to the problem, for example, the processor architecture and the word length. One of the arts of computer programming is to suppress unnecessary detail of the problem and of the computer used.

The essence of a data type is that it attempts to identify qualities common to a group of individuals or objects that distinguish it as an identifiable class or kind[1]. If we provide a set of possible data values and a set of operations that act on the values, we can think of the combination as a data type.

We will call any data type whose values are composed of component elements that are related by some structure a structured data type, or data structure. In other words, the values of these data types are decomposable, and we must therefore be aware of their internal construction. There are two essential ingredients to any object that can be decomposed—it must have component elements and it must have structure, the rules for relating or fitting the elements together.

A data structure is a data type whose values are composed of component elements that are related by some structure[2]. It has a set of operations on its values. In addition, there may be operations that act on its component elements. Thus we see that a structured data type can have operations defined on its component values, as well as on the component elements of those values.

Integer: Integer is amounts to a particular collection of axioms or rules that must be obeyed. The way in which integers are represented is unimportant provided only that all readers understand the notation—binary, octal, decimal, hexadecimal, twos complement, ones complement or sign and magnitude, the choice does not matter. What does matter is the way operations on integers behave. The rules define this behavior.

List: The list is a flexible abstract data type. It is particularly useful when the number of elements to be stored is not known before running a program or can change during running. It is well suited to sequential processing of elements because the next element of a list is readily accessible from the current element. It is less suitable for random access to elements as this require a slow linear search.

Array and Record: The data types arrays and records are native to many programming languages. By using the pointer data type and dynamic memory allocation, many programming languages also provide the facilities for constructing linked structures. Arrays, records, and linked structures provide the building blocks for implementing what we might call higher-level abstractions. The first two higher-level abstract data types that we take up—stacks and queues—are extremely important to computing.

Stack: A stack is a data type whose major attributes are determined by the rules governing the insertion and deletion of its elements. The only element that can be deleted or removed is the one that was inserted most recently. Such a structure is said to have a last-in/first-out (LIFO) behavior, or protocol. The simplicity of the data type stack belies its importance. Many computer systems have stacks built into their circuitry and have machine-level instructions to operate the hardware stack[3]. The sequencing of calls to and returns from subroutines follows a stack protocol. Arithmetic expressions are often evaluated by a sequence of operations on a stack. Many handheld calculators use a stack mode of operation. In studying computer science, you can expect to see many examples of stacks.

Queue: Queues occur frequently in everyday life and are therefore familiar to us. The line of people waiting for service at a bank or for tickets at a movie theater and the line of autos at a traffic light are examples of queues. The main feature of queues is that they follow a first-come/first-served rule. In queues the earliest element inserted is the first served. In social settings, the rule appeals to our sense of equality and fairness. In computer systems, events that demand the attention of the computer are often handled according to a most-important-event/first-served, or highest-priority in/first-out (HPIFO) rule. Such queues are called priority queue, in this type of queue service is not in order of time of arrival but rather in order of some measure of priority.

Object-oriented Programming: Object-oriented Programming is a contemporary approach to the design of reliable and robust software. From the point of view of deciding which data structure should represent that attributes of objects in a specific class, the emphasis that the object-oriented approach places on abstraction is very important to the software development process. Abstraction means hiding unnecessary details. Procedural abstraction, or algorithmic abstraction, is hiding of algorithmic details, which allows the algorithm to be seen or described, at various levels of detail[4]. Building subprograms so that the names of the subprograms describe what the subprograms do and the code inside subprograms shows how the processes are accomplished is an illustration of abstraction in action.

Similarly, data abstraction is the hiding of representational details. An obvious example of this is the building of data types by combining together other data types, each of which describes a piece, or attribute, of a more complex object type. An object-oriented approach to data structures brings together both data abstraction and procedural abstraction through the packaging of the representations of classes of objects.

Once an appropriate abstraction is selected, there may be several choices for representing the data structure[5]. In many cases there is at least one static representation and at least one dynamic representation. The typical tradeoff between static and dynamic representations is between a bounded or unbounded representation versus the added storage and time requirements associated with some unbounded representations.

After an abstraction and representation are chosen, there are competing methods to encapsulate data structures. The choice of an encapsulation is another tradeoff, between how the structure is made available to the user and how the user's instantiating objects may be manipulated by the package. The encapsulations have an effect on the integrity of the representation, and time and space requirements associated with the encapsulation. Once specified, one or more competing methods of representation may be carried out, and the structure, its representations and its encapsulation may be evaluated relative to the problem being solved. The time and space requirements of each method must be measured against system requirements and constraints.

Key Words

abstract	抽象,摘要
accessible	易进入的,可使用的
arithmetic	算术,算法
axiom	公理,原理
behavior	行为,举止
contemporary	同时代的
devoid	全无的,缺乏的
encapsulate	封装,压缩
identifiable	可以确认的

instantiate	例示
integrity	完整，正直
irrelevant	无关系的，不相干的
magnitude	重大，重要
notation	记号，符号
object-oriented	面向对象的
sequential	后继的
stack	栈，堆栈
tradeoff	交换，平衡，交易
underlying	在下面的
versus	对……

Notes

[1] The essence of a data type is that it attempts to identify qualities common to a group of individuals or objects that distinguish it as an identifiable class or kind.

本句由两个复合句构成，均由 that 引导。第一个 that 引导表语从句；第二个 that 引导限定性定语从句，修饰 qualities，it 代表 a group of individuals or objects。

译文：数据类型的本质是标识一组个体或目标所共有的特性，这些特性把该组个体作为可识别的种类。

[2] A data structure is a data type whose values are composed of component elements that are related by some structure.

由 whose 引导的限定性定语从句修饰 a data type，that 引导的限定性定语从句修饰 component elements。

译文：数据结构是一种数据类型，其值是由与某些结构有关的组成元素所构成的。

[3] Many computer systems have stacks built into their circuitry and have machine-level instructions to operate the hardware stack.

本句中，过去分词短语 built into their circuitry 作定语，修饰 stacks；动词不定式短语 to operate the hardware stack 也作定语，修饰 machine-level instructions。

译文：许多计算机系统的电路中都含有多个栈，并且含有操作硬件栈的机器指令。

[4] Procedural abstraction, or algorithmic abstraction, is hiding of algorithmic details, which allows the algorithm to be seen or described, at various levels of detail.

本句中的 or algorithmic abstraction 是同位语，which allows the algorithm to be seen or described 也是同位语。

译文：过程抽象或算法抽象是隐藏算法细节的，允许算法在各个细节层次上可见或被描述。

[5] Once an appropriate abstraction is selected, there may be several choices for representing the data structure.

本句由 Once 引导时间状语从句。

译文：一旦选择了一个合适的抽象，就有一些选择来表示数据结构。

2.5.2 Exercises

1. Translate the following phrases into English

(1) 自由访问

(2) 数据类型

(3) 数据结构

(4) 数据值

(5) 二进制和十六进制

(6) 抽象数据类型

(7) 后进先出

(8) 算术表达式

2. Identify the following to be True or False according to the text

(1) The list is a flexible abstract data type.

(2) Many programming languages provide the facilities for constructing arrays by using the static data.

(3) Both the stack and the queue have the same behaviors.

(4) The priority queues can use HPIFO rule.

(5) One of the arts of computer programming is to suppress all details of the problem and of the computer used.

(6) In object-oriented programs, encapsulation is an important attribute.

(7) In object-oriented programs, data abstraction is packaged by using classes.

3. Reading Comprehension

(1) In computer programming, a data structure may be selected or designed to store data for the purpose of working on it with various ________.

a. data　　b. procedures

c. algorithms　　d. instructions

(2) The ________ approach emphasizes objects with their roles, attributes and operations.

a. process-oriented　　b. structure-oriented

c. object-oriented　　d. type-oriented

(3) The main feature of queues is that they follow a ________ rule.

a. last-in/first-out　　b. first-in/last-out

c. first-come/last-served　　d. first-in/first-out

(4) The encapsulations have an effect on the integrity of the representation, and time and space requirements associated with the ________.

a. abstraction　　b. encapsulation

c. objection d. representation

2.5.3 Reading Material

Applications of Stack and Queue

Stack

It is frequently the case that stacks do not share components and then it is usual to write pop and push procedures (sub-routines, methods, ...) that change a stack as a side effect. In addition, top and pop operations are often used in sequence to get the top value and then remove it. In this case the pop procedure is usually written to perform both operations. Many programs use a single stack. In this case just one instance of a stack may be declared as a global variable (dangerous) or as part of a stack module (safer). The operations can then act on this instance implicitly.

When a call is made to a new function, all the variables local to the calling routine need to be saved by the system, since otherwise the new function will overwrite the calling routine's variables. Furthermore, the current location in the routine must be saved so that the new function knows where to go after it is done. The variables have generally been assigned by the compiler to machine registers, and there are certain to be conflicts, especially if recursion is involved.

When there is a function call, all the important information that needs to be saved, such as register values and the return address, is saved "on a piece of paper" in an abstract way and put at the top of a pile. Then the control is transferred to the new function, which is free to replace the registers with its values. If it makes other function calls, it follows the same procedure. When the function wants to return, it looks at the "paper" at the top of the pile and restores all the registers. It then makes the return jump.

Clearly, all of this work can be done using a stack, and that is exactly what happens in virtually every programming language that implements recursion. The information saved is called either an activation record or stack frame. The stack in a real computer frequently grows from the high end of your memory partition downwards, and on many systems there is no checking for overflow. There is always the possibility that you will run out of stack space by having too many simultaneously active functions. Needless to say, running out of stack space is always a fatal error.

In languages and systems that do not check for stack overflow, your program will crash without an explicit explanation. On these systems, strange things may happen when your stack gets too big, because your stack will run into part of your program. It could be the main program, or it could be part of your data, especially if you have a big array. If it runs into your program, your program will be corrupted; you will have nonsense instructions and will crash as soon as they are executed. If the stack runs into your data, what is likely to happen is that when you write something into your data, it will destroy stack information—probably the return address—and your program will attempt to return to some weird address and crash.

Queue

There are many applications of the first-in/first-out (FIFO) protocol of queues in computing. For example, the line of input/output (I/O) requests waiting for access to a disk drive in a multi-user time-sharing system might be a queue. The line of computing jobs waiting to be run on a computer system might also be a queue. The jobs and I/O requests are serviced in order of their arrival, that is, the first in is the first out. There is a second kind of queue that is important. An everyday example can be seen in an emergency room of a hospital. In large emergencies it is common to first treat the worst injured patients who are likely to survive.

There are several algorithms that use queues to give efficient running times. For now, we will give some simple examples of queue usage. When jobs are submitted to a printer, they are arranged in order of arrival. Thus, essentially, jobs sent to a line printer, are placed on a queue. Another example concerns computer networks. There are many network setups of personal computers in which the disk is attached to one machine, known as the file server. Users on other machines are given access to files on a first-come first-served basis, so the data structure is a queue.

If queues do not share elements, procedures may be written to manipulate them as side effects, much as for stacks. Frequently return and pop are combined in one procedure that returns the front elements and removes it from the queue.

2.6 Operating System

2.6.1 Text

An operating system is a program, which acts as an interface between a user of a computer and the computer hardware[1]. The purpose of an operating system is to provide an environment in which a user may execute programs. An operating system is an integral part of virtually every computer system, including supercomputers, mainframes, servers, workstations, handholds, and personal computers. In general, however, there is no completely definition of an operating system. Operating systems exist because they are a reasonable way to solve the problem of creating a usable computing system. The fundamental goal of computer systems is to execute user programs and solve user problems[2]. Towards this goal computer hardware is constructed. Since bare hardware alone is not very easy to use, application programs are developed. These various programs require certain common operations, such as controlling the I/O devices. The common functions of controlling and allocating resources are then brought together into one piece of software: the operating system.

The primary goal of an operating system is convenience for the user. Operating system exists because they are supposed to make it easier to compute with an operating system than without an operating system[3]. This is particularly clear when you look at operating systems for small personal computers. A secondary goal is efficient operation of the computer system. This goal is particularly important for large shared multi - user systems. The systems are typically very expensive, and so it is desirable to make them as efficient as possible.

Resource Management

The operating system interacts with application software, device drives, and hardware to manage a computer's resources. An operating system is similar to a government. Its hardware, software, and data provide the basic resource of a computer system. The operating system provides the means for the proper use of these resources in the operation of the computer system. Like government, the operating system performs no useful function by itself. It simply provides an environment within which other programs can do useful work.

We can view an operating system as a resource allocates. A computer system has many resources (hardware and software) which may be required to solve a problem: CPU time, memory space, file storage space, input/output (I/O) devices, and so on. The operating system acts as the manager of these resources and allocates them to specific programs and users as necessary for their tasks. Since there may be many, possibly conflicting, requests for resources, the operating system must decide which requests are allocated resources to operate the computer system fairly and efficiently.

The operating system sets up the order in which programs are processed, and defines the sequence in which particular jobs are executed. The term job queue is often used to describe the series of jobs awaiting execution. The operating system weighs a variety of factors in creating the job queue. These include which jobs are currently being processed, the system's resources being used, which resources will be needed to handle upcoming programs, the priority of the job compared to other tasks, and any special processing requirements to which the system must respond. The operational software must be able to assess these factors and control the order in which jobs are processed.

To facilitate execution of I/O operations, most operating systems have a standard set of control instructions to handle the processing of all input and output instructions. These standard instructions, referred to as the input/output control system (IOCS), are an integral part of most operating systems. They simplify the means by which all programs being processed may undertake I/O operations. As access is often necessary to a particular device before I/O operations may begin, the operating system must coordinate

I/O operations and the devices on which they are performed. In effect, it sets up a directory of programs undergoing execution and the devices they must use in completing I/O operations. Using control statements, jobs may call for specific devices.

In effect, the program undergoing execution signals the operating system that an I/O operation is desired, using a specific I/O device. The controlling software calls on the IOCS software to actually complete the I/O operation. Considering the level of I/O activity in most programs, the IOCS instructions are extremely vital.

Classification of Operating Systems

A single-user operating system expects to deal with one set of input devices—those that can be controlled by one user at a time[4]. Operating systems for handheld computers and many personal computers fit into the single-user category.

A multi-user operating system is designed to deal with input, output, and processing requests from many users-all at the same time. One of its most difficult responsibilities is to schedule all of the processing requests that must be performed by a centralized computer—often a mainframe.

A network operating system (also referred to as a "server operating system") provides communications and routing services that allow computers to share data, programs and peripheral devices. The difference between network services and multi-user services can seem a little hazy—especially because operating systems such as UNIX and Linux offer both. The main difference, however, is that multi-user operating systems schedule requires for processing on a centralized computer, whereas a network operating system simply routes data and programs to each user's local computer, where the actual processing takes place.

A multitasking operating system provides process and memory management services that allow two or more programs to run simultaneously. Most of today's personal computer operating systems offer multitasking services.

The more primitive single-tasking operating systems can run only one process at a time. For instance, when the computer is printing a document, it cannot start another process or respond to new commands until the printing is completed. All modern operating systems are multitasking and can run several processes simultaneously. In most computers there is only one CPU, so a multitasking operating system creates the illusion of several processes running simultaneously on the CPU. The most common mechanism used to create this illusion is time slice multitasking, whereby each process is run individually for a fixed period of time[5]. If the process is not completed within the allotted time, it is suspended and another process is run. This exchanging of processes is called context switching. It also has a mechanism, called a scheduler, that determines which process will be run next. The processes appear to run simultaneously because the user's sense of time is much slower than the processing speed of the computer.

A desktop operating system is one that is designed for a personal computer—either a desktop or notebook computer. The computer that you typically use at home, at school, or at work is most likely configured with a desktop operating system, such as Windows ME or Mac OS. Typically, these operating systems are designed to accommodate a single user, but may also provide networking capability. Today's desktop operating systems invariably provide multitasking capabilities.

Key Words

accommodate	使适应
assess	评估
context switching	上下文转接,任务切换
convenience	方便,便利
efficient	有效的
environment	环境
fundamental	基本的,原则
government	政府
handle	操作,处理
interface	接口,界面
primary	主要的,根本的
primitive	原始的,基本的
scheduler	调度程序,调度表
statement	陈述,指令,语句
suspend	暂停,挂起
workstation	工作站

Notes

[1] An operating system is a program, which acts as an interface between a user of a computer and the computer hardware.

本句由 which 引导非限定性定语从句,修饰 program。

译文:操作系统是一种程序,它是用户与计算机硬件之间的接口。

[2] The fundamental goal of computer systems is to execute user programs and solve user problems.

本句由不定式结构 to execute...and solve 作表语。

译文:计算机系统的基本目标是执行用户程序和解决用户问题。

[3] Operating system exists because they are supposed to make it easier to compute with an operating system than without an operating system.

本句由 because 引导原因状语从句,用 than 实现比较。

译文:操作系统的存在是因为有操作系统比没有操作系统计算更容易。

[4] A single-user operating system expects to deal with one set of input devices—those that can be controlled by one user at a time.

本句中的 those that can be controlled by one user at a time 是同位语。

译文：单用户操作系统是用来处理一组输入设备，即那些能被一个用户在同一时刻控制的设备。

[5] The most common mechanism used to create this illusion is time slice multi-tasking, whereby each process is run individually for a fixed period of time.

过去分词短语 used to create this illusion 作定语，修饰 mechanism；由 whereby 引导的是非限制性定语从句。

whereby: by means of which，以……方式，凭借

译文：产生这种错觉的最常用机制是时间分割多任务处理，以每个过程各自运行固定的一段时间的方式来实现的。

2.6.2 Exercises

1. Translate the following phrases into English

(1) 资源

(2) 多用户系统

(3) 单任务

(4) 桌面操作系统

(5) 个人计算机

(6) 多任务操作系统

(7) 笔记本电脑

(8) 作业队列

2. Identify the following to be True or False according to the text

(1) Without an operating system, we could not execute a user program.

(2) The basic resources of a computer system are software and data.

(3) Operating systems can allocate one or many resources to solve a problem.

(4) Operating systems can only be used in multitask systems.

(5) Operating systems can run several processes simultaneously.

(6) The operating systems only consider the time in creating the job queues.

(7) A multi-user operating system provides communications and routing services that allow computers to share data, programs and peripheral devices.

3. Reading Comprehension

(1) The ________ serves as an interface between hardware and software.

a. system　　b. application program

c. operating system　　d. control unit

(2) A characteristic of operating system is ________.

a. resource management b. memory management

c. error recovery d. all the above

(3) The term ________ is often used to describe the series of jobs awaiting execution.

a. file queue b. task queue

c. job queue d. process queue

(4) Most operating systems have a standard set of ________ to handle the processing of all input and output instructions.

a. spreadsheet b. control instructions

c. I/O operation d. data table

2.6.3 Reading Material

Windows XP Technical Overview

The Windows operating system gets its name from the rectangular work areas that appear on the screen-based desktop. Each area can display a different document or program, providing a visual model of the operating system's multitasking capabilities. Windows 95, Windows 98, Windows ME, and Windows XP Provide basic networking capability, making them suitable for small networks in homes and businesses. Despite this capability, they are classified as desktop operating systems, whereas Windows NT, Windows 2000, and Windows XP Professional are typically classified as server operating systems because they are designed to handle the demands of medium-size to large-size networks. Windows 95, Windows 98, and Windows ME use a different kernel than NT, 2000, and XP versions of Windows, so even though their user interfaces appear similar, they are technically different and offer different upgrade paths.

Windows XP is the next version of Microsoft Windows beyond Windows 2000 and Windows Millennium. Windows XP brings the convergence of Windows operating systems by integrating the strengths of Windows 2000—standards-based security, manageability and reliability with the best features of Windows 98 and Windows ME—Plug and Play, easy-to-use user interface, and innovative support services to create the best Windows yet.

Windows XP is built on an enhanced Windows 2000 code base, with different versions aimed at home users and business users: Windows XP Home Edition and Windows XP Professional.

While maintaining the core of Windows 2000, Windows XP features a fresh new visual design. Common tasks have been consolidated, and simplified, and new visual cues have been added to help you navigate your computer more easily.

Fast User Switching for Multiple Users of a Computer

Designed for the home, Fast User Switching lets everyone use a single computer as if it were their own. There is no need to log someone else off and have to decide whether to save another user's files. Instead Windows XP takes advantage of Terminal Services technology and runs each user session as a unique Terminal Services session, enabling each user's data to be entirely separated. (The additional memory overhead for each session is approximately 2 megabytes (MB) of RAM; however, this size does not account for any applications that may be running in the sessions. In order to run reliable multi-user sessions, a total of at least 128 MB of RAM is recommended.)

New Visual Style

Windows XP has new visual styles and themes that use sharp 24-bit color icons and unique colors that can be easily related to specific tasks. For example, green represents tasks that enable you do something or go somewhere, such as the Start menu.

User Interface Enhances Productivity

The new user interface takes the Windows operating system to a new level of usability, enabling you to complete tasks more easily and faster than ever before.

Windows Media Player 8

Windows XP features Windows Media Player 8, which brings together common digital media activities including CD and DVD playback, jukebox management and recording, audio CD creation, Internet radio playback, and media transfer to portable devices.

Windows Media Player 8 includes new features such as DVD video playback with rich media information and full screen controls, CD-to-PC music copying and automatic conversion of MP3 files. Windows Media Audio 8 provides nearly three times the music storage of MP3 with faster audio CD burning and intelligent media tracking for more control over digital media. Within Windows XP, the new "My Music" folder makes common music tasks easier to perform.

64-Bit Support

The 64-bit edition is designed to exploit the power and efficiency of the new Intel Itanium 64-bit (IA-64) processor. Most of the features and technologies of the 32-bit version of Windows XP are included in the 64-bit release (exceptions include infrared support, System Restore, DVD support, and mobile-specific features like hot-docking). The 64-bit version will also support most 32-bit applications through the WOW64 32-bit subsystem and will be capable of interoperating with Windows 32-bit systems. Both versions will run seamlessly on a network.

Windows XP 64-bit Edition provides a scalable, high-performance platform for a new generation of applications based on the Win64™ API. Compared to 32-bit systems, its architecture provides more efficient processing of extremely large amounts of data, supporting up to eight terabytes of virtual memory. With 64-bit Windows, applications can pre-load substantially more data into virtual memory to enable rapid access by the IA-64 processor. This reduces the time for loading data into virtual memory or seeking, reading, and writing to data storage devices, thus making applications run faster and more efficiently. The 64-bit version is built on the same programming model as the standard Win32 version, providing developers with a single code base.

2.7 Programming Languages

2.7.1 Text

A programming language or computer language is a standardized communication technique for expressing instructions to a computer. It is a set of syntactic and semantic rules used to define computer programs. A language enables a programmer to precisely specify what data a computer will act upon, how these data will be stored/transmitted, and what actions to take under various circumstances of cases. A primary purpose of programming languages is to enable programmers to express their intent for a computation more easily than they could with a lower-level language or machine code. For this reason, programming languages are generally designed to use a higher-level syntax, which can be easily communicated and understood by human programmers. Programming languages are important tools for helping software engineers write better programs faster.

Procedural Programming and Object-oriented Programming

Procedural programming involves using your knowledge of a programming language to create computer memory locations that can hold values and writing a series of steps or operations that manipulate those values[1]. The computer memory locations are called variables because they hold values that might vary. For example, a payroll program written for a company might contain a variable named rateOfPay. The memory location referenced by the name rateOfPay might contain different values (a different value for every employee of the company) at different times. During the execution of the payroll program, each value stored under the name rateOfPay might have many operations performed on it. For example, reading the value from an input device, multiplying the value by another variable representing hours worked, and printing the value on paper. For convenience, the individual operations used in a computer program often are grouped into logical units called procedures. For example, a series of four or five comparisons and calculations that together determine an individual's federal withholding tax value might be grouped as a procedure named calculateFederalWithholding. A procedural program defines the variable memory locations and then calls or invokes a series of procedures to input, manipulate, and output the values stored in those locations. A single procedural program often contains hundreds of variable and thousands of procedure calls.

Object-oriented programming is an extension of procedural programming in which you take a slightly different approach to writing computer programs. Thinking in an object-oriented manner involves envisioning program components as objects that are similar to concrete objects in the real world. Then you manipulate the objects to achieve a desired result. Writing object-oriented programs involves both creating objects and creating applications that use those objects.

Machine Language

Computer programs that can be run by a computer's operating system are called executables[2]. An executable program is a sequence of extremely simple instructions known as machine code. These instructions are specific to the individual computer's CPU and associated hardware; for example, Intel Pentium and Power PC microprocessor chips each have different machine languages and require different sets of codes to perform the same task. Machine code instructions are few in number (roughly 20 to 200, depending on the computer and the CPU). Typical instructions are for copying data from a memory location or for adding the contents of two memory locations (usually registers in the CPU). Machine code instructions are binary—that is, sequences of bits (0s and 1s). Because these numbers are not understood easily by humans, computer instructions usually are not written in machine code.

Assembly Language

Assembly language uses commands that are easier for programmers to understand than are machine-language commands. Each machine language instruction has an equivalent command in assembly language. For example, in assembly language, the statement "MOV A, B" instructs the computer to copy data from one location to another. The same instruction in machine code is a string of 16 0s and 1s. Once an assembly-language program is written, it is converted to a machine-language program by another program called an assembler. Assembly language is fast and powerful because of its correspondence with machine language. It is still difficult to use, however, because assembly-language instructions are a series of abstract codes. In addition, different CPUs use different machine languages and therefore require different assembly languages. Assembly language is sometimes inserted into a high-level language program to carry out specific hardware tasks or to speed up a high-level program.

High-level Languages

The improvement of machine language to assembly language set the stage for further advances. It was this improvement that led, in turn, to the development of high-level languages. If the computer could translate convenient symbols into basic operations, why couldn't it also perform other clerical coding functions?

Let us now look at the features we would expect to find in a high-level language and how they compare with machine code and assembly language[3]. A high-level programming language is a means of writing down, in formal terms, the steps that must be performed to process a given set of data in a uniquely defined way. It may bear no relation to any given computer but does assume that a computer is going to be used. The high-level languages are often oriented toward a particular class of processing problems. For example, a number of languages have been designed to process problems of a scientific—mathematic nature, and other languages have appeared that emphasize file processing applications.

Compiler and Interpreter

A complier is a program that translates source code into object code. There are two ways to run programs written in a high-level language[4]. The most common is to compile the program; the other method is to pass the program through an interpreter. The compiler derives its name from the way it works, looking at the entire piece of source code and collecting and reorganizing the instructions. Thus, a compiler differs from an interpreter, which analyzes and executes each line of source code in succession, without looking at the entire program. The advantage of interpreters is that they can execute a program immediately. Compilers require some time before an executable program emerges. However, programs produced by compilers run much faster than the same programs executed by an interpreter. Every high-level programming language comes with a compiler. Because compilers translate source code into object code, which is unique for each type of computer, many compilers are available for the same language.

An interpreter translates high-level instructions into an intermediate form, which it then executes. In contrast, a compiler translates high-level instructions directly into machine language. Compiled programs generally run faster than interpreted programs[5]. The advantage of an interpreter, however, is that it does not need to go through the compilation stage during which machine instructions are generated. This process can be time-consuming if the program is long. The interpreter, on the other hand, can immediately execute high-level programs. For this reason, interpreters are sometimes used during the development of a program, when a programmer wants to add small sections at a time and test them quickly.

Key Words

assembler	汇编程序,汇编器
circumstance	环境,状况
clerical	文书上的
compilation	编辑
correspondence	相应
employee	职员,员工
envision	想象
equivalent	相等的,相当的

federal	联合的,同盟的
instruction	指令
invoke	引起,实行
multiply	乘,增加
precisely	精确地
roughly	粗略地
semantic	语义的
specify	指定,说明
standardized	标准化
symbol	符号
syntactic	句法的
syntax	语法
uniquely	独特地,独一无二地
variable	变量

Notes

[1] Procedural programming involves using your knowledge of a programming language to create computer memory locations that can hold values and writing a series of steps or operations that manipulate those values.

本句用动名词短语 using your knowledge 作宾语,to 引导的不定式结构作宾语补足语。that 引导定语从句修饰 locations。

译文:面向过程的程序设计包括用程序设计语言建立存放值的存储单元,编写对这些值进行运算的一系列步骤或操作。

[2] Computer programs that can be run by a computer's operating system are called executables.

本句中的 that can be run by a computer's operating system 是主语 Computer programs 的定语从句,用被动语态表示客观性。

译文:能被计算机操作系统直接运行的计算机程序称为可执行程序。

[3] Let us now look at the features we would expect to find in a high-level language and how they compare with machine code and assembly language.

we would...是省略了引导词 that 的限定性定语从句,修饰和限定 features;and 连接的是 look at 的第二宾语从句:how they...到句末。

译文:现在可以来看看人们所期望的高级语言应有的特点以及怎样将它们与机器码和汇编语言进行比较。

[4] There are two ways to run programs written in a high-level language.

这是一个 there be 句型,是倒装句,过去分词短语 written in a high-level language 作定语。

译文:有两种方法运行高级语言编写的程序。

[5] Compiled programs generally run faster than interpreted programs.

本句用过去分词 Compiled 作定语，修饰主语 programs，用 than 连接比较的两部分。

译文：编译程序通常比解释程序运行得更快。

2.7.2 Exercises

1. Translate the following phrases into English

(1) 机器码

(2) 机器语言

(3) 面向过程的程序

(4) 汇编语言指令

(5) 抽象代码

(6) 位序列

(7) 源代码

(8) 高级语言

2. Identify the following to be True or False according to the text

(1) A procedural program can call a series of procedures to input, manipulate or output values.

(2) A procedural program and an object-oriented program are different.

(3) "ADD AX, BX" is a instruction of machine language.

(4) The improvement of assembly language to the high-level language gets the stage for further advances.

(5) A high-level language can be designed to only process scientific calculation.

(6) A complier is a program that translates source code into high-level language.

(7) An interpreter translates high-level instructions into an intermediate form.

3. Reading Comprehension

(1) Assembly-language instructions are a series of ________.

a. 0s and 1s　　b. abstract codes

c. machine codes　　d. words

(2) ________ uses commands that are easier for programmers to understand than are machine language commands.

a. Assembly language　　b. High-level language

c. C language　　d. C++ language

(3) Because compilers translate source code into object code, which is unique for each type of computer, many compilers are available for ________.

a. the same language　　b. high-level language

c. low-level language　　d. natural language

(4) ________ program also has potential benefits in parallel processing.

a. Machine b. Assembly
c. Object-oriented d. Process-oriented

2.7.3 Reading Material

A Brief Introduction of Programming Languages

C

C was developed in the early 1970s. C is a general-purpose, structured programming language. Its instructions consist of terms that resemble algebraic expressions, augmented by certain English keywords such as if, else, for, do and while. C might best be described as a "medium-level language". Like a true high-level language, there is a one-to-many relationship between a C statement and the machine language instructions it is complied into. Thus, a language like C gives you far more programming leverage than a low-level assembly language. However, compared to most high-level language, C has a very small set of constructs. In addition, unlike most high-level language, C lets you easily do chores (such as bit and pointer manipulation) additionally performed by assembly language. Therefore, C is an especially good tool to use for developing operating system (such as the UNIX operating system), or other system software.

C++

C++ fully supports object-oriented programming, including the four pillars of object-oriented development: encapsulation, data hiding, inheritance, and polymorphism. While it is true that C++ is a superset of C, and that virtually any legal C program is a legal C++ program, the leap from C to C++ is very significant. C++ benefited from its relationship to C for many years, as C programmers could ease into their use of C++. To really get the full benefit of C++, however, many programmers found they had to unlearn much of what they knew and learn a whole new way of conceptualizing and solving programming problems.

Java

In brief, Java environment can be used for developing the application software that can be operated on any computing platform. It is a kind of basic technology with compact structure in fact, and its overall influence on World Wide Web and commerce can correctly be compared with the impact of electronic form on PC.

JavaScript

JavaScript is an adaptation of Netscape's own scripting language. It consists of Java like commands that exist within the HTML. JavaScript is essentially part of an HTML document. When a web page is downloaded by a compatible browser the JavaScript is downloaded along with the HTML code. JavaScript is a fairly simple language, like Visual Basic or Database programming. It provides a relatively complete set of built in functions and commands that allow the user to perform various functions. One of the most powerful attributes of JavaScript is that when a web page is downloaded with JavaScript embedded, the JavaScript is executed on the user's computer rather than having to communicate with the server. The fact that JavaScript runs autonomously on the user's computer can certainly improve the user's browsing session. An example of JavaScript's ability to improve the quality of browsing sessions can be seen in information validation. When a form receives information from a user a JavaScript can automatically validate the information and then send the information to the server, rather than having to first send information to the server to have it validated. In short, JavaScript is a simple and powerful language that has allowed the Web to evolve from the confines of static HTML.

VB

VB is fast visual procedure developing software that Microsoft produced. Supported by the monopoly position of Microsoft in the operating system and software, VB sweeps across the whole world within a few years. VB is the extremely characteristic and powerful software, mainly showing in the following aspects: the interface design of WYSWYG, object-oriented design method, extremely short development period, and formulation code relatively apt to maintain.

Delphi

Delphi is a new development environment object-oriented visual application program Inprise Company (former Borland Company) developed. It works on Windows 95/98 or Windows NT operating system. Delphi is an integrated development environment (IDE) using Object Pascal language developed by traditional Pascal language. It is a code editing machine instead of a kind of language in essence, but because Delphi is nearly the only piece of products which uses Pascal language on the market, Delphi has become the pronoun that people sometimes call Object Pascal.

PowerBuilder

PowerBuilder is a powerful and excellent developing instrument put out by Powersoft Company, famous database manufacturer in U. S. A. in June 1991. It is a kind of object-oriented, visual figure interface, fast mutual instrument. The intelligent data window object is the quintessence. You can utilize this object to operate the data of the relation database, not need to write SQL sentence, namely it can search, upgrade and diasplay the data in the data source with the various forms directly.

C#

C# is a new programming language for. NET platform design developed by Microsoft, the most close to. Net language at present. Using C#, you can write one dynamic webpage, design one component or traditional window application program, etc. C# is a composite language between literality language and compiling language (no matter efficiency of carrying out or procedure simplicity).

第3章

Computer Network Knowledge

3.1 Computer Network

3.1.1 Text

Computer network can be used for numerous services, both for companies and for individuals. For companies, networks of personal computers using shared servers often provide flexibility and a good price/ performance ratio. For individuals, networks offer access to a variety of information and entertainment resources.

Roughly speaking, networks can be divided up into LANs, MANs, WANs, and Internet works, each with their own characteristics, technologies, speeds, and niches. LANs cover a building, MANs cover a city, and WANs cover a country or continent. LANs and MANs are un-switched (i. e., do not have routers); WANs are switched.

Network software consists of protocols, or rules by which processes can communicate[1]. Protocols can be either connectionless or connection-oriented. Most networks support protocol hierarchies, with each layer providing services to the lower layers. Protocol stacks are typically based either on the OSI model or the TCP/IP model. Both of these have network, transport, and application layers, but they differ on the other layers.

Network establishes communication among computers. This system is especially helpful when people work on different place. It improves the speed and accuracy of communication, prevents messages from being misplaced and automatically ensures total distribution of key information.

1. Local Area Networks (LANs)

A local area networks, or LAN, is a communication network that is privately owned and that covers a limited geographic area such as an office, a building, or a group of building. The LAN consists of a communication channel that connects either a series of computer terminals together with a minicomputer or, more commonly, a group of personal computers to one another. Very sophisticated LANs can connect a variety of office devices such as word processing equipment, computer terminals, video equipment and personal computers.

Two common applications of local area networks are hardware resource sharing and information resource sharing. Hardware resource sharing allows each personal computer in the network to access and use devices that would be too expensive to provide for each user. Information resource sharing allows anyone using a personal computer on the local area network to access data stored on any other computer in the network[2]. In actual practice, hardware resource sharing and information resource sharing are often combined.

2. Wide Area Networks (WANs)

A wide area network, or WAN, is geographic in scope (as opposed to local) and uses telephone lines, microwaves, satellites, or a combination of communication channels. Public wide area network companies include so-called common carriers such as the telephone companies. Telephone company deregulation has encouraged a number of computers of companies to build their own wide area networks.

3. Network Configuration

The configuration, or physical layout, of the equipment in a communication network is called topology. Communication networks are usually configured in one or a combination of three patterns. These configurations are star, bus, and ring networks. Although these configurations can be used with wide area networks, we illustrate them with local area networks. Devices connected to a network, such as terminal, printers, or other computers, are referred to as nodes.

(1) Star Network

A star network (Fig. 3-1) contains a central computer and one or more terminals or personal computers connected to it, forming a star[3]. A pure star network consists of only point-to-point lines between the terminals and the computer, but most star networks, such as the one shown in Fig. 3-1, include both point-to-point lines and multidrop lines. A star network configuration is often used when the central computer contains all the data required to process the input from the terminals, Such as an airline reservation system. For example, if inquiries were being processed in the star network, all the data to answer the inquiry would be contained in the database stored on the central computer.

A star network can be relatively efficient, and close control can be kept over the data processed on the network. Its major disadvantage is that the entire network is dependent on the central computer and the associated hardware and software. If any of these elements fail, the entire network is disabled. Therefore, in most large star networks, backup computer systems are available in case the primary system fails.

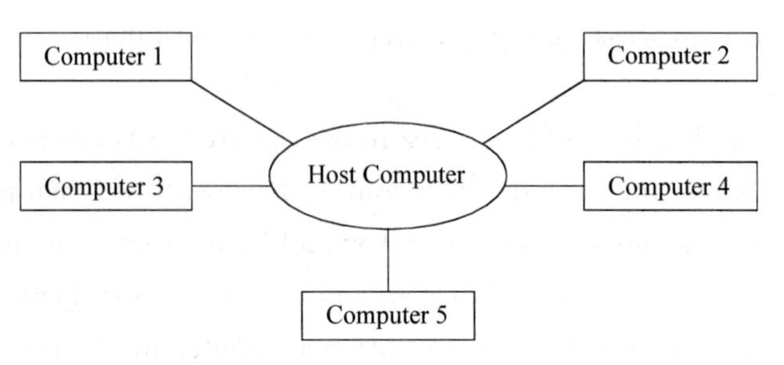

Fig. 3-1 A star network

(2) Bus Network

When a bus network is used, all the devices in the network are connected to a single cable. Information is transmitted in either direction from any one personal computer to another. Any message can be directed to specific device. An advantage of the bus network is that devices can be attached or detached from the network at any point without disturbing the rest of the network. In addition, if one computer on the network fails, this does not affect the other users of the network. Fig. 3-2 illustrates a simple bus network.

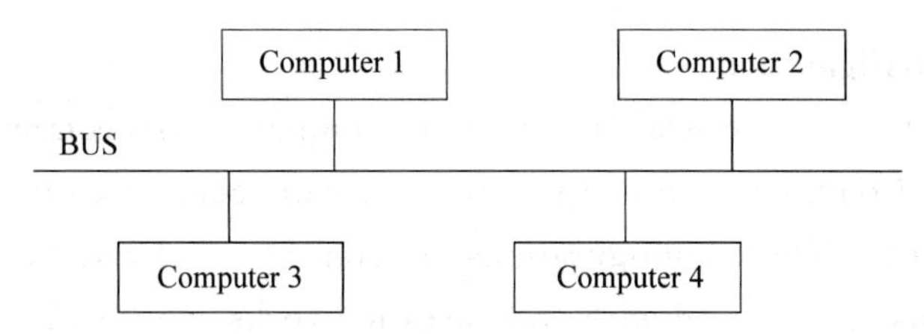

Fig. 3-2 A bus network

(3) Ring Network

A ring network does not use a centralized host computer. Rather, a circle of computers communicate with one another (Fig. 3-3). A ring network can be useful when the processing is not done at a central site, but at local sites. For example, computers could

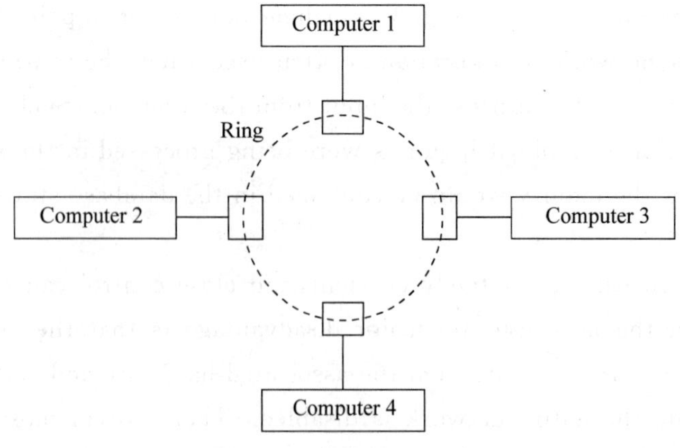

Fig. 3-3 A ring network

be located in three departments: accounting, personnel, and shipping and receiving. The computers in each of these departments could perform the processing required for each of the departments. On occasion, however, the computer in the shipping and receiving department could communicate with the computer in the accounting department to update certain data stored on the accounting department computer. Data travels around a ring network in one direction only and passes through each node. Thus, one disadvantage of a ring network is that if one node fails, the entire network fails because the data does not get past the failed node[4]. An advantage of a ring network is that less cable is usually needed and therefore network cabling costs are lower.

(4) Connecting Networks

Sometimes you might want to connect separate network. You do this by using gateways and bridges. A gateway is a combination of hardware and software that allows users on one network to access the resources on a different type of network. For example, a gateway could be used to connect a local area network of personal computers to a mainframe computer network. A bridge is a combination of hardware and software that is used to connect similar networks. For example, if a company had similar but separate local area networks of personal computers in their accounting and marketing departments, the networks could be connected with a bridge[5]. In this example, using a bridge makes more sense than joining all the personal computer together in one large network because the individual department only occasionally needs to access information on the other network.

Key Words

accuracy	精确，正确
channel	通道，频道
classify	分类，归类
common carriers	承运商
connection-oriented	面向连接的
detach	使分离，分遣
disadvantage	缺点
establish	建立，确立
gateway	网关
geographic	地理的
hierarchy	等级体系
inquiry	质询，探索
misplace	放错地方
multi-drop	多分支的，多点(网络)
node	网络节点，连接到网络上的设备

privately 私人地,秘密地
reservation 保留,保留品
scope 范围,广度
topology 拓扑学,地志学

Notes

[1] Network software consists of protocols, or rules by which processes can communicate.

本句中的 or rules 作同位语,by which processes can communicate 作宾语补足语。

译文:网络软件由协议或过程通信的规则组成。

[2] Information resource sharing allows anyone using a personal computer on the local area network to access data stored on any other computer in the network.

本句中的 anyone 作宾语,using a personal computer on the local area network 作 anyone的定语,to access data 作宾语补足语。

译文:信息资源共享允许局域网上每一个计算机用户访问存储于网上其他计算机中的数据。

[3] A star network contains a central computer and one or more terminals or personal computers connected to it, forming a star.

本句中的 a central computer and one or more terminals or personal computers 作宾语。

译文:星状网络由一台中央计算机和一台或多台连接到该中央计算机上并形成星形结构的终端或计算机组成。

[4] Thus, one disadvantage of a ring network is that if one node fails, the entire network fails because the data does not get past the failed node.

本句中的 that 引导表语从句,if one node fails 作条件状语,而 because the data does not get past the failed node 作原因状语。

译文:因此,环状网络的缺点是如果一个节点出现故障,由于数据不能通过出现故障的节点,就会使整个网络无法工作。

[5] For example, if a company had similar but separate local area networks of personal computers in their accounting and marketing departments, the networks could be connected with a bridge.

本句由 if 引导条件状语从句。

译文:例如,某公司在其财务部和市场部各有一套由个人计算机组成的类似的但相互独立的局域网,这两个网络就可通过网桥连接起来。

3.1.2 Exercises

1. Translate the following phrases into English

(1) 局域网

(2) 广域网

(3) 通信

(4) 物理布局

(5) 环状网络

(6) 星状网络

(7) 点对点

(8) 网关

2. Identify the following to be True or False according to the text

(1) A star network does not use a centralized host computer.

(2) In most large star networks, backup computer systems are available.

(3) WAN uses telephone lines, microwaves, satellites, or a combination of communication channels.

(4) A ring network can transmit information from any one personal computer to another.

(5) The network cabling costs of the ring networks are lower.

(6) A gateway could be used to connect the different networks.

(7) A bridge is a combination of hardware and software that is used to connect different networks.

3. Reading Comprehension

(1) When a ________ is used, all the devices in the network are connected to a single cable.

a. bus network　　b. ring network

c. star network　　d. network

(2) A ________ contains a central computer named host computer.

a. WAN　　b. star network

c. ring network　　d. network

(3) An advantage of a ring network is that it needs less ________.

a. computer　　b. network

c. cable　　d. information

(4) Two common applications of LANs are ________ resource sharing and information resource sharing.

a. software　　b. computer

c. network　　d. hardware

3.1.3 Reading Material

Network Management

Managing complex networks is a challenge most organizations face. Good management delivers high service quality, high availability, and controls the costs of ownership (staffing, facilities and upgrades).

Management tasks can be grouped into tactical and strategic categories. Tactical tasks are related to responding to current situations such as failures, congestion, and unacceptable service quality. These tasks include troubleshooting, configuration, and adjusting traffic flows. Strategic tasks take a longer-term perspective. They are oriented toward adequate planning to avoid shortages as the network grows. In addition, strategic tasks use information to adjust operations, optimize quality, and manage facilities to reduce overall operational costs.

The most common framework depicted in Network management designs is centered on the Open Systems Interconnect (OSI). Management Functional Areas include User Management, Resource Management, Configuration Management, Performance Management, and Fault Management & Security.

User Management-Accounting & Cost Management

Accounting management function is to register user's information—user name, user domains, user jurisdiction, password, and confirm password. Other rationalize the accounting is a server specific function and should be managed by the system administrator. Cost management is an avenue in which the reliability, operability and maintainability of managed objects are addressed, this one function is an enabler to upgrade equipment, delete unused services and tune the functionality of the servers to the services provided. By continuously addressing the cost of maintenance, costs associated with maintaining the network as a system can be tuned.

Resource Management-System Management & Management Functional Domains (MFDs)

System Management is the management and administration of services provided on the network. Resource Management is implement and support source of network. Good system management will be significant capabilities streamline business processes, and save the customer money with just a little work. These products can be easily integrated into the overall network management system. Management Functional Domains (MFDs) are the segmentation of the Enterprise Network Management System in localized functional domains.

Configuration Management

Configuration management is probably the most important part of network management in that you cannot accurately manage a network unless you can manage the configuration of the network. Changes, additions and deletions from the network need to be coordinated with the network management systems personnel. Dynamic updating of the configuration needs to be accomplished periodically to ensure the configuration is known.

Performance Management

Performance is a key concern to most MIS. Performance management is to monitor and track network activity, and to ensure performance of system. Performance of Wide Area Network (WAN) links, telephone trunk utilization, etc., are areas that must be revisited.

Maintenance-Security & Fault Management

Most network management applications only address security applicable to network hardware such as someone logging into a router or bridge. Some network management systems have alarm detection and reporting capabilities as part of physical security (contact closure, fire alarm, interface, etc.).

Fault Management is the detection of a problem, fault isolation and correction to normal operation. Most systems poll the managed object search for error conditions and illustrate the problem in either a graphic format or a textual message. Most of these types of messages are setup by the person configuring the polling on the Element Management System. Some Element Management Systems collect data directly from a log receiving the alarm as it occurs. Fault management deals most commonly with events and traps as they occur on the network.

3.2 Internet Security

3.2.1 Text

In recent years, Internet changes our life a lot. We use E-mail and Internet phone to talk with our friends, we get up-to-date information through web and we do shopping in the cybermarket. Internet has many advantages over traditional communication channels, e.g. it's cost effective, it delivers information fast and it is not restricted by time and place. The more people use Internet, the more concerns about Internet security[1].

Any one responsible for the security of a trusted network will be concerned when connecting it to a distrusted network. In the case of connections to the Internet this concern may be based largely on anecdotal evidence gleaned from widespread media coverage of security breaches. A closer inspection of the facts and statistics behind some of the media coverage will, however, only serve to deepen that concern. For example, the US National Computer Security Agency (NCSA) asserts that most attacks to computer systems go undetected and unreported, citing attacks made against 9 000 Department of Defence computers by the US Defence Information Systems Agency (DISA). These attacks had an 88 percent success rate and went undetected by more than 95 percent of the target organizations. Only 5 percent of the 5 percent that detected an attack, a mere 22 sites, reacted to it.

Encryption Techniques

Encryption is the way to solve the data security problem. There are two kinds of encryption techniques-symmetric key encryption and asymmetric key encryption.

For symmetric key encryption, both parties should have a consensus about a secret encryption key. When A wants to send a message to B, A uses the secret key to encrypt the message. After receiving the encrypted message, B uses the same (or derived) secret key to decrypt the message. The advantage of using symmetric key encryption lies in its fast encryption and decryption processes (when compared with asymmetric key encryption at the same security level). The disadvantages are, first, the encryption key must be exchanged between two parties in a secure way before sending secret messages. Secondly, we must use different keys with different parties. For example, if A communicates with B, C, D and E, A should use 4 different keys. Otherwise, B will know what A and C as well as A and D has been talking about. The drawbacks of symmetric key encryption make it unsuitable to be used in the Internet, because it's difficult to find a secure way to exchange the encryption key.

For asymmetric key encryption, there is a pair of keys for each party: a public key and a private key. The public key is freely available to the public, but only the key owner gets hold of the private key. Messages encrypted by a public key can only be decrypted by its corresponding private key, and vice versa. When A sends message to B, A first gets B's public key to encrypt the message and sends it to A. After receiving the message, B uses his private key to decrypt the message. The advantage comes in the public key freely available to the public, hence free from any key exchange problem. The disadvantage is the slow encryption and decryption process. Almost all encryption schemes used in the Internet uses asymmetric key encryption for exchanging the symmetric encryption key, and symmetric encryption for better performance[2]. Asymmetric key cryptography seems to attain secrecy in data transmission, but the authentication problem still exists. Consider the following scenario: when A sends a message to B, A gets B's public key from the Internet—but how can A know the public key obtained actually belongs to B? Digital certificate emerges to solve this problem.

Digital Certificate

Digital certificate is an identity card counterpart in the computer society. When a person wants to get a digital certificate, he generates his own key pair, gives the public key as well as some proof of his identification to the Certificate Authority (CA). CA will check the person's identification to assure the identity of the applicant. If the applicant is really the one "who claims to be", CA will issue a digital certificate, with the applicant's name, E-mail address and the applicant's public key, which is also signed digitally with the CA's private key[3]. When A wants to send B a message, instead of getting B's public key, A now has to get B's digital certificate. A first checks the certificate authority's signature with the CA's public key to make sure it's a trustworthy certificate. Then A obtains B's public key from the certificate, and uses it to encrypt message and sends to B.

Digital Signature

A digital signature is an electronic signature that can be used to authenticate the identity of the sender of a message or the signer of a document, and possibly to ensure that the original content of the message or document that has been sent is unchanged. A digital signature is a string of bits attached to an electronic document, which could be a word processing file or an E-mail message. This bit string is generated by the signer, and it is based on both the document's data and the person's secret password. Digital signatures are easily transportable, cannot be imitated by someone else, and can be automatically time-stamped. Someone who receives the document can prove that the signer actually signed the document. If the document is altered, the signer can also prove that he did not sign the altered document. A digital signature can be used with any kind of message, whether it is encrypted or not, simply so that the receiver can be sure of the sender's identity and that the message arrived intact[4].

Public-key cryptography can be used for digital signatures, public-key cryptography uses special encryption algorithms with two different keys: a public key that everyone knows, and a private key that only one person knows. Public-key algorithms encrypt the contents of an electronic document using both keys. The resulting file is an amalgam of both the public and private keys and the original document's contents.

Firewall

Since the advent of the Internet and computer network security, many people have sought for firewall[5]. The constant threat of the "hacker" and "cracker" has never been so acknowledged. With the business need for being able to conduct Electronic Commerce on the Internet safely, it should led the industry toward the construction of the perfect firewall. Many software and hardware devices have been constructed to prevent the breaching of the precious critical data. Companies have invested hundreds of thousands of dollars in time, material and personnel to create firewall systems that would protect them from violation.

In order to provide some level of separation between an organization's Intranet and the Internet, firewalls have been employed. A firewall is simply a group of components that collectively form a barrier between two networks.

The firewall device is security system for connecting a computer network to other computer network. The security device has a pair of computer motherboard, each of which has single or multiple networks interface adapter for receiving and transferring communications from a computer network to the other computer network. The firewall is designed specifically as a security system for preventing unauthorized communications between one computer network and another computer network, and more specifically for preventing unauthorized access to a private computer network from a public computer network such as the Internet. Firewalls could operate on the network operating systems of today and tomorrow and use the present and newly developed client operating systems.

One of the primary aims of the firewall is to achieve "wire speed" and be able to move billions of bits of data every second through the firewall. You will see that the firewall is designed like a router because a good firewall demands a new generation of super speed devices that can handle easily 1.5 million packets on each port every second. Now a normal router finds the best path between two networks in which to send packets of data toward their destination.

However, the design of the firewall is more of a "switch". The intermediate network between the two computer motherboards creates a dedicated dynamic "pipe" between the two points on which to transmit data from the IP to other IP side.

This switching forwards data faster than a normal router, because the switch needs no extra time or processing power to examine each data packet in the transmission. The firewall can offer great "wire speeds" within the firewall. Typically, a one gigabit intermediate network can yield over 18 millions packets per second.

Key Words

amalgam	混合,合成
anecdotal	轶事的
assert	主张,断言
barrier	障碍,栅栏
breach	破坏,违反
CA(Certificate Authority)	证书授权机构
consensus	合意,一致
cryptography	密码系统,密码术
cybermarket	网上商店
decrypt	解密,解释明白
distrust	不信任
firewall	防火墙
glean	收集
imitate	模仿,仿造
inspection	检查,视察
restrict	限制,约束
signer	签名者
time-stamp	时间戳

up-to-date 最近的,当代的
violation 违反,违背

Notes

[1] The more people use Internet, the more concerns about Internet security.

the more... the more...是一个双重比较级的句子,相当于汉语的"越……,越……"。

译文:互联网使用得越多,对互联网的安全就关注得越多。

[2] Almost all encryption schemes used in the Internet uses asymmetric key encryption for exchanging the symmetric encryption key, and symmetric encryption for better performance.

asymmetric key encryption 是指"非对称密钥加密", symmetric key encryption 是指"对称密钥加密"。

译文:在互联网中几乎所有的加密方案都使用非对称密钥加密来替换对称加密密钥和对称加密,以得到更好的加密控制。

[3] If the applicant is really the one "who claims to be", CA will issue a digital certificate, with the applicant's name, E-mail address and the applicant's public key, which is also signed digitally with the CA's private key.

CA 指"证书授权机构",是可信任的第三方,它保证数字证书的有效性。CA 负责注册、颁发证书,并在证书包含的信息变得无效后删除(收回)证书。

译文:如果申请人确如自己所声称的,证书授权机构将授予带有申请人姓名、电子邮件地址和申请人公钥的数字证书,并且该数字证书由证书授权机构用其私有密钥作了数字签名。

[4] A digital signature can be used with any kind of message, whether it is encrypted or not, simply so that the receiver can be sure of the sender's identity and that the message arrived intact.

本句由 whether 引导让步状语从句,由 so that 引导目的状语从句。

译文:一个数字签名可以用于任何类型的信息,不论该信息是否加密,因此接收者能确信发送者的身份以及收到的信息完好无缺。

[5] Since the advent of the Internet and computer network security, many people have sought for firewall.

本句由 Since 引导原因状语从句。

译文:自从互联网问世以及出现了计算机网络安全问题,很多人都在寻找防火墙。

3.2.2 Exercises

1. Translate the following phrases into English

(1) 传统通信

(2) 对称密钥

(3) 非对称密钥
(4) 公开密钥
(5) 私有密钥
(6) 数字认证
(7) 非授权通信
(8) 非授权访问

2. Identify the following to be True or False according to the text

(1) Symmetric key encryption and asymmetric key encryption are almost the same.

(2) The most people use Internet, the more problems about the network.

(3) Asymmetric key encryption is the way to solve the data security problem.

(4) The advantage of using symmetric key encryption lies in its fast encryption and decryption processes.

(5) The constant threat of the "hacker" and "cracker" has been so acknowledged.

(6) Firewalls could operate on the network operating systems of today and tomorrow, but they could not use the present and newly developed client operating systems.

(7) The firewall can offer great "wire speeds" within the firewall.

3. Reading Comprehension

(1) we get up-to-date information through web and we do shopping in the ________.

a. supermarket b. grocery
c. cybermarket d. book store

(2) For ________, there is a pair of keys for each party: a public key and a private key.

a. asymmetric key encryption b. symmetric key encryption
c. firewall d. digital certificate

(3) A good firewall demands a new generation of super speed devices that can handle easily ________ packets on each port every second.

a. 5.2 million b. 3.3 million
c. 9.6 million d. 1.5 million

(4) The firewall device is a ________ for connecting a computer network to other computer network.

a. computer system b. security system
c. communicate system d. file system

3.2.3 Reading Material

E-mail

The most widely used tool on the Internet is electronic mail, or E-mail. E-mail refers to the transmission of messages over communications networks. E-mail is used to send written messages between individuals or groups of individuals, often geographically separated by large distances. E-mail messages are generally sent from and received by mail servers—computers that are dedicated to processing and directing E-mail. Once a server has received a message it directs it to the specific computer that the E-mail is addressed to. To send E-mail, the process is reversed. A very convenient and inexpensive way to transmit messages, E-mail has dramatically affected scientific, personal, and business communications.

E-mail is the basis of much organized exchange between groups of individuals. List servers, for example, make it possible to address a list of subscribers either in one-way communication, as in keeping interested people up-to-date on a product, or two-way communication, as in online discussion groups.

Another use of E-mail is Usenet, in which discussions on a particular subject are grouped together into newsgroups. There are thousands of newsgroups covering an extremely wide range of subjects. Messages to a newsgroup are not posted directly to the user, but are accessible in the form of an ordered list on a dedicated local news server. The networking of these servers makes such discussions available worldwide. Associated software not only enables users to choose which messages they want to read, but also to reply to them by posting messages to the newsgroup.

E-mail uses the office memo paradigm in which a message contains a header that specifies the sender, recipients, and subject, followed by a body that contains the text of the message. To participate in E-mail, a person must be assigned a mailbox, which is in fact a storage area where messages can be placed. Each mailbox has an address in the form ofrose_123 @ yahoo. com.

An E-mail address is a string divided into two parts by the @ character (pronounced as "at"). The first part is a mailbox identifier, and the second stands for the name of the computer on which the mailbox resides. Mailbox identifiers are assigned locally, and only have significance on one computer. In some computer systems, the mailbox identifier is the same as a user's login account identifier; in other systems, the two are independent. The computer name in an E-mail address is a domain name.

Because E-mail systems use ASCII text to represent messages, binary data cannot be included directly in E-mail. The MIME standard allows a sender to encode non-text data for transmission. MIME does not specify a single standard for encoding. However, MIME does provide a mechanism that the sender can use to inform a recipient about the encoding.

In the simplest case, E-mail transfer occurs directly from the sender's computer to the recipient's. An application running in the background on the sender's computer becomes a client by contacting the E-mail server on the recipient's computer. The two applications use the SMTP (Simple Mail Transfer Protocol) protocol to transfer a message,and the server places the message in the recipients' mailboxes on the remote computer.

Although it was originally intended to provide communication between pairs of people,computer programs can used to send, receive, or forward E-mail. A mail exploder program uses a database of mailing lists to provide communication among large groups of participants. When a message is sent to a mailing list,the exploder forwards a copy to each member of the list. It is possible to build a program that automates list management. The program accepts a request to create or change a specified mailing list by adding or removing a participant's address.

A computer dedicated to the task of forwarding mail is called a mail gateway or mail relay. An organization can use a mail gateway to make E-mail addresses of all staff members uniform.

Some computers cannot accept E-mail because the computer system is not powerful enough to run an E-mail server,the computer is frequently powered down,or the computer is not permanently attached to the Internet. A user who has such a computer must arrange to keep their mailbox on another machine. In such circumstances,a user runs software that uses the Post Office Protocol (POP) to access the remote mailbox. POP is particularly useful for computers that have connections to the Internet.

3.3 E-Commerce

3.3.1 Text

E-Commerce is doing business through electronic media. It means using simple,fast and low-cost electronic communications to transact, without face-to-face meeting between the two parties of the transaction. Now,it is mainly done through Internet and Electronic Data Interchange (EDI). E-Commerce was first developed in the 1960s. With the wide use of computer,the maturity and the wide adoption of Internet,the permeation of credit cards,the establishment of secure transaction agreement and the support and promotion by governments,the development of E-Commerce is becoming prosperous, with people starting to use electronic means as the media of doing business[1].

Electronic commerce refers to commercial data exchange in digital form through electronic transmission means and commercial activities conducted on-line. Usually,electronic commerce can be divided into two levels: one is low-level electronic commerce which indudes electronic commercial intelligence, electronic trade and electronic contracts. Another is high-level electronic commerce which includes all commercial activities done via Internet,ranging from searching for clients,commercial negotiation,making orders, on-line payment, releasing electronic invoice, to electronic declaration to customs, electronic tax-payment, all conducted on Internet.

Electronic commerce means electronization of all trade transactions. It is featured by these characters: fairness and freedom, high efficiency, globalization, virtualization, interactivity, autonomy, and personalized service. With electronic commerce, clients and suppliers can contact so closely and conveniently with each other on a global scale that clients can find satisfactory suppliers from all corners of the world to meet their demands.

Electronic commerce will change the environment in which enterprises compete with each other and reduce costs which would otherwise be high in traditional market structure. Low costs in transactions, convenience in market entry and government encouragement to use Internet (exemption from tax) activate electronic commerce and boost it to develop rapidly right from its beginning.

To ensure security of electronic commerce, an electronic certification center should be established. Digital ID is used to validate identity. Digital ID is trusted to a third party, namely, an authorized agency, to release, including identifying information of the holder (name, address, liaison way, ID card number), an encryptive key for common use by the both parties, period of validity, password and identification information of the authorized agency, etc. With digital ID, both parties in transactions can be assured of identifying the other party and validate that the information sent out from the other party has not been subject to alteration.

The Features of Electronic Commerce

(1) Space-time concept will be changed. Space for electronic commerce is based on Internet, without geographic boundary. Commerce activists contact each other through Internet, 24 hours a day, 7 days a week, breaking through the traditional concept of workday and workweek. Clients can access web sites at any moment and in any place to select what they needs, far exceeding the information the merchants provided in the past.

(2) The nature of market and the behavior of consumers will be changed. In electronic commerce, producers contact with each other through Internet, starting from purchasing raw materials to sales of goods, so that efficiency can be improved and cost can be reduced[2]. Transaction is done through wireless communication, and electronic currency becomes the major means for payment. Electronic commerce also has great influence on consumers' behavior. Consumption becomes more rationalized, individualized and diversified.

(3) Corporate credit and brand become treasured resources. One important feature of electronic commerce is that transaction is based on mutual credit and mutual obligation, in other words, network economy is in essence, a credit economy. Enterprises that

disregard credit will lose their survival space in network economy. On the other hand, consumers will have special favor for the famous brands they already know.

(4) Structure of enterprises will be changed from "pyramid" type to "flattened" type. In the future, enterprises will make autonomous decisions and practice self-administration, based on knowledge and great quantity of feedback information.

(5) Business mode in enterprises will be changed. Business scheme will turn from traditional four Ps (Product, Price, Place and Promotion) to four Cs (Consumers' wants and needs, Cost to satisfy wants and needs, Convenience to buy and Communication).

(6) Requirement of workers' quality and technique will be higher. Online workers will be much fewer than staffs in traditional stores, but they must know information technology, can develop, use and maintain computer software and network.

(7) Material flow will be more important in electronic commerce than in usual commerce. Every transaction in electronic commerce includes information flow, commercial flow, currency flow and material flow. The former three flows can be solved through computer network, while material flow, as it is material entity (goods or service), mostly they can be transmitted through physical only form. For the enterprises, how to deliver goods to the consumers in the fastest way and at the least cost is a critical factor to attract consumers.

(8) New recognition of information resource and attention resource. In electronic commerce era, information as resource can be obtained at low cost, on the contrary, people's activity becomes a really scarcity of resource. They may have no adequate time to think and analyze. For enterprises, how to attract consumers' attention to them in the ocean of information is just a critical task.

E-Commerce Strategies

The Web is adding new dimensions to conventional business practice and creating new types of business strategies. For example, electronic business is creating a new class of Web-based middlemen that are displacing some longtime intermediaries like traditional distributors and full service brokerages. Monster. com, for example, is taking advantage of the Web's capabilities for two-way interaction by linking job seekers with human resources recruiters. Some of the new middlemen, like eBay Inc. in San Jose, are operating auction sites that use dynamic pricing, a model that exploits the real-time capabilities of the Web to let pricing fluctuate freely based on supply and demand.

As computer network facilitates information exchange in a speedy and inexpensive way, Internet now penetrates into almost every corner of the world. Small and medium sized enterprises (SMEs) can forge global relationships with their trading partners everywhere in the world. High-speed network makes geographical distance insignificant. Businesses can sell goods to customers outside traditional markets, explore new markets and realize business opportunities more easily. Businesses can maintain their competitive advantage by establishing close contact with their customers and consumers at anytime through Internet by providing the latest information on products and services round the clock[3]. Internet provides companies with many markets in the cyberworld and numerous chances for product promotion. Besides, relationships with buyers can also be enhanced. By the use of multimedia capabilities, corporate image, product and service brand names can be established effectively through the Internet. Detailed and accurate sales data can help to reduce stock level and thus the operating cost. Detailed client information such as mode of consumption, personal preferences and purchasing power, etc. can help businesses to set their marketing strategies more effectively.

If you need to setup a website to promote and/or run your business on Internet, you can host your website in the following ways. First, choose a web hosting service provider: if you don't want to purchase, install, customize and take care of all the necessary hardware and software for running a website, you can outsource the task to web hosting companies[4]. Other than the hosting services, some companies also provide a one-stop shop solution such as ISP service, web design and implementation, domain name application, etc. Second, You run your own web server: you can also host your website using your own server provided that you have the necessary technical staff to plan and take care of all the necessary hardware and software.

Companies must take advantage of customer information in their commerce models. Many existing retailers have done a notoriously poor job of utilizing customer information to date[5]. Retailers should be using customer information for continuous learning, not just for transaction processing. And existing businesses of many kinds still tend to think of the Web as just a new channel, when, in reality, it is going to become their business.

Key Words

agency	代理机构,中介
alteration	变更,改动
brand	商标,品牌
client	顾客,客户,当事人,委托人
critical	批评的,临界的
electronic invoice	电子发票
encouragement	鼓励,奖励
enterprise	企业
globalization	全球化
interactivity	交互性
intermediary	中介,中介物
liaison	联络

mutual	相互的,共有的
notoriously	声名狼藉的,臭名昭著的
obligation	义务,责任
payment	付款,支付
purchase	购买
recognition	识别,承认
recruiter	新会员,招募人员
retailer	零售商
scarcity	缺乏,不足
survival	生存,幸存者
virtualization	虚拟化

Notes

[1] With the wide use of computer, the maturity and the wide adoption of Internet, the permeation of credit cards, the establishment of secure transaction agreement and the support and promotion by governments, the development of E-Commerce is becoming prosperous, with people starting to use electronic means as the media of doing business.

maturity 意思是"成熟,完备",permeation 原意是"渗入",这里指信用卡在社会中的普及。

译文:随着计算机的广泛应用,互联网的日趋成熟和广泛利用,信用卡的普及,政府对安全交易协定的支持和促进,电子商务的发展日益成熟,人们开始利用电子手段做生意。

[2] In electronic commerce, producers contact with each other through Internet, starting from purchasing raw materials to sales of goods, so that efficiency can be improved and cost can be reduced.

本句中的 in electronic commerce 是介词短语作状语,由 so that 引导的是目的状语从句。

译文:在电子商务中,生产厂商通过互联网互相联系,从购买原材料开始,直至货品销售,从而能够提高效率和降低成本。

[3] Businesses can maintain their competitive advantage by establishing close contact with their customers and consumers at anytime through Internet by providing the latest information on products and services round the clock.

latest information 意思是"最新信息",round the clock 意思是"24 小时全天候"。

译文:通过在互联网上全天候地提供产品及服务的最新信息,商家可以与客户和消费者随时建立紧密联系来确保他们的竞争优势。

[4] if you don't want to purchase, install, customize and take care of all the necessary hardware and software for running a website, you can outsource the task to web hosting companies.

if 引导条件状语从句,修饰 you can outsource the task to web hosting companies。outsource 意思是“外包”,这是互联网上常见的一种让他人有偿提供所需服务的方式。web hosting company 意思是“虚拟主机服务公司”,是指提供虚拟网站服务业务的公司。

译文:如果你不想购买、安装、定制和维护网站运行所必需的所有硬件和软件,你可以将这个任务外包给虚拟主机服务公司。

[5] Many existing retailers have done a notoriously poor job of utilizing customer information to date.

本句中的 utilizing customer information to date 作定语,修饰 job。

译文:目前很多现有的零售商在利用顾客信息方面做得极差。

3.3.2 Exercises

1. Translate the following phrases into English

(1) 信息技术

(2) 电子商务

(3) 电子媒介

(4) 面对面

(5) 贸易伙伴

(6) 在线支付

(7) 无线通信

(8) 电子货币

2. Identify the following to be True or False according to the text

(1) E-Commerce will become the market trend in the next century.

(2) E-Commerce does business through electronic media.

(3) Space for electronic commerce is based on Internet, and has the geographic boundary.

(4) Internet providers companies with many markets in the cyberworld.

(5) To get connected to Internet, you need to acquire the service from an ISP.

(6) With E-Commerce, you should not consider the network security.

(7) One important feature of electronic commerce is that transaction is based on mutual credit and mutual obligation.

3. Reading Comprehension

(1) E-Commerce do business through ________.

a. face-to-face meeting　　b. computer

c. wire-photo　　d. Internet and EDI

(2) Setting up E-Commerce, you must ________.

a. choose a web hosting service provider

b. have your own web server

c. do either (a) or (b)

d. have the necessary technical staff to take care of all the hardware and software

(3) The traditional business mode in enterprises is four Ps which refer to ________.

a. Product, Price, Place and Promotion

b. Product, Price, Place and Payment

c. Product, Price, Password and Promotion

d. Password, Price, Place and Promotion

(4) Every transaction in electronic commerce includes information flow, commercial flow, ________ and material flow.

a. data flow　　b. currency flow

c. merchandise flow　　d. file flow

3.3.3 Reading Material

Economics and Electronic-Commerce

The key economic concepts of markets, competition, price signals, and efficiency help to identify and organize the topics of this book as economic analysis applied to the phenomenon of E-Commerce. First, the Internet provides the technology to construct an electronic market, or virtual market, where goods and services can be exchanged. Second, the e-market contains e-firms that compete with each other electronically and with the brick-and-mortar firms that are part of the physical market. Third, the e-firms deal with prices, costs, profits, and losses just as the physical firms do. Fourth, structural characteristics of e-markets affect the e-firm's competitive behavior. And last, business plans or strategies of e-firms affect their survival and growth.

A sampling of questions arising from this marriage of economics and E-Commerce issues would include the following.

(1) What is the structure of an electronic market?

(2) Do the number and size of the e-firms in a given market make a difference in terms of how resources are used? If so, how?

(3) What barriers to entry and exit might new encounter? Are these barriers tech meal or strategic?

(4) How do e-firms price their product?

(5) How do e-firms differentiate their products and add sufficient value to create loyalty?

(6) How do the e-firms interact with one another and with physical firms?

(7) How do e-firms react to the competitive initiatives of their rivals?

(8) How efficient are e-firms in controlling costs and using resources?

(9) Are e-firms able to generate a profit?

(10) Are e-firm profits sufficient to reward those who took the risks and invested in the start-up of the e-firm?

(11) Will the e-firms be able to grow over time, anticipate gaps or changes in the market, and adopt new technology?

In working to answer these and other questions about the economics of E-Commerce and the Internet, it is important to keep two qualifiers in mind. First, one goal is to identify and apply a general set of economic principles for analyzing E-Commerce activity. Keep in mind that the text examples the behavior of individual and diverse E-Commerce firms operating in different E-Commerce industries and markets. It may be that market structure behavior, and efficiency difference in some key ways among B2B as opposed to B2C firms or industries. Even within B2C, the economics of selling books might differ in some important ways from the model constructed to sell cars consumer electronics or travel. Therefore, what may be acquired is a tool kit of economic concepts that can be drawn upon and applied judgmentally to help understand the operation of and anticipate the future for a particular E-Commerce firm or industry.

Second, economics has evolved a body of theory called microeconomics. This branch of economics looks at the behavior of individual units, including firms and consumers as they deal with the scarcity problem. In terms of e-firm behavior, just how different is ecommerce from other types of economic activity? Although it may trigger revolution in the way business is done, the competitive actions of E-Commerce and the tool lot to analyze them may not be unique, but rather just part of traditional microeconomics.

Together, the Internet and Web-based E-Commerce are changing both individual consumer behavior and the ways in which firms do business. They erase distance and time as barriers in the exchange process. They empower consumers by reducing search costs and tilting the information gathering process more favor of the buyer. The ready availability of information and the demise of distance also influence the balance between competition through product differentiation and competition through price. The Internet is the latest step in the long history of communications revolutions. However, E-Commerce is less of a revolution that transforms markets, and more of an revolutionary force that provide an added distribution channel that extends the range of transaction options.

The tools and rigor of economic analysis provide a useful approach to examining the nature, behavior, and consequences of E-Commerce and the Internet. Competitive market standards, the formation of and reaction to price signals, strategic behavior, and notions of efficiency in the use of scarce resources are all valuable economic concepts that work to explain electronic exchange. These tools help their users to formulate and perhaps answer some key questions about e-firms, e-markets, and E-Commerce in general.

3.4 Electronic Payment System

3.4.1 Text

The Internet Payment

Payment is a very important step in the E-Commerce procedure. The Internet payment means conducting fund transfer, money receiving and disbursing electronically. Internet payment, sometimes called electronic payment, is developed for the demand of E-Commerce applications.

The former of the electronic payment is electronic remittance conducted by bank. First, a client deposits money in bank A, when he needs to pay his partner in another city, the client entrusts bank A to transfer the sum of money from his bank account to bank B in that city, in which the partner has an account. After bank B confirms the partner's identity, then transfers the money to his account. In early time, those data exchange between banks are done by phone or telegraphy. In recent years, they use EDI system to replace the phone or telegraph system. This financial EDI system is called EFT (Electronic Funds Transfer) system. EFT system greatly saved the data exchanging time and reduced the operating cost.

Now, many banks and software developing companies are bent on developing a new kind of electronic payment mechanism that is the digital fund system. Apparently, the digital funds are only a series of digital numbers, but those numbers are not created casually or freely. Behind the digital money, real money supporting it, otherwise, there will be a mass. It has the ability of being used universally as circulation medium. It must be accepted by many banks, merchants or customers, otherwise, it can only be used in small circles and not suitable for the feature of E-Commerce applications.

There are many kinds of digital money or electronic token, which mainly could be classed into two categories: real-time payment mechanism, such as digital cash, electronic wallet and smart card, and after time payment mechanism, such as electronic check (net check) or electronic credit card (Web credit card).

The advanced encryption and authentication system can make digital money be used more safely and privately than paper money, and at the same time, keep the feature of "anonymity of payer" of paper money. The digital cash system is constructed based on digital signature and cryptograph techniques. This system mostly takes use of the public/private key pairs methods.

First, the client deposits money in the bank, and opens an account. The bank will give the client the digital cash software used for client-side and a bank's public key. The bank uses server-side digital cash software and private key to encode the message. The client can decode such message by using client-side digital cash software and the bank's public key. When client needs some digital money to pay someone, he initiates that sum of digital money he needs by using the digital cash software, then, he encodes it and transfers the message to someone[1]. Someone encodes this message, his own account message and depositing orders and sends them to the bank. The bank decodes these messages with its private key and confirms the authenticity of both the client and someone. Then transfer the money from client's account to someone's account.

Since the digital cash is only a digital number, so it needs to be verified as authentic. Banks must have the ability to track whether the e-cash is duplicated or reused, without linking the personal shopping behavior to the person who bought that cash from the bank, to keep the feature of "anonymity of payer" of real money[2]. In the whole checking process, the seller can't capture any private data of his client. He can verify the digital cash sent by the client with the bank's public key.

Another mechanism for Internet payment is e-check. Its former is the financial EDI system used in Value Added Networks. Some electronic check software can be packed in smart card. Thus, clients can bring it very conveniently and can write checks at any computer site. Some electronic-check software can provide e-wallets for their customers, which also enable the customers to write checks at anywhere even they have no bank account.

Electronic Bank

An electronic bank is not a real bank, it is a virtual bank, in which, the bankers, software designers, and hardware producers and ISPs work together. Each of them fulfils its own work in its profession and coordinates perfectly with each other. In an electronic bank, all the bank service contents are put on the home pages of the server for clients to choose[3]. Clients don't need to store personal financial software, they use their browser to get access to the bank's website and ask for services. All the services are conducted on the bank server. The bank interacts with its clients through website. The clients may use a portable smart card and conduct their bank businesses anywhere at any time, such as pay a bill, buy some digital money, fill out an electronic bank and so on. They don't need to buy PC, they can use any Internet connected computer to make his bank payments.

These new types of bank server software, which adopt up the modern information technologies, can provide convenient, real-time, secure and reliable bank services[4]. They can also provide other relevant services, such as stock quotation, tax and polices consultation, exchange and interest rates information. The more convenient the software are, the more users there may be, the more profits the company will get and better services they provide, thus, the banks and the clients are in win/win relationship, clients get cheaper and convenient services. Banks greatly reduce the operating cost. For on Internet, the cost of running a website is much lower than building a bank branch, and on Internet, the cost for serving one person is the same as that for serving 10 thousand persons. With the rapid development of electronic banks, software developing companies and ISPs will get more and more businesses, they are all in win/win relationship with electronic banks.

Electronic Funds Transfer

Electronic Funds Transfer (EFT) is the automatic transfer of "funds" from one institution's computer to another's. EFT is a subset of EDI, and refers to the transfer of value electronically from buyer to seller.

EFT has been the major implementation by the banks to eliminate paper processing. Some EFT solutions enlisted in the fight against paperwork volumes: screen-based cash management systems, Swift (international), Bits (domestic), direct entry (magnetic media), Automatic Teller Machine (ATM), EFTPOS (card-based, international and domestic), home banking, phone banding, and bill payment.

Credit Cards

Credit cards (and debit cards that share their networks) are the preferred method of payment among online consumers. Reasons for credit cards popularity as a payment method: Easy to use, no technology hurdles, and almost everyone has one; Consumers trust card companies to conduct secure transactions; Most merchants accept them. Parties involved in the credit card transactions are customer, customer's credit card Issuer (Issuing Bank), merchant, merchant's bank, and company processing credit card transactions over the Internet[5].

Steps involved in the credit card payment process.

(1) The customer selects the product or service via shopping cart or catalogue on your website.

(2) The order is totaled, and a request is made to purchase.

(3) The customer enters the sensitive data such as Credit card number, shipping address etc. on the given form.

(4) The data is then submitted, collected and passed securely through web service.

(5) Web server payment systems securely contacts the processor associated with the merchant's Merchant Account, and verifies that the credit car number is valid.

(6) If the previous step passes correct, then the purchase price will be reserved from the"Issuing Bank" of the consumer's credit card, and allocated to the merchant's Merchant Account.

Key Words

account	账户,账目
anonymity	匿名

apparently	明显地，显而易见地
casually	偶然，临时
circulation	流通，通货
consultation	协商，咨询
deposit	储蓄，存款
enlist	参加，协助，支持
hurdle	障碍，困难
issuer	发行者
quotation	行情，行市
remittance	汇款，汇款额
telegraphy	电报
universally	普遍地，全面地

Notes

[1] When client needs some digital money to pay someone, he initiates that sum of digital money he needs by using the digital cash software, then, he encodes it and transfers the message to someone.

when...是时间状语，he initiates...和 he encodes it and transfers the...是并列句。

译文：当客户需要一些数字现金支付给某人时，就用数字现金软件生成他所需要的数字现金，给它加密并传给某人。

[2] Banks must have the ability to track whether the e-cash is duplicated or reused, without linking the personal shopping behavior to the person who bought that cash from the bank, to keep the feature of "anonymity of payer" of real money.

to track...作后置定语，修饰宾语 ability，without...是条件状语，to keep...是目的状语。

译文：银行必须具备能监测电子现金是否被复制或重复使用的能力，而又不能将个人购买行为与从银行购现金的人联系起来，以保持真钱币的"匿名"特色。

[3] In an electronic bank, all the bank service contents are put on the home pages of the server for clients to choose.

in an electronic bank 作状语，主句用被动态，表示客观。

译文：在电子银行中，银行服务内容放在服务器的主页上供客户选择。

[4] These new types of bank server software, which adopt up the modern information technologies, can provide convenient, real-time, secure and reliable bank services.

本句中 which 引导的是非限定定语从句，修饰主语，convenient, real-time, secure and reliable 修饰宾语 bank services。

译文：采用了现代信息技术的新型银行服务软件，能提供便捷、实时、安全和可靠的银行服务。

[5] Parties involved in the credit card transactions are customer, customer's credit

card Issuer (Issuing Bank), merchant, merchant's bank, and company processing credit card transactions over the Internet.

involved in the credit card transactions 作定语,修饰主语,本句的表语比较长,customer, customer's credit card Issuer (Issuing Bank), merchant, merchant's bank, and company processing credit card transactions over the Internet 都是表语。

译文:在信用卡交易中的参与者有顾客、顾客的信用卡发行人(发行的银行)、商人、商人的银行、在 Internet 上处理信用卡事务的公司。

3.4.2 Exercises

1. Translate the following phrases into English

(1) 电子汇款

(2) 电子资金转账

(3) 电子支付机制

(4) 数字现金系统

(5) 数字现金

(6) 电子钱包

(7) 增值网

(8) 电子支票软件

2. Identify the following to be True or False according to the text

(1) The Internet payment means conducting fund transfer, money receiving and disbursing electronically.

(2) EFT is a subset of EDI, and refers to the transfer of value electronically from seller to buyer.

(3) The advanced encryption and authentication system can make paper money be used more safely and privately than digital money.

(4) Since the digital cash is only a digital number, so it needs to be verified as authentic.

(5) In the whole checking process, the seller can capture any private data of his client.

(6) An electronic bank is not a real bank, it is a virtual bank.

(7) EFT has been the major implementation by the banks to eliminate paper processing.

3. Reading Comprehension

(1) The ________ are only a series of digital numbers, but those numbers are not created casually or freely.

a. banks　　　　b. digital funds

c. e-wallets　　　　d. credit cards

(2) When client needs some digital money to pay someone, he initiates that sum of digital money he needs by using the digital cash software, then, he encodes it and transfers the ________ to someone.

a. message b. software

c. money d. real money

(3) An electronic bank is not a real bank, it is a virtual bank, in which, the bankers, ________, and hardware producers and ISPs work together.

a. software designers b. customers

c. buyer d. seller

(4) The more convenient the software are, the more users there may be, the more profits the company will get and better services they provide, thus, the ________ are in win/win relationship, clients get cheaper and convenient services.

a. software designers and the banks b. software designers and the clients

c. banks and the clients d. ISPs and the banks

3.4.3 Reading Material

E-Commerce Security

E-Commerce security is the top concern when setting up an online store. SSL certificates, encryption, public and private keys..., it can all be very confusing. If you don't bother with security at all or don't understand it well enough to take the necessary steps to secure your site, your website and your business could be at risk.

(1) Establish security control mechanisms

The level of security is also a consideration. You should protect your system against hacking and virus attack. Firewalls, intrusion detection systems, virus scanning software can be used. Besides, some security measures such as keeping your user IDs and passwords secret, changing your password regularly, etc. should also be adopted. Higher level of security is expected for payment transactions. If you want to obtain customers' personal information online, secure transfer and storage of data should be ensured. A data privacy statement should also be published.

(2) SSL—Secure Socket Layers

SSL (Secure Socket Layer) technology creates a connection between two devices, such as a computer and web server, to transmit data securely. An SSL certificate is absolutely necessary for any E-Commerce site or any site accepting sensitive information. Not only do you have to have an SSL certificate, but you have to use it.

(3) Securing E-mail

If you receive your orders from your web store via E-mail, having an SSL certificate may not help. E-mail is sent in plain text, and it is possible to intercept E-mail messages in transit and read their contents.

There are ways to secure E-mail. PGP is an encryption technology that encrypts E-mails as they are sent and decrypts them when received. For this technology to work, both the sender and recipient must have certificates installed on their computers that can identify and decrypt the messages. The technology has progressed over the years, but it is still not easy enough to setup and use to be of use to the masses.

Another way to receive secure E-mails through your website is to have the E-mail delivered to an E-mail account on the same server or domain on which the secure order was placed. Since they will not be routed through the public Internet, they will remain secure until you attempt to download them from your E-mail client.

(4) Update your software on a regular basis

Updating your software may seem trivial, but patches and software updates are often released to fix security holes that hackers can use to gain access to your system. Patch your system regularly.

(5) Becareful of the scripts and programs you install on your server

Free scripts and software sound great, but sometimes they can be poorly written and have potential security holes that can allow a hacker to gain access to your system. Make sure the software you install has been thoroughly tested and there are some forms of supports available should you have a problem.

(6) Use secure FTP to transfer files

FTP and Telnet send passwords in clear text. Hackers can get this type of information and gain access to your entire site. Use Secure FTP and SSH to access your site, the entire sessions are encrypted just as with SSL to ensure that no one is able to intercept and read your passwords or other sensitive information.

Shopping online opens up a whole world of goods and services. The WWW has expanded the international marketplace in a way never before possible, giving consumers' unlimited choices. But shopping electronically opens up a whole world of questions, especially when you are dealing with vendors in other countries.

Mastering some tips is necessary to help you when you go shopping online.

(1) Know whom you are dealing with

Do some homework to make sure a company is legitimate before doing business with it. Identify the company's name, its physical address, including the company where it is based, and an E-mail address or telephone number, so you can contact the company with questions or problems. And consider dealing only with vendors that clearly state their policies.

(2) Understand the terms, conditions and costs

Find out up front what you are getting for your money, and what you are not. Get a full, itemized list of costs involved in the sale, with a clear designation of the currency involved, terms of delivery or performance, and terms, conditions and methods of payment. Look for information about restrictions, limitations or conditions of the purchase.

(3) Protect yourself when paying online

Look for information posted online that describes the company's security policies, and checks whether the browser is secure and encrypts your personal and financial information during online transmission. That makes the information less vulnerable to hackers.

(4) Look out for your privacy

All businesses require information about you to process an order. Some use it to tell customers about products, services or promotions, but others share or sell the information to other vendors. Go shopping only from online vendors that respect your privacy. Look for the vendor's privacy policy on the website. The policy statement should reveal what personal identifying information is collected about you and how it will be used, and give you the opportunity to refuse having your information sold or shared with other vendors. It also should tell you whether you can correct or delete information the company already has about you.

3.5 Logistics and Supply-chain Management

3.5.1 Text

Logistics in Electronic Commerce

As goods move, so must information. To move the right goods to the right place at the right time in the right condition with the right documents, the answers to all the "right" questions must be known. Where should the truck driver pick up this shipment? Who should receive this package? How much inventory of an item is in stock and how much should be produced? Where is this shipment now? Information permeates the logistics system, but, like goods, it must go to the right people at the right time in a useful form. The information could be as simple as the contents of a package that just arrived or as complex as the proposed design for a new supply chain for heavy equipment. The essence of information systems in logistics is the conversion of accurate data into useful information. Inaccurate data and poor information disrupt logistics activities. Of cource, even with accurate data and good information, someone must act on it.

Peak logistics efficiency and effectiveness demand a superior integrated logistics information system (ILIS). Without ready access to accurate information, integrated logistics operations lose both efficiency and effectiveness. Integrated logistics will not sustain a strategic, competitive edge. Priority applications of ILIS are inventory status, tracing and expediting, pickup and delivery, order convenience, order accuracy, balancing inbound and outbound traffic opportunities, and order processing. The quality of the information flowing through the ILIS is of utmost importance. The saying "garbage in-garbage out" applies to any information system. Three concerns stand out on quality information: ① getting the right information; ② keeping the information accurate; ③communicating the information effectively.

An integrated logistics information system can be defined as: the involvement of people, equipment, and procedures required to gather, sort, analyze, evaluate, and then distribute needed information to the appropriate decision-makers in a timely and accurate manner so they can make quality logistics decisions.

An ILIS gathers information from all possible sources to assist the integrated logistics manager in making decisions. It also interfaces with marketing, financial, and manufacturing information systems. All of this information is then funneled to top level management to help formulate strategic decisions.

The ILIS has four primary components: the order processing system, research and intelligence system, decision support system, and reports and outputs system. Together, these four subsystems should provide the integrated logistics manager with timely and accurate information on which to base decisions. These subsystems interface with the integrated logistics managerial functions and the integrated logistics management environment. Before information is developed, information needs must be determined. Likewise, once the information is generated based on a needs assessment, it is then distributed to the integrated logistics manager.

The Order Processing System is without a doubt the most important subsystem. Order processing is the set of activities necessary to make the correct goods ready for shipment to the customer—right up to the point where warehousing assembles the order. Processing the order includes checking customer credit, crediting a sales representative's account, ensure product availability, and preparing the necessary shipping documents. The seller should be able to control order cycle activity. Order processing time has been shortened largely through computer applications.

Research and Intelligence System (RIS) continually scans and monitors the environment, observing and drawing conclusions about the events that affect integrated logistics operations[1]. The RIS scans and monitors the intra-firm environment, the external environment, and the inter-firm environment. The external environment includes those events taking place outside the firm and normally out of the firm's control. The inter-firm environment includes elements in the external environment that directly affect the firm and over which the firm does exercise some control, such as the channel of distribution[2]. The intra-firm environment includes the internal work of the elements that are controlled by the firm.

Decision support systems (DSS) are computer-based and provide solutions to complex integrated logistics problems using analytical modeling. The heart of any DSS is a comprehensive database containing the information that integrated logistics managers can use to make decisions.

The final subsystem of ILIS is the reports and outputs system. Normal reports are used for planning, operating, and controlling integrated logistics. Planning output includes sales trends, economic forecasts, and other marketplace information. Operating reports are used in inventory control, transportation scheduling and routing, purchasing, and production scheduling. Control reports are used analyze expenses, budgets, and performance.

Supply-chain Management

Many global manufacturing companies are involved in implementing new information systems and technology for supply-chain management. Initial applications include financial systems, production planning, distribution and inventory management systems. Most will take four-to-five years to implement and cost millions of dollars in direct expenses.

Supply-chain management improvements are directed at making the supply-chain relationship faster and more consistent, and lowering the cost of working capital by using inventory as the buffer of the last rather than the first resort. In hyper-competition, the focus is on creating value primarily by improving information use and quality in customer data, after-sales service and order fulfillment, and only secondarily by defining more consistent information for upstream processes[3].

Most companies are beginning to face "hyper-competition", where firms position themselves against one another in an aggressive fashion, as opposed to moderate competition where firms are positioned "around" each other[4]. With moderate competition, barriers are used to limit new entrants and sustainable is possible so long as industry leaders cooperate to restrain competitive behavior. However, hyper-competitive firms are constantly seeking to disrupt the competitive advantage of industry leaders and create new opportunities.

In hyper-competitive markets, the pursuit of four-to-five-year reengineering application software and database projects is questionable, as firms are continually changing their strategic capabilities in small 6-12-month increments; short-term changes which permit new bases for profitability and growth. These modular and flexible changes in processes, information management and application systems not only allow more rapid and flexible implementations, but also enable firms to "undo" or "unlearn" approaches which no longer offer competitive potential.

The operational focus of supply-chain management projects may also be at issue in moderate versus hyper-competitive markets. In the former, investing in upstream projects (new financial systems, production planning or inventory management systems) may offer substantial benefits, including consistent information sharing and improved cross-functional cooperation. In hyper-competitive conditions, the focus needs to be on process and information systems with high return-on-investment and added customer value. The operational focus will shift to the demand side and emphasize customer interaction, account management, after-sales service and order processing. To sustain competitive advantage in hyper-competition, a firm may seek to eliminate the need for detailed management reporting and controls, or market forecasts and production plans[5]. Instead, a firm can substitute real-time, online product movement information from its dealers and retailers or simplify controls and management reporting by delivering the organization and empowering employees to improve process quality continuously.

Key Words

assemble	收集,集合
dealer	商人
empower	授权,准许
essence	本质,精华
expedite	加快,促进,派遣
funnel	汇集,使汇集
inbound	入境的,入站的
inventory	存货,报表,清单
moderate	适度的,稳健的
profitability	有益,益处
resort	手段,依靠
shipment	装货,载货
shipping	装运,运输,航运,船运,运输业
superior	高级的,在上的,优势的
utmost	极度的,极端的
versus	与……相对比

Notes

[1] Research and Intelligence System (RIS) continually scans and monitors the environment, observing and drawing conclusions about the events that affect integrated logistics operations.

本句的谓语是 scans and monitors,现在分词短语 observing and drawing conclusions about the events that affect integrated logistics operations 作宾语补足语。

译文:研究和情报系统(RIS)不断地监控环境,观察并总结影响整合物流操作的事件。

[2] The inter-firm environment includes elements in the external environment that directly affect the firm and over which the firm does exercise some control, such as the channel of distribution.

that directly affect...作定语，such as the channel of distribution 是 elements in the external environment 的同位语。

译文：在外部环境方面，企业间的环境包括一些可以直接影响公司的因素，例如分销渠道，对此企业一定要有所控制。

[3] In hyper-competition, the focus is on creating value primarily by improving information use and quality in customer data, after-sales service and order fulfillment, and only secondarily by defining more consistent information for upstream processes.

on creating value 作表语，by improving...作方式状语。

译文：在超级竞争中，重点是创造价值，价值创造的首先要通过提高信息的使用效率和改善客户数据的质量，并提升售后服务质量及订单履行率，其次才是为上游过程定义更一致的信息。

[4] Most companies are beginning to face "hyper-competition", where firms position themselves against one another in an aggressive fashion, as opposed to moderate competition where firms are positioned "around" each other.

where firms position themselves against one another in an aggressive fashion 作定语，修饰 hyper-competition，where firms are positioned "around" each other 修饰 moderate competition。

译文：大部分公司都开始面对"超竞争"，在这种竞争中，公司把自己定位在一个彼此越来越争斗的位置，而不是在适度竞争中彼此包容相伴的位置。

[5] To sustain competitive advantage in hyper-competition, a firm may seek to eliminate the need for detailed management reporting and controls, or market forecasts and production plans.

to sustain competitive advantage in hyper-competition 作目的状语，for detailed...作定语，修饰宾语。

译文：为了维持超竞争市场中的竞争优势，公司可能会寻求取消详细管理报告和控制，以及市场预测和生产计划的需求。

3.5.2 Exercises

1. Translate the following phrases into English

(1) 供应链管理

(2) 物流系统

(3) 集成物流信息系统

(4) 库存状态

(5) 订单处理系统

(6) 决策支持系统

(7) 订单处理时间

(8) 售后服务

2. Identify the following to be True or False according to the text

(1) Accurate data and poor information disrupt logistics activities.

(2) The RIS scans and monitors the intra-firm environment, the external environment, and the inter-firm environment.

(3) An ILIS gathers information from all possible sources to assist the integrated logistics manager in making decisions.

(4) The essence of information systems in logistics is the conversion of inaccurate data into useful information.

(5) The Order Processing System is without a doubt the most important subsystem.

(6) Many global manufacturing companies are involved in implementing new information systems and technology for supply-chain management.

(7) Operating reports are not used in inventory control, transportation scheduling and routing, purchasing, and production scheduling.

3. Reading Comprehension

(1) The ILIS has four primary components: ________, research and intelligence system, decision support system, and reports and outputs system.

a. the order processing system　　b. inputs system

c. management information system　　d. payment system

(2) Order processing is the set of ________ necessary to make the correct goods ready for shipment to the customer—right up to the point where warehousing assembles the order.

a. activities　　b. data

c. documents　　d. software

(3) Decision support systems (DSS) are ________ and provide solutions to complex integrated logistics problems using analytical modeling.

a. machine-based　　b. integrated

c. computer-based　　d. data-based

(4) In hyper-competition, the focus is on creating value primarily by improving information use and quality in ________, after-sales service and order fulfillment, and only secondarily by defining more consistent information for upstream processes.

a. information　　b. management

c. financial data　　d. customer data

3.5.3 Reading Material

E-Commerce in Enterprise

Enterprises undertake E-Commerce initiatives for a wide variety of reasons. Objectives that enterprises typically strive to accomplish through E-Commerce include: increasing sales in existing markets, opening new markets, serving existing customers better, identifying new vendors, coordinating more efficiently with existing vendors, or recruiting employees more effectively. The types of objectives vary with the size of the organization. For example, small companies might want a Web site that encourages site visitors to do business using existing channels rather than through the Web site itself to reduce the cost of the site. A site that offers only product or service information is much less expensive to design, build, and maintain than a site that offers transaction handling, bidding, communications, or other capabilities.

Since 1992, more and more enterprises have migrated to the Web, and lots of on-line shops, which sell products directly to customers, have emerged. E-Commerce has become greatest demanded application on the Web, every country around the world is eager to promote the implementation of Internet facilities and technologies to create a better environment for E-Commerce. E-Commerce has become the fastest developing area of the whole commerce.

E-Commerce let the traditional commercial procedure be turned into electron flowing, information flow, has broken through the limitation of space and time, has improved the efficiency of commercial operation greatly, and has lowered costs effectively. Does that mean people should totally quit their current used commerce mechanism and migrate all their businesses to the E-Commerce? The answer is "no". Because a company's market plan involves many aspects of business operations, E-Commerce is only a new market mechanism to realize the company's operating missions and goals, although E-Commerce has so many strong points, whether the company is suitable for adopting it is critical.

Let's see what the goals or mission that the companies want the Internet to help them to achieve are.

(1) Fully demonstration and image establishment

Website must be designed as impressive, attractive, interactive and easy to be found.

(2) Real-time transaction

Have the ability of quick response and engaging in meaningful and sufficient negotiation process, provide electronic money payment, and shorten the order-ship-bill time.

(3) E-Commerce transaction security

Assure the system's continuity and the security of transaction data.

(4) Quick response to partners in cooperation process

Realize the real-time information sharing and exchanging among partners in supply chain.

(5) Quick response to customer's demand

Provide on line service interface to customers.

It's obviously unreality to realize all the aspects above at the same time, because the investment is quite a lot, and will bring great and throughout changes to current procedures, when the aspects can't align with each other, disturbance may be made.

Some benefits of E-Commerce initiatives are tangible and easy to measure. These include such things as increased sales or reduced costs. Supply chain managers can measure supply cost reductions, quality improvements, or faster deliveries of ordered goods. Auction sites can set goals for the number of auctions, the number of bidders and sellers, the dollar volume of items sold, the number of items sold, or the number of registered participants. Other benefits are intangible and can be much more difficult to measure, such as increased customer satisfaction. When identifying benefit objectives, managers should try to set objectives that are measurable even when those objectives are for intangible benefits. For example, success in achieving a goal of increased customer satisfaction might be measured by counting the number of first-time customers who return to the site and buy.

In conclusion, for implementing E-Commerce activity better, enterprises should focus on collecting, accumulating and analyzing customers' data, study and evaluate sales results, keep on monitoring consumers purchasing behaviors, and predict future purchase patterns based on those researches.

第 4 章

Computer Applications

4.1 Database Applications

4.1.1 Text

Database systems are designed to manage large bodies of information. The management of data involves both the definition of structures for the storage of information and the provision of mechanisms for the manipulation of information. In addition, the database system must provide for the safety of the information stored, despite system crashes or attempts at unauthorized access[1]. If data are to be shared among several users, the system must avoid possible anomalous results. The importance of information in most organizations—which determines the value of the database—has led to the development of a large body of concepts and techniques for the efficient management of data.

A database-management system (DBMS) consists of a collection of interrelated data and a set of programs to access those data. The collection of data, usually referred to as the database, contains information about one particular enterprise. The primary goal of a DBMS is to provide an environment that is both convenient and efficient to use in retrieving and storing database information.

Transaction Management

A transaction is a collection of operations that performs a single logical function in a database application. Each transaction is a unit of both atomicity and consistency. Thus, we require that transactions do not violate any database-consistency constraints. That is, if the database was consistent when a transaction started, the database must be consistent when the transaction successfully terminates. However, during the execution of a transaction, it may be necessary temporarily to allow inconsistency. This temporary inconsistency, although necessary, may lead to difficulty if a failure occurs.

Ensuring the atomicity and durability properties is the responsibility of the database system itself-specifically, of the transaction-management component. In the absence of failures, all transactions complete successfully, and atomicity is achieved easily. However, due to various types of failure, a transaction may not always complete its execution successfully. If we are to ensure the atomicity property, a failed transaction must have no effect on the state of the database. Thus, the database must be restored to the state in which it was before the transaction in question started executing. It is the responsibility of the database system to detect system failures and to restore the database to a state that existed prior to the occurrence of the failure.

Storage Management

Database typically require a large amount of storage space. Corporate databases are usually measured in terms of gigabytes or, for the largest databases, terabytes of data. A gigabyte is 1 000 megabytes or (1 billion bytes), and a terabyte is 1 million megabytes (1 trillion bytes). Since the main memory of computers cannot store this much information, the information is stored on disks. Data are moved between disk storage and main memory as needed. Since the movement of data to and from disk is slow relative to the speed of the central processing unit, it is impetrative that the database system structure the data so as to minimize the need to move data between disk and main memory.

The goal of a database system is to simplify and facilitate access to data[2]. High-level views help to achieve this goal. Users of the system should not be burdened unnecessarily with the physical details of the implementation of the system. Nevertheless, a major factor in a user's satisfaction or lack thereof with a database system is that system's performance. If the response time for a request is too long, the value of the system is diminished[3]. The performance of a system depends on what the efficiency is of the data structures used to represent the data in the database, and on how efficiently the system is able to operate on these data structures. As is the case elsewhere in computer systems, a tradeoff must be made not only between space and time, but also between the efficiency of one kind of operation and that of another.

A storage manager is a program module that provides the interface between the low-level data stored in the database and the application programs and queries submitted to the system. The storage manager is responsible for storing, retrieving, and updating of data in the database.

Database Administrator

One of the main reasons for using DBMS is to have central control of both the data and the programs that access those data. The person who has such central control over the system is called the database administrator (DBA).

The DBA creates the original database schema by writing a set of definitions that is translated by the DDL compiler to a set of tables that is stored permanently in the data dictionary[4]. The DBA also creates appropriate storage structures and access methods by writing a set of definitions, which is translated by the data-storage and data-definition-language compiler.

The granting of different types of authorization allows the database administrator information is kept in a special system structure that is consulted by the database system whenever access to the data is attempted in the system.

Today's Database Landscape

In addition to the development of the relational database model, two technologies led to the rapid growth of what are now called client/server database systems. The first important technology was the personal computer. Inexpensive, easy-to-use applications such as Lotus 1-2-3 and Word Perfect enabled employees (and home computer users) to create documents and manage data quickly and accurately. Users became accustomed to continually upgrading systems because the rate of change was so rapid, even as the price of the more advanced systems continued to fall.

The second important technology was the local area network (LAN) and its integration into offices across the world. Although users were accustomed to terminal connections to a corporate mainframe, now word processing files could be stored locally within an office and accessed from any computer attached to the network. After the Apple Macintosh introduced a friendly graphical user interface, computers were not only inexpensive and powerful but also easy to use. In addition, they could be accessed from remote sites, and large amounts of data could be off-loaded to departmental data servers. During this time of rapid change and advancement, a new type of system appeared. Called client/server development because processing is split between client computers and a database server, this new breed of application was a radical change from mainframe-based application programming.

Distributed Database System

In a distributed database system, the database is stored on several computers. The computers in a distributed system communicate with one another through various communication media, such as high-speed networks or telephone lines. They do not share main memory or disks. The computers in a distributed system may vary in size and function, ranging from workstations up to mainframe systems.

The computers in a distributed system are referred to by a number of different names, such as sites or nodes, depending on the context in which they are mentioned. We mainly use the term site, to emphasize the physical distribution of these systems.

The main differences between shared-nothing parallel databases and distributed databases are that distributed database are typically geographically separated, are separately administered, and have a slower interconnection[5]. Another major difference is that, in a distributed system, we differentiate between local and global transactions. A local transaction is one that accesses data in the single site at that the transaction was initiated. A global transaction, on the other hand, transaction was initiated, or accesses data in several different sites.

Key Words

accustomed	惯常,习惯了的
atomicity	原子数,原子性
breed	种类,品种
burden	担子,责任
consistency	一致性
corporate	社团的,合作的
elsewhere	在别处
impetrative	必要的,势在必行的
inexpensive	便宜的,不贵重的
minimize	最小化
occurrence	发生,出现
radical	词根,基础
relational	关系的,关联的
relative	有关系的
responsibility	责任,职责
restore	恢复
temporarily	暂时,临时
terminate	结束,终止
thereof	由此,关于……
transaction	交易,和解协议

Notes

[1] In addition, the database system must provide for the safety of the information stored, despite system crashes or attempts at unauthorized access.

本句中 despite 引导的是让步状语从句。

译文：另外,数据库系统还必须提供所存储信息的安全性保证,即使在系统崩溃或有人企图越权访问时也应保障信息的安全性。

[2] The goal of a database system is to simplify and facilitate access to data.

本句中的 a database system 作定语,修饰主语 the goal, to simplify...是不定式短语作表语。

译文：数据库系统的目标是要简化和辅助数据访问。

[3] If the response time for a request is too long, the value of the system is diminished.

本句中的 if the response time for a request is too long 作条件状语从句。

译文：如果一个请求的响应速度太慢,系统的价值就会下降。

[4] The DBA creates the original database schema by writing a set of definitions that is translated by the DDL compiler to a set of tables that is stored permanently in the data dictionary.

本句中，that is translated by ...作定语，修饰 definitions，that is stored permanently in the data dictionary 作 tables 的定语。

译文：DBA 通过书写一系列的定义来创建最初的数据库模式，这些定义被 DDL 编译器翻译成永久地存储在数据字典中的表集合。

[5] The main differences between shared-nothing parallel databases and distributed databases are that distributed database are typically geographically separated，are separately administered，and have a slower interconnection.

这是一个比较长的句子，本句的主语是 differences，由 between...and 连接的两个并列成分作定语，修饰主语，that distributed...作表语。

译文：无共享并行数据库与分布式数据库之间的主要区别在于，分布式数据库一般是地理上分开的，分别管理的，并且是以较低的速度互相连接的。

4.1.2 Exercises

1. Translate the following phrases into English

(1) 数据库管理系统

(2) 数据定义语言

(3) 数据字典

(4) 分布式数据库系统

(5) 关系数据库模型

(6) 数据库管理员

(7) 程序员

(8) 客户/服务器

2. Identify the following to be True or False according to the text

(1) The computers in a distributed system communicate with one another through similar communication media.

(2) The goal of a database system is not to simplify access to database.

(3) A storage manager provides the interface between a database and an application program.

(4) A data definition language can be used to define a database schema.

(5) Integrity constraint specification is a function of the storage management.

(6) The computers in a distributed system are referred to by a number of different names，such as sites or nodes，depending on the context in which they are mentioned.

(7) A transaction is a collection of operations in a database application.

3. Reading Comprehension

(1) Please find the item that is not belong to the DBA. ________

a. Storage structure and access method definition

b. Schema definition

c. Integrity constraint specification

d. DDL

(2) The raw data are stored on the disk using the ________.

a. data dictionary　　b. file system

c. DBMS　　d. DBA

(3) Each ________ is a unit of both atomicity and consistency.

a. transaction　　b. database

c. storage structure　　d. schema details

(4) The ________ in a distributed system may vary in size and function.

a. computers　　b. hardware

c. software　　d. database

4.1.3 Reading Material

Data Warehousing

A data warehouse is a repository (or archive) of information gathered from multiple sources, stored under a unified schema, at a single site. Once gathered, the data are stored for a long time, permitting access to historical data. Thus, data warehouses provide the user a single consolidated interface to data, making decision-support queries easier to write. Moreover, by accessing information for decision support from a data warehouse, the decision maker ensures that online transaction-processing systems are not affected by the decision-support workload.

Fig. 4-1 shows the architecture of a typical data warehouse, and illustrates the gathering of data, the storage of data, and the querying and data-analysis support. Among the issues to be addressed in building a warehouse are the following.

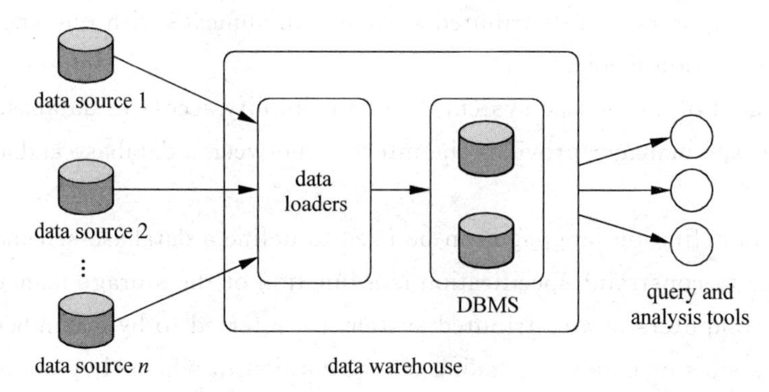

Fig. 4-1　Data warehouse architecture

(1) When and how to gather data. In a source-driven architecture for fathering

data, the data sources transmit new information, either continually, as transaction processing takes place, or periodically, such as each night. In a destination-driven architecture, the data warehouse periodically sends requests for new data to the sources.

Unless updates at the sources are replicated at the warehouse via two-phase commit, the warehouse will never be quite up to date with the sources. Two-phase commit is usually far too expensive to be an option, so data warehouses typically have slightly out-of-date data. That, however, is usually not a problem for decision-support systems.

(2) What schema to use. Data sources that have been constructed independently are likely to have different schemas. In fact, they may even use different data models. Part of the task of a warehouse is to perform schema integration, and to convert data to the integrated schema before they are stored. As a result, the data stored in the warehouse are not just a copy of the data at the sources. Instead, they can be thought of as a stored view (or materialized view) of the data at the sources.

(3) How to propagate updates. Updates on relations at the data sources must be propagated to the data warehouse. If the relations at the data warehouse are exactly the same as those at the data source, the propagation is straightforward.

(4) What data to summarize. The raw data generated by a transaction-processing system may be too large to store online. However, we can answer many queries by maintaining just summary data obtained by aggregation on a relation, rather than maintaining the entire relation. For example, instead of storing data about every sale of clothing, we can store total sales of clothing by category.

4.2 Software Engineering

4.2.1 Text

Software engineering is the application of tools, methods, and disciplines to produce and maintain an automated solution to a real-world problem. It requires the identification of a problem, a computer to execute a software product, and an environment (composed of people, equipment, computers, documentation, and so forth) in which the software product exists. Clearly, without computer programs there would be no software product and no software engineering. But this is only a necessary condition; it is not sufficient.

Software engineering first emerged as a popular term in the title of a 1968 NATO conference held in Garmisch, Germany. The juxtaposition of software and engineering was intended to be provocative. The digital computer was less than a quarter of a century old, and already we were facing a "software crisis". First we had invented computer programming, and then we taught people to write programs. The next task was the development of large systems that were reliable, delivered on schedule, and within budget. As with every technological advancement, our aspirations were at the boundary of what we could do successfully. As it turned out, we were not very good at building large systems on time and without overruns. Consequently, software engineering emerged as the organizing force to overcome the barriers that threatened our progress[1].

A large-scale software projects spans a considerable period of time. A number of distinct phases can be identified over this period of time. Together, these make up what is known as the "software life cycle".

While the actual terminology may differ, most authors identify five key phases in the software life cycle. These are:

(1) Requirements definition: The requirements of the software are established and specified;

(2) Design: A design is developed from an analysis of the requirements;

(3) Implementation: The design is coded in a particular programming language on a particular machine;

(4) Testing: The implemented system is tested to see that it meets the specified requirements;

(5) Operation and maintenance: The system is installed and used. Errors found must be repaired.

While a software project can be described in terms of these five phases, the actual development process itself is an interactive one, with both feed-forward and feedback components. Each phase feeds something forward, upon which subsequent phases are based, but each phase also feeds information back to earlier phases. Implementation, for example, reveals design flaws; testing reveals implementation errors. Each phase has an input and an output-an output that must be checked carefully before being passed on.

The first phase, requirements definition, refers to the period during which the requirements of the system desired, that is, it's functional characteristics and operational details, are specified. The input to this phase is the stated (often rather loosely stated) needs for the software. Typically, a "requirements document" is the output of this phase, a set of precisely stated properties or constraints that the final product must satisfy. This is not a design, but rather precedes the design, specifying what the system should do without specifying how it is to do it. The existence of a requirements document provides something against which a design (the next phase in the life cycle) can be validated. Sometimes a quickly developed prototype can be a useful vehicle for debugging requirements.

As with any of the phases, it is important that errors not be allowed to move into subsequent phases. An error in requirements, for example, a misstated function, leads to a faulty design and an implementation that does not do what is required. If this is allowed to proceed undetected, until the testing phase, the cost of repairing this error (including redesign and re-implementation) can be substantial.

The second phase, design, is predominantly creative, while some would argue that creativity is inherent and cannot be trained or improved, it can certainly be enhanced by the use of good procedures and tools. This will be discussed at length later. The input to this phase is a (debugged and validated) requirements document: the output is a design expressed in some appropriate form (for example, pseudo-code). Validation of a design is important. Each requirement in the requirements document must have a corresponding design fragment to meet it. Formal verification, while possible to a limited extent, can be exceedingly difficult. More informal revolve the entire design team, management, and even the client[2].

The third phase, implementation, is the actual coding of the design developed in the second phase. The lure of this phase is strong, and many a foolhardy programmer has been drawn to it before adequately laying the groundwork in the first two phases. As a result, requirements are incompletely understood and the design is flawed. The implementation proceeds blindly, and many problems arise as a result.

The fourth phase, testing, is concerned with demonstrating the correctness of the implemented program. Inevitably some testing is performed as part of the previous two phases as well. Any experienced programmer mentally tests each line as it is produced and mentally simulates the execution of any module prior to any formal testing stage[3]. Testing is never easy. Edsger Dijkstra has written that while testing effectively shows the presence of errors, it can never show their absence. A "successful" test run means only that no errors were uncovered with the particular circumstances tested; it says nothing about other circumstances. In theory, the only way that testing can show that a program is correct is if all possible cases are tried (known as an exhaustive test), a situation technically impossible for even the simplest programs. Suppose, for example, that we have written a program to compute the average grade on an examination. An exhaustive test would require all possible combinations of marks and class sizes; it could take many years to complete the test.

The fifth phase is program maintenance phase. Student programmers, unfortunately, rarely become involved in this phase. Its importance in the real world, however, cannot be overemphasized, since the cost of maintaining a widely used program can match or exceed the cost of developing it. Unlike hardware maintenance, software maintenance deals not with repair of deteriorated components, but with repair of design defects, which may include the provision of added functions to meet new needs. The ability of programmers to produce new programs is clearly affected by the amount of time they spend maintaining old ones[4]. The inevitability of maintenance must be recognized, and steps must be taken to reduce its time consumption.

The total cost of a software project is function of the time involved and the number of people working on the project over its entire lifetime. The breakdown of the software life cycle into constituent phases provides for a finer analysis of this cost. It has been observed repeatedly that these phases contribute unequally to the total cost of a project. As has already been mentioned, for example, the maintenance phase (phase 5) may contribute as much as all the development phases (phase 1 through 4) combined. It is the job of the software engineer to keep total cost as possible. This is done by apportioning time judiciously among all the phases. Inadequate time spent in one phase (for example, testing) leads to problems in subsequent phases (here, maintenance) and increases total cost. It has been claimed that much of the maintenance effort in actual projects is due not to coding (or implementation) errors, but to changes or errors in requirements and to poor design.

Key Words

aspiration	渴望,志向
boundary	边界,分界线
budget	预算
emerge	出现,形成
flaw	缺点,瑕疵
foolhardy	有勇无谋的
fragment	碎片,片段
inadequate	不充分的,不适当的
inevitably	不可避免地
judiciously	头脑精明地,判断正确地
juxtaposition	并列,并置
lure	诱惑,引诱
NATO (North Atlantic Treaty Organization)	北大西洋公约组织
overrun	泛滥成灾,超出限度
predominantly	占主导地位,支配
prototype	原型
provocative	引起争论的
reveal	显示,揭露
span	跨距,一段时间
substantial	实质上的
sufficient	充分的,足够的
terminology	术语,术语学
threaten	威胁
validate	证实,验证

verification 证实，查证

Notes

[1] Consequently, software engineering emerged as the organizing force to overcome the barriers that threatened our progress.

本句中的 as the organizing force 为方式状语，不定式短语 to overcome the barriers 作 organizing force 的定语，由 that 引导的定语从句修饰 barriers。

译文：因此，软件工程作为一种克服阻碍我们进步的组织力量而出现的。

[2] More informal revolve the entire design team, management, and even the client.

本句中的 the entire design team、management 和 the client 并列作宾语。More informal表示 More informal verification。

译文：更多的是整个的设计团队、管理者甚至是客户的非正式的考量。

[3] Any experienced programmer mentally tests each line as it is produced and mentally simulates the execution of any module prior to any formal testing stage.

本句的并列谓语为 test 和 simulate。

译文：任何有经验的程序员都在内心里测试每一行产生的语句并在正式测试之前在心里已经模拟了任何模块的执行过程。

[4] The ability of programmers to produce new programs is clearly affected by the amount of time they spend maintaining old ones.

本句中的 to produce new programs 作 ability 的定语，而 they spend maintaining old ones 作 time 的定语。

译文：程序员开发新的软件的能力无疑受到了维护旧软件时间长短的影响。

4.2.2 Exercises

1. Translate the following phrases into English

(1) 软件工程

(2) 软件产品

(3) 软件危机

(4) 软件生命周期

(5) 伪代码

(6) 硬件维护

(7) 软件维护

(8) 现实世界问题

2. Identify the following to be True or False according to the text

(1) We must face the problem of software crisis because the software is almost impossible to identify.

(2) Software crisis is the result of increasingly expensive software.

(3) The total cost of a software project is function of the time.

(4) For the poor design to be found in the fifth phase, you can redesign it, it is very easy.

(5) Software engineering is an outgrowth hardware and system engineering.

(6) Once code has been generated, program testing begins.

(7) It is not difficult in the beginning for the customer to state all requirements explicitly.

3. Reading Comprehension

(1) We can identify five phases in the ________.

a. software life cycle　　b. software product

c. software requirement　　d. conventional engineering cycle

(2) During ________, the implemented system is tested to see that it meets the specified requirements.

a. analyse　　b. requirement

c. design　　d. testing

(3) Software engineering is some certain ________.

a. programs　　b. methods

c. products　　d. managements

(4) An output of each phase must be ________ carefully before being passed on.

a. executed　　b. sented back

c. checked　　d. modified

4.2.3 Reading Material

Software Testing and Maintenance

No matter how capably we write programs, it is clear from the variety of possible errors that we should check to insure that our modules are coded correctly. Many programmers view testing as a demonstration that their programs perform properly. However, the idea of demonstrating correctness is really the reverse of what testing is all about. We test a program in order to demonstrate the existence of an error. Because our goal is to discover errors, we can consider a test successful only when an error is discovered. Once an error is found, "debugging" or error correction is the process of determining what causes the error and of making changes to the system so that the error no longer exists.

Stages of Testing

In the development of a large system, testing involves several stages. First, each program module is tested as a single program, usually isolated from the other programs in the system. Such testing, known as module testing or unit testing, verifies that the module functions properly with the types of input expected from studying the module design. Unit testing is done in a controlled environment whenever possible so that the test team can feed a predetermined set of data to the module being tested and observe what output data are produced. In addition, the test team checks the internal data structures, the logic, and the boundary conditions for the input and output data.

When collections of modules have been unit-tested, the next step is to insure that the interfaces among the modules are defined and handled properly. Integration testing is the process of verifying that the components of a system work together as described in the program design and system design specifications.

Once we are sure that information is passed among modules according to the design prescriptions, we test the system to assure that it has the desired functionality. A function test evaluates the system to determine if the functions described by the requirements specification are actually performed by the integrated system. The result, then, is a function system.

Recall that the requirements were specified in two ways: first in the customer's terminology and again as a set of software and hardware requirements. The function test compares the system being built with the functions described in the software and hardware requirements. Then, a performance test compares the system with the remainder of the software and hardware requirements. If the test is performed in the customer's actual working environment, a successful test yields a validated system. However, if the test must be performed in a simulated environment, the resulting system is a verified system.

When the performance test is complete, we as developers are certain that the system functions according to our understanding of the system description. The next step is to confer with the customer to make certain that the system works according to the customer's expectations. We join with the customer to perform an acceptance test in which the system is checked against the customer's requirements description. When the acceptance test is complete, the accepted system is installed in the environment in which it will be used; a final installation test is performed to make sure that the system still functions as it should.

Software Maintenance

Maintenance begins after the system is released. As people use it, they will suggest minor improvements and enhancements. Occasionally, bugs slip through debug and testing, and removing them is another maintenance task. Finally, conditions change, and a program must be updated. The term "software maintenance" is used to describe the software engineering activities that occur following delivery of a software product to the customer. The maintenance phase of the software life cycle is the time period in which a software product performs useful work. Typically, the development cycle for a software product spans 1 to 2 years, while the maintenance phase spans 5 to 10 years.

Maintenance activities involve making enhancements to software products, adapting products to new environments, and correcting problems. Software product enhancement may involve providing new functional capabilities, improving user displays and modes of interaction, upgrading external documents and internal documentation, or upgrading the performance characteristics of a system. Adaptation of software to a new environment may involve moving the software to a different machine, or for instance, modifying the software to accommodate a new telecommunications protocol or an additional disk drive. Problem correction involves modification and revalidation of software to correct errors. Some errors require immediate attention, some can be corrected on a scheduled, periodic basis, and others are known but never corrected.

It is well established that maintenance activities consume a large portion of the total life-cycle budge. It is not uncommon for software maintenance to account for 70 percent of total software life-cycle costs (with development requiring 30 percent). As a general rule of thumb, the distribution of effort for software maintenance includes 60 percent of the maintenance budge for enhancement, and 20 percent each for adaptation and correction.

Analysis activities during software maintenance involve understanding the scope and effect of a desired change, as well as the constraints on making the change. Design during maintenance involves redesigning the product to incorporate the desired changes. The changes must then be implemented, internal documentation of the code must be updated, and new test cases must be designed to assess the adequacy of the modification. Also, the supporting documents (requirements, design specifications, test plan, principles of operation, user's manual, cross reference directories, etc.) must be updated to reflect the changes. Updated versions of the software (code and supporting documents) must then be distributed to various customer sites, and configuration control records for each site must be updated.

4.3 Multimedia

4.3.1 Text

Multimedia is any combination of text, graphic art, sound, animation, and video delivered to you by computer or other electronic means.

Multimedia has not been feasible until recently because computers have not been able to deliver an integrated package at an affordable price. In 1975, the first personal computers were marketed with low processor power, black and green text-only screens. By 1980, the addition of hard disk storage and simple graphics was seen. By 1987, we saw the capability to display color, more advanced graphics, sounds, and animation. In 1995, we have the capability to integrate digital video, sounds, animation and text into one hardware and software package. There is increasing emphasis on communications capabilities and sharing information over networks such as the Internet. Multimedia is made possible and affordable today because of increases in storage and speed and decreases in size and cost; this yields an increase in performance and availability.

Important Considerations

(1) Storage: Permanent storage is used to keep digitized information for future retrieval and use. Multimedia requires huge amounts of storage during both the development and application stages. Many multimedia products require storage on a CD-ROM.

(2) Bandwidth: Bandwidth can be thought of as the pipe through which information must be pumped. The larger amount of data that needs to be delivered, the larger the pipe needs to be. This is currently the biggest limitation to delivering large amounts of digital video in multimedia. Optical fiber provides one of the largest pipes available.

(3) Processor speed: The processor speed is the ability of the computer to perform operations quickly. Because of the large amount of data required for sound and video, multimedia requires a fast processor speed[1].

(4) Display depth: The display depth is the ability of the display screen to project an accurate and rich image. Newer computers can display millions of colors and approach photo realistic images.

Multimedia Equipment

Multimedia requires sound and graphics capability. A speedy processor chip plus a CD-ROM drive or DVD drive are also desirable. Ten years ago, multimedia components were costly "extra". Today, they are standard equipment even on many inexpensive computers.

A fast processor can quickly handle the huge amount of digital data that is required to store and produce multimedia. The faster the processor, the more data it can process each second. A computer with a fast processor outputs smooth video sequences with a sound track that is perfectly coordinated with the action. The popularity of multimedia has caused chip makers to equip processor chips with special multimedia capabilities that speed up multimedia features such as sound and video.

A sound card gives a computer the capability to record and play sound files as well as video sound tracks. Housed within the system unit, a sound card contains connectors that project from the back of the computer so that you can attach speakers, headphones and a microphone. The quality of your computer's speakers and the headphones can affect the quality of the sound that you hear.

A CD-ROM drive allows your computer to access audio and software CD-ROMs. Multimedia elements—especially videos—require lots of storage space. Rather than store huge amounts of multimedia data on a computer's hard disk, the data can be stored on a CD-ROM, which you insert only when you want to access the multimedia elements.

A DVD drive can access multimedia data from CD-ROM as well.

Your computer's graphics card takes signals from the processor and used them to "paint" an image on the screen. A graphics card is installed inside the computer's system unit and provides a connection for the monitor's data cable. Your computer's graphics card has to do a lot of work and must do it quickly. More expensive "accelerated" graphics cards are equipped with circuitry that optimized such tasks.

Multimedia Application

(1) Computer-based Training (CBT): Many corporations are turning to multimedia applications to train their employees. A major telephone company has put together a multimedia application that simulates major emergencies and trains the employees on what to do in these situations. By using a multimedia application, the company found it has saved expenses and trained employees more effectively than anything else it had tried[2].

(2) Education: The essence of multimedia is to make computers more interesting. It doesn't matter if a child is in grade school or an adult is getting a master's degree.

(3) Edutainment: This is a new type of software category that mixes education with entertainment. The idea is to make learning fun while providing some type of entertainment.

(4) Entertainment: There is absolutely nothing wrong with a litter fun. In many cases, the graphics technology used in today's best games will show up in tomorrow's business applications. If that is a way to expand technology to the next level, it definitely deserves attention from multimedia developers. Besides, writing entertainment applications can be a lot of fun.

(5) Information Access: It is often said that this is the age of information. We are literally being overwhelmed with an overload of information. This abundance of information makes it difficult to access. Multimedia provides effective ways to organize information and search for specific facts quickly and efficiently.

(6) Business Presentations: In many companies, presenting information to business professionals is a required form of communication. Applications are already available for creating great-looking presentations and through multimedia these applications will become even better and more effective.

Educational uses of multimedia are rapidly increasing. Its power to present information and its integration of resources, allow for the creation of rich learning environments. In the past, a teacher or student might have to consult many sources and use several media to access the needed information. By integrating media and utilizing hypermedia we are able to create user controlled, information on-demand learning environments. Problems occur because of poorly designed programs, resistance to change within organizations, and the lack of technology on which to run multimedia software. As technology costs come down, designers become better at producing programs, and users become more familiar with using multimedia, we will see a growing acceptance of it in educational settings.

Current uses of multimedia in education include: CBT (Computer-based Training), reference systems, simulations, virtual environments and edutainment. Edutainment is a hybrid of education and entertainment. It provides relatively equal emphasis on enjoyment and learning. Many products for home learning fall into this category.

When you combine standard data processing with graphics, animation, speech synthesis, audio, and video, you're part of a phenomenon in computing. Multimedia uses the computer to integrate and control diverse electronic media such as computer screens, videodisk players, CD-ROM disks, and speech and audio synthesizers[3]. If you make logical connections between those elements and make the entire package interactive, then you are working with hypermedia.

Multimedia capabilities will be sprinkled through almost all layers of software, offering new interfaces, new business applications, redefined programming tools, and possibly new operating systems[4]. What is being advocated is using multimedia to expand the uses of computers. We will have a third interface: the video user interface. Windows will be filled with static and motive video, high-resolution icons will become animated graphics, and audio will be a standard accompaniment to text.

As for programmer's tools and operating systems, multimedia-assisted tools will prove to be as helpful to program developers as interfaces to end users. Object-oriented programming will grow to include more media-rich objects; programming tools will offer diagrammatic control of code[5]. Here again, utility will pay off in programmer productivity.

Key Words

abundance	丰富,冗余
accelerated	加快的
affordable	负担得起的
animation	激励,活泼
category	种类,类项
consideration	考虑,原因
consult	商量,协商
definitely	明确地
emergency	紧急
entertainment	娱乐
essence	实质,本质
feasible	可行的,适宜的

hybrid	混合的
hypermedia	超媒体
limitation	限制
literally	不夸张地
multimedia	多媒体
overwhelm	制服,压倒
phenomenon	现象,迹象
pump	抽吸
resistance	抵抗力,反抗
sprinkle	洒,撒
synthesis	合成
yield	出产,生产

Notes

[1] Because of the large amount of data required for sound and video, multimedia requires a fast processor speed.

本句由 because of 引导原因状语,主语是 multimedia。

译文:由于音频和视频需要大量的数据,所以多媒体需要一个快的处理器速度。

[2] By using a multimedia application, the company found it has saved expenses and trained employees more effectively than anything else it had tried.

本句由 by 引导方式状语从句。

译文:通过使用多媒体应用程序,公司发现既节省开支,又比其他培训员工的方法有效。

[3] Multimedia uses the computer to integrate and control diverse electronic media such as computer screens, videodisk players, CD-ROM disks, and speech and audio synthesizers.

such as 意思是"比如,诸如,例如",synthesizer 意思是"合成器"。

译文:多媒体技术使用计算机集成并控制各种电子媒体,如计算机屏幕、视盘播放器,CD-ROM 盘,以及语音和音频合成器。

[4] Multimedia capabilities will be sprinkled through almost all layers of software, offering new interfaces, new business applications, redefined programming tools, and possibly new operating systems.

sprinkle 意思是"撒,洒,把……撒在",programming tools 指"程序设计工具"。

译文:多媒体的能力将散布在软件的几乎所有层次之中,提供新的接口、新的商业应用,重新定义程序设计工具,甚至可能定义新的操作系统。

[5] Object-oriented programming will grow to include more media-rich objects; programming tools will offer diagrammatic control of code.

object-oriented 意思是"面向对象的",diagrammatic 意思是"图解的,图表的"。

译文：面向对象的程序设计将不断发展直至包含更多的富有媒体的对象；程序设计工具将提供图表式的代码控制。

4.3.2　Exercises

1. Translate the following phrases into English

(1) 全彩色图像

(2) 标准设备

(3) 图形技术

(4) 动画

(5) 光纤

(6) 光盘驱动器

(7) 编程工具

(8) 多媒体辅助工具

2. Identify the following to be True or False according to the text

(1) Multimedia is not only a product, but also a technology.

(2) Multimedia requires huge amounts of storage during both the development and application stages.

(3) Multimedia can help us using computer easily.

(4) Hypermedia is the same as multimedia.

(5) All computers can handle text processing and produce basic sounds.

(6) GUI will eventually become standard features in new applications.

(7) There are no relations between the hardware and multimedia.

3. Reading Comprehension

(1) "Multimedia" means that ________.

a. it can play music

b it can show a graph

c. it can rotate a three-dimensional model

d. it can do all above at the same time

(2) By adding ________ to your programs, you can make computers more interesting and much more fun for the user.

a. multimedia　　b. text

c. music　　d. picture

(3) Multimedia-assisted tools will prove to be as helpful to program developers as ________ to end users.

a. tools　　b. interfaces

c. methods　　d. products

(4) Many companies use ________ to train their employees.

a. technology　　b. entertainment

c. multimedia applications d. animation

4.3.3 Reading Material

Multimedia Software

PowerPoint

PowerPoint is multimedia display software, is one component of Office suite software. It provides means for making multimedia display. You can use it to make your pictures, electronic spreadsheets and graphs, to visit library of art montage, and to select various tone, mode and format of text, etc. PowerPoint has very strong functions for making slides. You can input title and text easily, and also add montage pictures, spreadsheets, graphs on the slide, and change the layout of the slide, adjust their sequence, delete or duplicate the slide.

Using "view" button, PowerPoint can perform view switching. Regardless of what view is selected, contents of the display file will not change. PowerPoint provided five views.

Common view-It is the most commonly used view. Using it, you can put all the slides in a sequence or organize all slides in the display file into a structure.

Outline view-When switching to outline view, you can edit the display file's outline structure.

Slide view-In this view, you can display each slide and edit its details.

Overlook view-In this view, a diminished view of each slide, a complete file and photos in a display file can be shown. You can re-set their sequence, add switching and animated effects and set projection time.

Projection of slides-It performs projection of slides. In slide view, projection begin with the current slide, and in overlook view, projection begins with the selected slide.

Flash

Adobe's Flash is a powerful software package that enables web developers to create engaging web content. Flash movies are interactive vector graphics and animation for web sites. Flash allows you to combine sound, motion, and interactively to create stunning web interfaces and animations. These compact vector graphics download relatively fast and scale to viewer's screen size. Flash can give visitors of a site an online experience instead of a digital copy of printed materials. Many educators have recognized that Flash can be an effective illustration tool for those who are visual learners.

Flash is a handy tool for illustrating instructional concepts. Interactive study guides can be created with Flash. Students love study guides. You can use Flash to make this experience more interactive, accessible, and enjoyable.

Authorware

Authorware is the multimedia making software that is put out by Adobe Company.

Authorware adopts the object-oriented programming and it is a kind of multimedia developing instrument on the basis of icon and process line. It gives numerous multimedia materials to other software and mainly undertakes integrating and organization work of multimedia materials itself. Because Authorware is a simple and powerful hypermedia creation tools, the range of application is very extensive. It has already applied in school teaching, enterprise training, various kinds of demonstrations of the reports, commercial field, and so on.

Graphics Software

Graphics software helps you create, edit and manipulate images. These images could be photographs that you are planning to insert in a brochure, a freehand portrait, a detailed engineering drawing, or a cartoon animation. The types of graphic images you want decide the choice of the graphics software. Best-selling graphics packages include Adobe Photoshop, CorelDraw, and Micrografx Picture Publisher. Many graphics software packages specialize in manipulating one type of image, such as photos, bitmap images, vector graphics or 3D object.

If you have artistic talent you want to use a computer to create paintings, sketches and other images, you can use paint software to create and edit bitmap images. Photos are typically bitmap images and they can be manipulated with paint software or photo editing software. Photo editing software includes features specially designed to fix poor-quality photos by modifying contrast and brightness and cropping out unwanted objects. Images composed of lines and filled shapes are called vector graphics. Vector graphics require a relatively small amount of storage space and are ideal for diagrams, corporate logos and schematics.

3D graphics software helps you to create a wire-frame that represents a three-dimensional object. The wire-frame acts much like the framework for a pop-up tent. Just as you would construct the framework for the tent, then cover it with a nylon tent cover, 3D graphics software can cover a wire-frame object with surface texture and color to create a graphic of a 3D object. The process of covering a wire-frame with surface color and texture is called rendering.

4.4 Animation

4.4.1 Text

Computer animation generally refers to any time sequence of visual changes in a scene. In addition to changing object position with translations or rotations, a computer-generated animation could display time variations in object size, color, transparency, or surface texture[1].

Many applications of computer animation require realistic displays. An accurate representation of the shape of a thunderstorm or other natural phenomena described with a numerical model is important for evaluating the reliability of the model.

Entertainment and advertising applications are sometimes more interested in visual effects. Thus, scenes may be displayed with exaggerated shapes and unrealistic motions and transformations. There are many entertainment and advertising applications that do require accurate representations for computer-generated scenes. And in some scientific and engineering studies, realism is not a goal. For example, physical quantities are often displayed with pseudo-colors or abstract shapes that change over time to help the researcher understand the nature of the physical process[2].

The storyboard is an outline of the action. It defines the motion sequence as a set of basic events that are to take place. Depending on the type of animation to be produced, the storyboard could consist of a set of rough sketches or it could be a list of the basic ideas for the motion[3].

An object definition is given for each participant in the action. Object can be defined in terms of basic shapes, such as polygons or splines. In addition, the associated movements for each object are specified along with the shape.

A key frame is a detailed drawing of the scene at a certain time in the animation sequence. Within each key frame, each object is positioned according to the time for that frame. Some key frames are chosen at extreme positions in the action; others are spaced so that the time interval between key frames is not too great. More key frames are specified for intricate motions than for simple, slowly varying motions.

In-betweens are the intermediate frames between the key frames. The number of in-betweens needed is determined by the media to be used to display the animation. Film requires 24 frames per second, and graphics terminals are refreshed at the rate of 30 to 60 frames per second. Typically, time intervals for the motion are set up so that there are from three to five in-betweens for each pair of key frames[4]. Depending on the speed specified for the motion, some key frames can be duplicated. For a 1-minute film sequence with no duplication, we would need 1 440 frames. With five in-betweens for each pair of key frames, we would need 288 key frames. If the motion is not too complicated, we could space the key frames a little farther apart.

There are several other tasks that may be required, depending on the application. They include motion verification, editing, and production and synchronization of a soundtrack. Many of the functions needed to produce general animations are now computer-generated.

Some steps in the development of an animation sequence are well suited to computer solution, these include object manipulations and rendering, camera motions, and the generation of in-betweens. Animation packages, such as Wave-front, for example, provide special functions for designing the animation and processing individual objects[5].

One function available in animation packages is provided to store and manage the object database. Object shapes and associated parameters are stored and updated in the database. Other object functions include those for motion generation and those for object rending. Motions can be generated according to specified constraints using two-dimensional or three-dimensional transformations. Standard functions can then be applied to identify visible surfaces and apply the rendering algorithms.

Another typical function simulates camera movements. Standard motions are zooming, panning, and tilting. Finally, given specification for the key frames, the in-betweens can be automatically generated.

Flash

Adobe's Flash has become one of the premier Web animation tools and formats in the short time that it is been on the scene. Some of Flash's success comes from its ambidextrous nature: It's both an authoring tool and a file format. Not only is it much easier to learn than, say, DHTML, but it comes chock-full of important animation features, such as keyframe interpolation, motion paths, animated masking, shape morphing, and onion skinning. Quite the versatile program, you can use it not only to create Flash movies, but also to import an animation in a QuickTime file or in a number of different file formats. And Flash just keeps getting better with every release. On the Web even the very simple animation has a long download time. But Flash has changed all that with its streaming technology and vector graphics.

Flash movies are graphics and animation for Web sites. They consist primarily of vector graphics, but they can also contain imported bitmap graphics and sounds. Flash movies can incorporate interactivity to permit input viewers, and you can create nonlinear movies that can interact with other Web applications. Web designers use Flash to create navigation controls, animated logos, long-form animations with synchronized sound, and even complete, sensory-rich Web sites.

Standard Flash work environment includes menu bar, tool bar, stage, time-axis window, and tool palette. Besides these several major parts, with Windows menu opened, some small windows like material window can be called on.

Work area refers to a Flash work platform; it is a rather big area, actually covering all stages as mentioned below and work objects for drawing pictures or editing movie clips. It can be seen as combination of backstage and stage. Stage is a platform for demonstrating all elements of Flash movie clip, displaying the content of the currently selected frame. Different from work area, only the content of stage is visible after the movie clip is played back, while content in the work area beyond the stage is invisible, just like players and work staffs in the backstage which are invisible to the audience. Just like drama having several scenes, the stage can have several scenes.

3ds max

3ds max is a full-featured 3D graphics application developed by Autodesk Media and Entertainment. It runs on the Win32 and Win64 platforms. 3ds max is one of the most widely-used 3D animation programs by content creation professionals. It has strong modeling capabilities,a flexible plug-in architecture and a long heritage on the Microsoft Windows platform. It is mostly used by video game developers,TV commercial studios and architectural visualization studios. It is also used for movie effects and movie previsualisation.

In addition to its modeling and animation tools,the latest version of 3ds max also features advanced shaders (such as ambient occlusion and rendering),dynamic simulation,particle systems,radiocity,normal map creation and rendering,global illumination, an intuitive and fully-customizable user interface,its own scripting language and much more.

Polygon modeling is more common with game design than any other modeling technique as the very specific control over individual polygons allows for extreme optimization. Also,it is relatively faster to calculate in real-time. Usually,the modeler begins with one of the 3ds max primitives,and using such tools as bevel,extrude,and polygon cut,adds detail to and refines the model. Versions 4 and up feature the Editable Polygon object,which simplifies most mesh editing operations,and provides subdivision smoothing at customizable levels.

Key Words

ambidextrous	两面性,非常熟练的
drama	剧本,戏剧
duplication	重复,复制
exaggerated	夸张的,过大的
heritage	继承,传统
interpolation	插入,插值法
intricate	复杂的,错综的
mesh	网眼,网状物
morph	变换图像,变来变去
nonlinear	非线性
outline	轮廓,草稿
pan	摇镜头,拍摄全景
permit	许可,准许
phenomenon	现象
reliability	可靠性,安全性

rotation	旋转，轮转
storyboard	剧本
thunderstorm	雷雨
variation	变化，变量
zoom	拉镜头

Notes

[1] In addition to changing object position with translations or rotations, a computer-generated animation could display time variations in object size, color, transparency, or surface texture.

in addition to changing object position with translations or rotations 是状语，in object size, color, transparency, or surface texture 也是状语。

译文：除了通过平移、旋转来改变对象的位置外，计算机生成的动画还可以随时间进展而改变对象大小、颜色、透明性和表面纹理等。

[2] For example, physical quantities are often displayed with pseudo-colors or abstract shapes that change over time to help the researcher understand the nature of the physical process.

本句的 that change over time 作定语，修饰 pseudo-colors or abstract shapes，to help the researcher...是目的状语。

译文：例如，物理量经常使用随时间而变化的伪彩色或抽象形体来显示，以帮助研究人员理解物理过程的本质。

[3] Depending on the type of animation to be produced, the storyboard could consist of a set of rough sketches or it could be a list of the basic ideas for the motion.

本句中的 Depending on the type of animation to be produced 作状语，后面跟两个并列的句子。

译文：根据要生成的动画类型，剧本可能包含一组粗略的草图或运动的一系列基本思路。

[4] Typically, time intervals for the motion are set up so that there are from three to five in-betweens for each pair of key frames.

本句中的 so that 引导目的状语从句。

译文：一般情况下，运动的时间间隔设定为每一对关键帧之间有 3～5 个插值帧。

[5] Animation packages, such as Wave-front, for example, provide special functions for designing the animation and processing individual objects.

本句的 such as Wave-front 是主语的同位语，for example 是插入语，for designing the animation and processing individual objects 是宾语补足语。

译文：动画软件包，如 Wave-front，提供了设计动画和处理单个对象的专门功能。

4.4.2 Exercises

1. Translate the following phrases into English

(1) 计算机动画

(2) 动画序列

(3) 渲染算法

(4) 矢量图形

(5) 同步音效

(6) 视频压缩

(7) 音频压缩算法

(8) 流媒体

2. Identify the following to be True or False according to the text

(1) In some scientific and engineering studies, realism is a goal.

(2) Entertainment and advertising applications are sometimes more interested in visual effects.

(3) An intermediate frame is a detailed drawing of the scene at a certain time in the animation sequence.

(4) Many applications of computer animation require realistic displays.

(5) In-betweens are the streaming media between the key frames.

(6) On the Web even the very simple animation has a long download time.

(7) Flash movies consist primarily of vector graphics, and they can't contain imported bitmap graphics and sounds.

3. Reading Comprehension

(1) The storyboard is an outline of the action. It defines the motion sequence as a set of ________ that are to take place.

a. basic events　　b. frames

c. elements　　d. scenes

(2) Time intervals for the motion are set up so that there are from ________ in-betweens for each pair of key frames.

a. one to three　　b. two to four

c. three to five　　d. four to six

(3) One function available in animation packages is provided to store and manage the object database. Object shapes and associated parameters are stored and updated in ________.

a. the database　　b. the area

c. this task　　d. the data

(4) Work area refers to a Flash work platform. It is a ________.

a. rather small area　　　b. rather big area
c. movie clip　　　d. web site

4.4.3 Reading Material

Video Compression

Video compression is a collection of techniques used to shrink video files. Embodied by products called codecs (compression/decompression), these methods fall into two general categories: interframe and intraframe compression.

Interframe compression uses a system of key and delta frame, while delta, or "difference", frames record only the interframe changes. During decompression, the CPU builds frames from the key frames and accumulated deltas.

Intraframe compression is performed entirely within individual frames. During intraframe compression, codecs use a variety of techniques to convert pixels to more compact mathematical formulas. The simplest technique is called run length encoding (RLE), in which rows of adjacent identical pixels are grouped together.

Intraframe technologies range from simple RLE to documented standards such as JPEG to exotic mathematical disciplines such as wavelets and fractal transform. Not all codecs use both interframe and intraframe techniques—some use only intraframe. Those that use both apply intraframe compression on key frames and the information remaining in delta frames after removing interframe redundancies.

A standard video source, such as a camcorder, VCR, or laserdisc player, transmits the analog video signal to the video-capture board, while analog audio is sent to a sound board inside the PC.

The capture board utilizes analog-to-digital converters (ADCs) to transform the analog video signal into binary code. The video footage can be captured as a raw sequence of video frames, which is sent to and held in system RAM where software compression is performed.

Meanwhile, the audio signal undergoes analog-to-digital conversion by the second board's converters. This information is also sent to the PC's main system RAM.

After the video and sound tracks have been captured, the captured signal can be stored directly to the hard disk or software-based compression can be applied. Generally, the digital video and audio signals are stored as a synchronized, or interleaved. AVI file on the hard disk.

The MPEG (Moving Picture Experts Group) standards are the main algorithms used to compress videos and have been international standards since 1993. It is the name of the family of standards used for coding audio-visual information (e. g. , movies, video and music) in a digital compressed format. The major advantage of MPEG compared to other video and audio coding formats is that MPEG files are much smaller. The major

MPEG standards include the following.

MPEG-1: Its goal is to produce video recorder-quality output using a bit rate of 1.2 Mbps. It can be transmitted over twisted pair transmission lines for modest distances, and also used for storing movies on CD-ROM in CD-I and CD-Video format.

MPEG-2: It was originally designed for compressing broadcast quality video into 4 Mbps to 6 Mbps, so it could fit in a NTSC or PAL broadcast channel. It is a standard for "the generic coding of moving pictures and associated audio information". MPEG-2 is a superset of MPEG-1, with additional features, frame formats and encoding options.

MPEG-3: It supports higher resolutions, including HDTV.

MPEG-4: It is an ISO/IEC standard developed by MPEG. It is for medium-resolution video-conferencing with low frame rates and at low bandwidths. MPEG-4 files are smaller than JPEG or QuickTime files, so they are designed to transmit videos and images over a narrower bandwidth and can mix video with text, graphics and 2-D and 3-D animation layers.

MPEG-7: It is the multimedia standard for the fixed and mobile web, enabling integration of multiple paradigms. MPEG-7 is formally called multimedia content description interface. It provides a tool set for completely describing multimedia content and is designed to be generic and not targeted to a specific application.

MPEG-21: Unlike other MPEG standards that describe compression coding methods, MPEG-21 describes a standard that defines the description of content and also processes for accessing, searching, storing and protecting the copyright of content.

4.5 Computer Virus

4.5.1 Text

A computer virus is a program designed to replicate and spread on its own, generally with the victim being oblivious to its existence. Computer viruses spread by attaching themselves to other programs (e.g., word processor or spreadsheet application files) or to the boot sector of a disk. When an infected file is activated, or executed, or when the computer is started from an infected disk, the virus itself is also executed. Often, it lurks in computer memory, waiting to infect the next program that is activated, or the next disk that is accessed.

What makes viruses dangerous is their ability to perform an event[1]. While some events are benign (e.g., displaying a message on a certain date) and others annoying (e.g., slowing performance or altering the screen display), some viruses can be catastrophic by damaging files, destroying data and crashing systems.

Viruses come from a variety of sources. Because a virus is software code, it can transmitted along with any legitimate software that enters your environment. Nearly three-quarters (75 percent) of infections occurred in a networked environment, making rapid spread a serious risk. With networking, enterprise computing and inter-organizational communications on the increase, infection during telecommunicating and networking is growing.

What's the Features of Computer Virus?

(1) Infection. Computer virus as a procedure can duplicate itself to other normal procedures or on some components of the system, for example, leading portion of disk. It's the basic feature of virus procedure. As computer network develops increasingly and extensively, computer virus can spread extensively through Internet within short time.

(2) Latency. The virus hidden in the infected system does not break out immediately; instead, it needs certain time or some conditions before it breaks out. Within the latent period, it does not show any disturbing action, so that it is difficult to discover virus and virus can continue to spread. Once the virus breaks out, it can cause severe destruction.

(3) Triggerability. Virus will start to attack once some conditions are ready. Such a feature can be called triggerability. Making use of this feature, we can control its infection scope and attack frequency. The condition for triggering virus can be preset date, time, type of files, and times of activation of the computer, etc.

(4) Destruction. Destruction caused by computer virus is extensive, it not only damages computer system, deletes files, or alters data, etc., it can also occupies system resources, disturb machine operation, etc. Its destruction represents the attempt of its designer.

(5) Quick effect. In 1984, Dr. Fred Coden was approved to conduct experiments with virus on XAX11/750 computer using UNIX operating system. In many experiments, the average time in which the computer paralyzed was 30 minutes, the shortest time was 5 minutes. Typically, virus can infect several thousand computers in several hours if the infected microcomputer is linked with Internet.

(6) Difficulty to eliminate. On one hand, new virus or their variations emerge with each passing day; on the other hand, some virus may resurrect after they have been eliminated, for example, when the infected floppy disk are reused.

(7) Carrier feature. Virus can transmit normal information as a carrier and thus avoid our protective measures set in the system. The user normally operates the system while the virus steals control over the system. The user may think his system operates normally.

(8) Difficulty to detect. Virus infects through various ways beyond our control, in addition, as illegal duplication and pirate software get popular, detection of virus becomes very difficult.

(9) Deceiving feature. Virus tends to hide itself to avoid being detected.

What's the Structure of Computer Virus?

Computer virus usually comprises five components, infected sign, infecting module, destroying module, triggering module and main control module[2].

(1) Infected sign: Infected sign is also called virus signature composed of ASCII code of some numbers or characters. When virus infects a normal program, it will leave the virus signature on it as an infected sign. When a virus intends to infect a procedure, first it checks whether there is infected sign; if the procedure has been infected, the virus does not further infect it, otherwise, it infects it. Most of viruses follow this single infection. If virus does not check infected sign, then multiple infections may occur, and the length of the procedure will increase constantly. This case is rare.

(2) Infecting module: This is the module that infects the host procedure. It performs three tasks: To search for an executable file or covered file, to check if there is infected sign on that file, and to infect it, write virus code into the host procedure, if no infected sign is found.

(3) Destroying module: It is responsible for destructive task, as the virus designer attempts in the destructive code to delete files, delete data, format floppy disk and hard disk, decrease computer efficiency and space, etc.

(4) Triggering module: Its task is to check whether triggering condition is ready (for example, date, time, resources, infection times, interrupt call, activation times, etc.). If the condition is ready, it returns "true" value, and calls destroying module to destroy, otherwise it returns a "false" value.

(5) Major control module: It controls the four modules mentioned above. Besides, it also ensures the infected program can continue to work normally and no deadlock will occur in contingency.

What Damage Can Viruses Do?

As mentioned earlier, some viruses are merely annoying, and others are disastrous. At the very least, viruses expand file size and slow real-time interaction, hindering performance of your machine. Many virus writers seek only to infect systems, not to damage them, so their viruses do not inflict intentional harm[3]. However, because viruses are often flawed, even benign viruses can inadvertently interact with other software or hardware and slow or stop the system. Other viruses are more dangerous. They can continually modify or destroy data, intercept input/output devices, overwrite files and reformat hard disks.

What Are the Symptoms of Virus Infection?

Viruses remain free to proliferate only as long as they exist undetected. Accordingly, the most common viruses give off no symptoms of their infection. Anti-virus tools are necessary to identify these infections. However, many viruses are flawed and do provide some tip-offs to their infection. Here are some indications to watch for.

(1) Changes in the length of programs.

(2) Changes in the file date or time stamp.

(3) Longer program load time.

(4) Slower system operation.

(5) Reduced memory or disk space.

(6) Bad sectors on your floppy.

(7) Unusual error messages.

(8) Unusual screen activity.

(9) Failed program execution.

(10) Failed system boot-ups when booting or accidentally booting from the A drive.

(11) Unexpected writes to a drive.

What Are the Effects of Computer Virus to the Society?

Computer viruses can create much fuss to an individual user, wiping off data inside the hard disk, least effects may include deletion of programs such as games, or some files which could be easily recovered, or taking up hard drive spaces. More serious effects may be deletion of documents/ database at work, operating systems which may not be easily recovered. Or even more seriously may it render hardware useless. Some viruses create disgust effects or frighten the user, such as interfering the keyboard or displaying disgusting messages or pictures.

Computer viruses can be a great threat to a company. A company may lose important documents which may mean the lost of capital. This will trigger chain reactions such that time will also be spent, so as money[4]. This led to the rise of companies making money by the means of selling anti-virus software. The effects of computer virus to this field are more or less the same as it to an individual but the cost could be much greater. Companies have to bear a great cost to recover fully.

One step further, the operation breakdown of companies causes prelims to the society's normal operation. Since time means money, a great loss of money is likely to occur[5]. Flights be delayed, money cannot be withdrawn, servers stop operation, etc. Although wide infection is not very likely to happen for companies do prevent virus infection, it surely could.

Key Words

activate	使活动,使激活
annoy	使恼怒,骚扰
benign	良性的,善良的
catastrophic	悲惨的,灾难的

contingency	偶然性,可能性
deadlock	锁死
detect	发现,探测
disastrous	损失惨重的,悲惨的
disgust	厌恶,嫌恶
eliminate	去除,排除
intercept	截取,妨碍
latency	潜伏,潜在
legitimate	合法的,正当的
lurk	潜伏,暗藏
oblivious	遗忘的,健忘的
paralyze	使瘫痪,使麻痹
pirate	盗版,翻印
preset	事先调整
proliferate	扩散,增值
resurrect	复活,复兴
symptom	征候,症状
triggerability	触发性
variation	变更,变化
victim	受害人,牺牲者

Notes

[1] What makes viruses dangerous is their ability to perform an event.

本句中的 what makes viruses dangerous 是宾主从句,属于宾语前置。

译文:计算机病毒之所以危险,是因为它们可以制造麻烦。

[2] Computer virus usually comprises five components,infected sign,infecting module,destroying module,triggering module and main control module.

本句中的 infected sign,infecting module,destroying module,triggering module and main control module 作 five components 的同位语。

译文:计算机病毒通常由五部分构成:感染症状、传染模块、破坏模块、触发模块和主要控制模块。

[3] Many virus writers seek only to infect systems,not to damage them,so their viruses do not inflict intentional harm.

本句中的 so their...是结果状语。

译文:许多病毒制作者仅仅是为了感染系统,并不想搞破坏,因此他们制作的病毒并不蓄意破坏计算机。

[4] This will trigger chain reactions such that time will also be spent,so as money.

本句中的 so as money 独立成句，省略了谓语，补充完整应该是 so money will be spent also。因为 money 与 time 谓语要表达的意思相同，因此用 as 替代了谓语部分，并倒装在主语 money 之前。

译文：这会引发一连串的反应，如时间和金钱的浪费。

[5] Since time means money, a great loss of money is likely to occur.

本句由 Since 引导原因状语从句。一般 Since 在句首有两种意思，一种是表示原因，翻译为"因为，既然"，是陈述一般的既定原因，语气不如 because 强烈。另一种是表示时间，与句子的完成时态连用，表示"自从，自……以后"。

译文：因为时间就是金钱，因此金钱的大量流失就很有可能会发生。

4.5.2 Exercises

1. Translate the following phrases into English

(1) 计算机病毒

(2) 被感染文件

(3) 感染模块

(4) 可执行文件

(5) 病毒代码

(6) 触发条件

(7) 良性病毒

(8) 防病毒工具

2. Identify the following to be True or False according to the text

(1) Because a virus is software code, it can transmitted along with any legitimate software that enters your environment.

(2) As mentioned earlier, all viruses are disastrous.

(3) As computer network develops increasingly and extensively, computer virus can spread extensively through Internet within short time.

(4) Virus will begin attack once some conditions are ready.

(5) Computer viruses can not create much fuss to an individual user.

(6) Computer viruses can not be a great threat to a company.

(7) Some viruses can be catastrophic by damaging files, destroying data and crashing systems.

3. Reading Comprehension

(1) Nearly three-quarters (75 percent) of infections occurred in ________, making rapid spread a serious risk.

a. a computer environment　　b. a networked environment

c. a society environment　　d. a laboratory environment

(2) The ________ hidden in the infected system does not break out immediately;

instead, it needs certain time or some conditions before it breaks out.

a. file b. data

c. software d. virus

(3) Virus can transmit ________ as a carrier and thus avoid our protective measures set in the system.

a. abnormal information b. error information

c. normal information d. object code

(4) The most common viruses give off no ________ of their infection.

a. symptoms b. data

c. harm d. effect

4.5.3 Reading Material

Classification of Computer Virus

1. Classification by parasitism

By parasitism, computer virus can be classified into directing virus, file virus and hybrid virus.

(1) Directing virus

It refers to those computer viruses parasitic in the directing section of a task. It is a usually found virus that takes advantage of the shortcoming of computer system that usually does not check whether the content in the directing section is correct, and that resides in the internal memory, watching system operation, and takes chance to infect and destroy. By the parasitical position on the disk, it can be further divided into major directing record virus and section directing record virus. The former infects the major directing section of hard disk, for example, "marijuana" virus, "2708" virus, "porch" virus; and sectional record virus infects active section record on the hard disk, for example, "Small Ball" virus, "Girl" virus, etc.

The boot sector virus infects floppy disks and hard disks by inserting itself into the boot sector (for the hard disk, including also the Master Boot Record) of the disk, which contains code that's executed during the system boot process. Booting from an infected floppy allows the virus to jump to the computer's hard disk. The virus executes first and gains control of the system boot even before MS-DOS is loaded. Because the virus executes before the operating system is loaded, it is not MS-DOS specific and can infect any PC operating system platform, including MS-DOS, Windows, OS/2, or Windows NT.

(2) File virus

This virus refers to those parasitic on executable files and data files, for example, "1575/1591" virus, "DIR-2" virus, CIH virus. Macron virus is the most commonly seen file virus. it is written in Microsoft Office Visual Basic and infects mainly Word files (. doc) and Excel files (. xls). It will affect various operations of the infected files, such as open, close, save, etc.. when an office file is opened, macron virus activates. As estimated, macron virus accounts for 80% computer virus, it spreads rapidly through E-mail, floppy disk, web downloaded file, and file in transmission, etc.

File viruses infect files by attaching themselves to a file, generally an executable file with file extensions such as EXE and COM. The virus can change the host code and insert its own code in any part of the file, misdirecting, somewhere along the way, the proper program execution so that the virus code is carried out ahead of the legitimate program.

Most file viruses store themselves in memory. They can easily monitor file access calls to infect other programs as they're executed. A simple file virus will overwrite and destroy a host file, immediately altering the user to the program because the software will not run. Because these viruses are immediately felt, they have less opportunity to spread. More pernicious file viruses cause more subtle or delayed damage and spread considerably before being detected. As users move to increasingly networked and client-server environments, file viruses are becoming more common.

(3) Hybrid virus

These viruses combine the ugliest features of both file and boot sector/partition table viruses. They can infect any of these host software components. And while traditional boot sector viruses spread only from infected floppy boot disks, multi-partite viruses can spread with the ease of a file virus—but still insert an infection into a boot sector or partition table. This makes them particularly difficult to eradicate. Tequila is an example of a multi-partite virus.

2. Classification by consequence

In the view of consequence, computer virus can be divided into "benign" virus and "malignant" virus. The "benign" virus will destroy data or programs but will not paralyze the computer system. Virus of this kind are mostly the products of mischievous hackers—they create the virus not for destroying the system but for showing off their technical skill; some hackers use these virus to spread their political ideas and propositions, for example, the "Small Ball" virus and "Ambulance" virus. "Malignant" virus will destroy data and system, resulting in paralysation of the whole computer, for example, CHI virus, "porch" virus. Once these viruses break out, the consequence will be irreversible.

It should be point out that "peril" is the common feature of computer virus. "Benign" virus does not cause any peril at all, but only relatively less perilous consequence. "Benign" is only a relative concept. In fact, all computer virus are malignant.

第 5 章

Computer New Technologies

5.1 Cloud Computing

5.1.1 Text

1. Cloud Computing

Cloud computing is computing in which large groups of remote servers are networked to allow centralized data storage and online access to computer services.

Cloud computing is the delivery of computing services over the Internet (Fig. 5-1). Cloud services allow individuals and businesses to use software and hardware that are managed by third parties at remote locations[1]. Examples of cloud services include online file storage, social networking sites, webmail, and online business applications. The cloud computing model allows access to information and computer resources from anywhere that a network connection is available. Cloud computing provides a shared pool of resources, including data storage space, networks, computer processing power, and specialized corporate and user applications[2].

The characteristics of cloud computing include on-demand self service, broad network access, resource pooling, rapid elasticity and measured service[3]. On-demand self service means that customers (usually organizations) can request and manage their own computing resources. Broad network access allows services to be offered over the Internet or private networks. Pooled resources mean that customers draw from a pool of computing resources, usually in remote data centers. Services can be scaled larger or smaller; and the use of a service is measured and customers are billed accordingly.

The cloud computing service models are Software as a Service (SaaS), Platform as a Service (PaaS) and Infrastructure as a Service (IaaS). In a Software as a Service model, a pre-made application, along with any required software, operating system, hardware, and network are provided. In PaaS, an operating system, hardware, and network are provided, and the customer installs or develops its own software and applications. The IaaS

Fig. 5-1 Cloud computing

model provides just the hardware and network; the customer installs or develops its own operating system, software and applications.

A cloud service has three distinct characteristics that differentiate it from traditional hosting. It is sold on demand, typically by the minute or the hour; it is elastic—a user can have as much or as little of a service as they want at any given time; and the service is fully managed by the provider (the consumer needs nothing but a personal computer and Internet access). Significant innovations in virtualization and distributed computing, as well as improved access to high-speed Internet and a weak economy, have led to a growth in cloud computing. Cloud vendors are experiencing growth rates of 50% per annum.

The goal of cloud computing is to provide easy, scalable access to computing resources and IT services.

Cloud services are typically made available via a private cloud, community cloud, public cloud or hybrid cloud.

Generally speaking, services provided by a public cloud are offered over the Internet and are owned and operated by a cloud provider. Some examples include services aimed at the general public, such as online photo storage services, E-mail services, or social networking sites. However, services for enterprises can also be offered in a public cloud.

In a private cloud, the cloud infrastructure is operated solely for a specific organization, and is managed by the organization or a third party.

In a community cloud, the service is shared by several organizations and made available only to those groups. The infrastructure may be owned and operated by the organizations or by a cloud service provider.

A hybrid cloud is a combination of different methods of resource pooling (for example, combining public and community clouds).

The biggest advantages of cloud computing include the ability to access data from anywhere the user has access to an active Internet connection and, since data is stored online instead of on the device being used, the data is safe if the device is lost, stolen, or damaged[4]. In addition, Web-based applications are often less expensive than installed software. Disadvantages of cloud computing include a possible reduction in performance of applications if they run more slowly via the cloud than they would run if installed locally, and the potentially high expense related to data transfer for companies and individuals using high-bandwidth applications. There are also security concerns about how safe the stored online data is from unauthorized access and data loss. Despite the potential risks, many believe that cloud computing is the wave of the future.

Home and business users choose cloud computing for a variety of reasons.

(1) Accessibility: Data and/or applications are available worldwide from any computer or device with an Internet connection.

(2) Cost savings: The expense of software and high-end hardware, such as fast processors and high-capacity memory and storage devices, shifts away from the user.

(3) Space savings: Floor space required for servers, storages devices, and other hardware shifts away from the user.

(4) Scalability: It provides the flexibility to increase or decrease computing requirements as needed.

Cloud computing allows companies to outsource, or contract to third-party providers, elements of their information technology infrastructure. They pay only for the computing power, storage, bandwidth, and access to applications that they actually use. As a result, companies need not make large investments in equipment, or the staff to support it.

2. Cloud Storage

Cloud storage is a model of data storage where the digital data is stored in logical pools, the physical storage spans multiple servers (and often locations), and the physical environment is typically owned and managed by a hosting company. These cloud storage providers are responsible for keeping the data available and accessible, and the physical environment protected and running. People and organizations buy or lease storage capacity from the providers to store user, organization, or application data (Fig. 5-2).

Cloud storage services may be accessed through a co-located cloud computer service, a Web service application programming interface (API) or by applications that utilize the API, such as cloud desktop storage, a cloud storage gateway or Web-based content management systems.

Cloud storage is based on highly virtualized infrastructure and is like broader cloud computing in terms of accessible interfaces, near-instant elasticity and scalability,

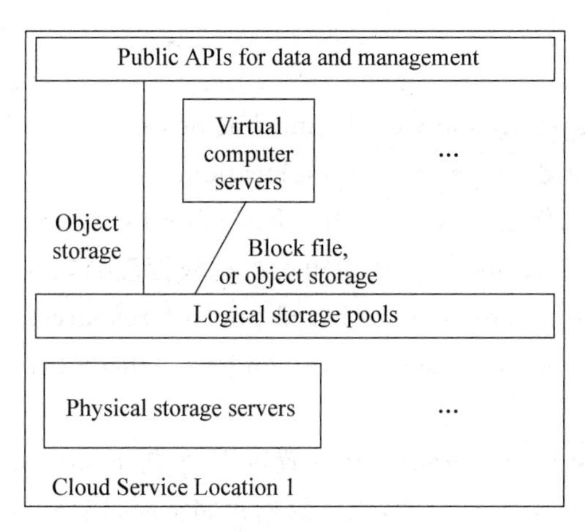

Fig. 5-2　Cloud storage architecture

multitenancy, and metered resources. Cloud storage services can be utilized from an off-premises service or deployed on-premises.

Cloud storage typically refers to a hosted object storage service, but the term has broadened to include other types of data storage that are now available as a service, like block storage.

Cloud storage is:

(1) Made up of many distributed resources, but still acts as one-often referred to as federated storage clouds.

(2) Highly fault tolerant through redundancy and distribution of data.

(3) Highly durable through the creation of versioned copies.

(4) Typically eventually consistent with regard to data replicas.

Key Words

accessibility	可达性，易接近性
accordingly	相应地，依据
annum	年，岁
durable	持久的，耐用的，长期的
elasticity	灵活性，伸缩性
hybrid	混合的，混合物
infrastructure	基础设施，基础建设
innovation	改革，创新
replicas	复制品
scalability	可量测的
tenancy	租用，租赁
tolerant	宽容的，容忍的

Notes

[1] Cloud services allow individuals and businesses to use software and hardware that are managed by third parties at remote locations.

本句中的 that are...作定语从句，修饰 software and hardware。

译文：云服务允许个人和企业使用由第三方远程管理的软件和硬件。

[2] Cloud computing provides a shared pool of resources, including data storage space, networks, computer processing power, and specialized corporate and user applications.

本句中的 including data storage...作后置定语，修饰 a shared pool of resources。

译文：云计算提供共享的资源池，包括数据存储空间、网络、计算机处理能力，以及专业化的企业和用户应用程序。

[3] The characteristics of cloud computing include on-demand self service, broad network access, resource pooling, rapid elasticity and measured service.

本句中的 on-demand self service, broad network access, resource pooling, rapid elasticity and measured service 4 个部分是并列，共同作宾语。

译文：云计算的特征包括按需自助服务、宽带网络、资源共享池、快速弹性以及可测量的服务。

[4] The biggest advantages of cloud computing include the ability to access data from anywhere the user has access to an active Internet connection and, since data is stored online instead of on the device being used, the data is safe if the device is lost, stolen, or damaged.

本句中的 to access data...作定语，修饰 ability, since data...是引导原因状语从句，if the device is lost, stolen, or damaged 作条件状语。

译文：云计算的最大优势主要体现在，由于数据是在线存储而不是本地存储，用户可以在任何互联网覆盖的地区获取数据，并且当设备丢失、被盗或损坏时，数据依然安全。

5.1.2 Exercises

1. Translate the following phrases into English

(1) 云计算

(2) 在线文件存储

(3) 在线商务应用程序

(4) 资源池

(5) 计算资源

(6) 信息技术架构

(7) 物理环境

(8) 云存储服务

2. Identify the following to be True or False according to the text

(1) A cloud service has four distinct characteristics that differentiate it from traditional hosting.

(2) Cloud computing is computing in which large groups of remote servers are networked to allow centralized data storage and online access to computer services.

(3) As a result, companies need make large investments in equipment, or the staff to support it.

(4) The goal of cloud computing is to provide easy, scalable access to computing resources and IT services.

(5) Cloud storage services may be accessed through a co-located cloud computer service.

(6) Cloud storage is highly fault tolerant through redundancy and distribution of data.

(7) Cloud storage is not highly durable through the creation of versioned copies.

3. Reading Comprehension

(1) In a ________ model, a pre-made application, along with any required software, operating system, hardware, and network are provided.

a. SaaS　　b. Paas
c. IaaS　　d. BaaS

(2) In a ________, the cloud infrastructure is operated solely for a specific organization, and is managed by the organization or a third party.

a. hybrid cloud　　b. community cloud
c. private cloud　　d. public cloud

(3) Cloud computing allows companies to outsource, or contract to ________, elements of their information technology infrastructure.

a. a specific organization　　b. several organizations
c. other companies　　d. third-party providers

(4) Cloud storage typically refers to a hosted object storage service, but the term has broadened to include other types of ________ that are now available as a service, like block storage.

a. data storage　　b. physical storage
c. information storage　　d. instruction storage

5.1.3 Reading Material

Grid Computing

The grid infrastructure forms the core foundation for successful grid applications. This infrastructure is a complex combination of a number of capabilities and resources identified for the specific problem and environment being addresses.

In initial stages of delivering any grid computing application infrastructure, the developers or service providers must consider the following questions in order to identify the core infrastructure support required for that environment.

(1) What problems are we trying to solve for the user?

(2) How do we address grid enablement simpler, while addressing the user's application simpler?

(3) How does the developer help the user to be able to quickly gain access and utilize the application to best fit their problem resolution needs?

(4) How difficult is it to use the grid tools?

(5) Are grid developers providing a flexible environment for the intended user community?

(6) Is there anything not yet considered that would make it easier for grid service providers to create tools for the grid, suitable for the problem domain?

(7) What are the open standards, environments, and regulations grid service providers must address?

In general, a grid computing infrastructure component must address several potentially complicated areas in many stages of the implementation.

The heterogeneous nature of resources and their differing security policies are complicated and complex in the security schemes of a grid computing environment. These computing resources are hosted in differing security domains and heterogeneous platforms. Simply speaking, our middleware solutions must address local security integration, secure identity mapping, secure access/authentication, secure federation, and trust management. The other security requirements are often centered on the topics of data integrity, confidentiality, and information privacy.

The tremendously large number and the heterogeneous potential of grid computing resources cause the resource management challenge to be a significant effort topic in grid computing environments. These resource management scenarios often include resource discovery, resource inventories, fault isolation, resource provisioning, resource monitoring, a variety of autonomic capabilities and service-level management activities. The most interesting aspect of the resource management area is the selection of the correct resource from the grid resource pool, based on the service-level requirements, and then to efficiently provision them to facilitate user needs.

It is important to understand multiple service providers can host grid computing resources across many domains, such as security, management, networking services, and application functionalities. Operational and application resources may also be hosted on different hardware and software platforms, in addition to this complexity, grid computing middleware must provide efficient monitoring of resources to collect the required matrices on utilization, availability, and other information.

Information services are fundamentally concentrated on providing valuable information respective to the grid computing infrastructure resources. These services leverage and entirely depend on the providers of information such as resource availability, capacity, and utilization, just to name a few. These information services enable service providers to most efficiently allocate resources for the variety of very specific tasks related to the grid computing infrastructure solution.

In addition, developers and providers can also construct grid solutions to reflect portals, and utilize meta-schedulers and meta-resource managers. These metrices are helpful in service level management in conjunction with the resource policies. This information is resource specific and is provided based on the schema pertaining to that resource. We may need higher level indexing services or data aggregators and transformers to convert these resource-specific data into valuable information sources for the end user.

5.2 Big Data

5.2.1 Text

Up until about five years ago, most data collected by organizations consisted of structured transaction data that could easily fit into rows and columns of relational database management systems[1]. Since then, there has been an explosion of data from Web traffic, E-mail messages, and social media content (tweets, status messages), even music playlists, as well as machine-generated data from sensors. These data may be unstructured or semi-structured and thus not suitable for relational database products that organize data in the form of columns and rows. The popular term "big data" refers to this avalanche of digital data flowing into firms around the world largely from Web sites and Internet click stream data. The volumes of data are so large that traditional DBMS cannot capture, store, and analyze the data in a reasonable time.

Big data usually refers to data in the petabyte and exabyte range—in other words, billions to trillions of records, all from different sources. Big data are produced in much larger quantities and much more rapidly than traditional data. Even though "tweets" are limited to 140 characters each. Twitter generates more than 8 terabytes of data daily. According to the IDC technology research firm, data is more than doubling every two years, so the amount of data available to organizations is skyrocketing[2]. Making sense out of it quickly in order to gain a market advantage is critical.

According to a recent study by IBM, 90 percent of all the information ever created has been produced in the last two years. That is big data, much of it so large that it is beyond the capacity of conventional database management systems to process efficiently.

It includes data produced by social media, E-mail, video, audio, text, and web pages. The data, in turn, comes from smart phones, digital cameras, global positioning systems (GPS), industrial sensors, social networks, and even public surveillance and traffic monitoring systems, among other sources. Every time you use a cell phone, do a Google or Baidu search, use your credit rating, or buy something from Amazon, you are expanding your digital footprint and creating more data.

An Internet companies such as Google, Baidu, and Amazon have sought ways to improve their network planning, advertising placement, and customer care, they have created innovative new applications of big data analysis. Today, the biggest generators of data are Twitter, Facebook, LinkedIn, and other emerging social networking services.

Businesses are interested in big data because they contain more patterns and interesting anomalies than smaller data sets, with the potential to provide new insight into customer behavior, weather patterns, financial market activity, or other phenomena[3]. However, to derive business value from these data, organizations need new technologies and tools capable of managing and analyzing nontraditional data along with their traditional enterprise data.

To handle unstructured and semi-structures data in vast quantities, as well as structured data, organizations are using Hadoop. Hadoop is an open source software framework managed by the Apache Software Foundation that enables distributed parallel processing of huge amounts of data across inexpensive computers.

Hadoop can process large quantities of any kind of data, including structured transactional data, loosely structured data such as Facebook and Twitter feeds, complex data such as Web server log files, and unstructured audio and video data. Hadoop runs on a cluster of inexpensive servers, and processors can be added or removed as needed. Companies use Hadoop to analyze very large volumes of data as well as for a staging area for unstructured and semi-structured data before they are loaded into a data warehouse. Facebook stores much of its data on its massive Hadoop cluster, which holds an estimated 100 petabytes, about 10 000 times more information than the Library of Congress. Yahoo uses Hadoop to track user behavior so it can modify its home page to fit user interests. Life sciences research firm NextBio uses Hadoop and HBase to process data for pharmaceutical companies conducting genomic research. Top database vendors such as IBM, HP, Oracle, and Microsoft have their own Hadoop software distributions. Other vendors offer tools for moving data into and out of Hadoop or for analyzing data within Hadoop.

The enormous growth of data has coincided with the development of the "cloud", which is really just a new alias for the global Internet. As data proliferates, especially with the growth of mobile data applications using Apple and Android smart phones and operating systems, the requirements for data transmission and storage also grow. No single site server configuration offers sufficient capacity for the enormous amounts of data derived from sites such as Microsoft. com or FedEx. com, which serve global communities of customers, with transactions numbering in the millions. Users want fast response times and immediate results, especially in the largest and most complex web-based business environments, operating at Internet speed.

Big data analysis requires a cloud-based solution—a networked approach capable of keeping up with the accelerating volume and speed of data transmission. This means that clusters of servers and software such as Hadoop and enterprise control language (ECL), which help find hidden meaning in large amounts of data, are distributed throughout the cloud on high-bandwidth cables. Using the cloud-based approach, a Google marketing analyst may be sitting in Silicon Valley inputting information requests, but the data is being processed simultaneously in Tokyo, Amsterdam and Austin, Texas.

The largest companies making the most sophisticated industrial equipment are now able to go from merely detecting equipment failures to predicting them. This allows the equipment to be replaced before a serious problem develops.

Large Internet commerce companies such as Amazon and Taobao use big data analytics to predict buyer activity as well as to understand warehousing requirements and geographic positioning[4].

Government medical agencies and medical scientists use big data for early discovery and tracking of potential epidemics. A sudden increase in emergency room visits, or even increased sales of certain over-the-counter drugs, can be early warnings of communicative disease, allowing doctors and emergency response officials to activate control and containment procedures.

Many big data applications were created to help Web companies struggling with unexpected volumes of data. Only the biggest companies had the development capacity and budgets for big data. But the continuing decline in the costs of data storage, bandwidth, and computing means that big data is quickly becoming a useful and affordable tool for medium-sized and even some small companies. Big data analytics are already becoming the basis for many new, highly specialized business models.

Many younger Chinese in the 25-35 age group have already started to buy much of their clothing and consumer goods online. This means that Chinese companies like Taobao and 360buy. com will need ever more sophisticated big data analytics to run their businesses effectively. Currently, most Chinese companies use open-source software, particularly Hadoop, to manage their big data applications. But the scale of potential big data suggests that China's own IT experts are likely to develop indigenous analytical products. It is possible that China could develop a globally branded big data product in the next five years.

Whether or not Chinese companies develop their own products, the scale of China's big data market will have a major impact on the data analytics sector and international product and service development.

Just as major corporations such as General Electric, Walmart and Google use data analytics today, small companies will use the same processes on a smaller scale to improve their competitive positions and use scarce resources more effectively.

Key Words

affordable	付得起的
Amsterdam	阿姆斯特丹(荷兰首都)
anomalies	异常,反常
avalanche	雪崩,崩塌
coincided	相符,极为类似
epidemics	流行病,蔓延
explosion	扩张,爆发
footprint	脚印,占用的空间
indigenous	固有的,本地的
innovative	创新的,革新的
massive	大量的,大规模的
nontraditional	非传统的
pharmaceutical	制药的,配药的
playlist	播放列表
proliferate	扩散,激增
scarce	缺乏的,仅仅,几乎不
semi-structured	半结构化的
sensor	传感器,灵敏元件
skyrocketing	突升,猛涨
sophisticated	复杂的,精致的
surveillance	监督,监视
transactional	交易的,业务的
Twitter	推特

Notes

[1] Up until about five years ago, most data collected by organizations consisted of structured transaction data that could easily fit into rows and columns of relational database management systems.

本句中的 up until about five years ago 是时间状语从句, that could easily... 是定语从句。

译文：直到大约 5 年以前，各种企业收集的大多数数据都是结构化的事务处理数据，这些数据可以简单地填充到关系数据库管理系统的行和列中。

[2] According to the IDC technology research firm, data is more than doubling every two years, so the amount of data available to organizations is skyrocketing.

本句中的 according to the... 作状语，so the amount of... 是结果状语。

译文：根据 IDC 技术研究公司的调研，数据每两年都会增长一倍以上，因此对组织而言可用的数据量不断激增。

[3] Businesses are interested in big data because they contain more patterns and interesting anomalies than smaller data sets, with the potential to provide new insight into customer behavior, weather patterns, financial market activity, or other phenomena.

本句的主句很简单，由 because 引导原因状语从句，with the potential to... 是补语。

译文：企业对"大数据"感兴趣，是因为它们与更小的数据集相比包含了更多的模式与有意思的特殊情况，"大数据"具有能够提供新的针对顾客行为、天气模式、金融市场活动或其他现象的洞察力的潜力。

[4] Large Internet commerce companies such as Amazon and Taobao use big data analytics to predict buyer activity as well as to understand warehousing requirements and geographic positioning.

本句的 such as Amazon and Taobao 作主语的同位语，to predict buyer... 作目的状语。

译文：一些大的互联网商务公司，例如亚马逊和淘宝，使用大数据分析来预测买家活动以及了解仓储需求和地理定位。

5.2.2 Exercises

1. Translate the following phrases into English

(1) 关系数据库管理系统

(2) 大数据

(3) 智能手机

(4) 全球定位系统

(5) 社交网络服务

(6) 企业控制语言

(7) 开源软件

(8) 中等规模企业

2. Identify the following to be True or False according to the text

(1) The enormous growth of data has coincided with the development of the "cloud", which is really just a new alias for the global Internet.

(2) Big data usually refers to data in the terabyte and exabyte range.

(3) E-Commerce is expected to account for ten percent of retail in China by 2015.

(4) Big data analysis requires a cloud-based solution—a networked approach

capable of keeping up with the accelerating volume and speed of data transmission.

(5) Hadoop can't process large quantities of any kind of data.

(6) Only the biggest companies had the development capacity and budgets for big data.

(7) Most Chinese companies use open-source software to manage their big data applications.

3. Reading Comprehension

(1) According to a recent study by IBM, ________ of all the information ever created has been produced in the last two years.

a. 80 percent　　b. 99 percent

c. 95 percent　　d. 90 percent

(2) To handle unstructured and semi-structures data in vast quantities, as well as structured data, organizations are using ________.

a. Hadoop　　b. Hadop

c. Hodap　　d. Hodoop

(3) Government medical agencies and medical scientists use ________ for early discovery and tracking of potential epidemics.

a. DSS　　b. cloud computing

c. big data　　d. MIS

(4) Many big data applications were created to help ________ struggling with unexpected volumes of data.

a. organizations　　b. Web companies

c. companies　　d. enterprises

5.2.3 Reading Material

Knowledge Management

The knowledge management model implies that those organizations best able to collect, index, store and analyze knowledge have an advantage over their competitors. To differentiate between information and knowledge, consider what happens when you interpret data logs. Looking only at the logs, a twice-daily drop in bandwidth usage at a particular office may be quite mysterious; only by checking in with on-site managers can you discover that those lulls mark the arrival of the office coffee cart.

These mysteries crop up with every new hire or responsibility change, wasting valuable time solving the same problem over and over. With knowledge management, systems are put in place to collect the answers and make them more accessible. This approach can be used anywhere in an organization but most often makes sense in customer support applications. Applications can include compiling solutions to MIS (Management Information System) problems, offering human resources support for employees and providing self-service support for retail customers in many industries.

Though it is more a business model than a technology, knowledge management incorporates new technologies as they appear. Organizations networking their PCs in the late 1980s and early 1990s enabled more employees both to use and contribute to early knowledge management systems. These systems depended on centralized databases in which employees entered information about their jobs and from which other employees could seek answers.

Knowledge management systems have always relied on data management technologies such as relational database management systems, data warehousing and data cleansing. To track and analyze how knowledge management systems are being used, managers turn to the reporting utilities in their database systems. Such reporting tools also help generate knowledge for the organization and manage existing knowledge assets.

Practitioners of knowledge management have been quick to adopt advances in groupware tools, too. Distinguishing between knowledge management and groupware can be difficult. Knowledge management systems often rely on groupware technologies, and by definition, groupware facilitates the exchange of organizational information.

One telling difference is a knowledge management system's emphasis on identifying knowledge sources, knowledge analysis and managing the flow of knowledge within an organization—all the while providing access to knowledge stores. The knowledge management model regards the sum of all knowledge within the organization as its "intellectual assets", and provides tools for managing asserts.

As a management tool, knowledge management systems require technology as well as consultants who advise on how to handle knowledge audits, analysis and flow. And knowledge management consultants are quick to apply new technologies. Over the past few years, just as groupware applications shifted from proprietary client/server models to a platform-agnostic Web model, knowledge management's embrace of Web technologies has extended its usefulness and cut costs. Web-based knowledge management systems require no (or minimal) change to user's desktops and can be simpler to install and administer.

More recently, knowledge management systems started using XML to identify relevant data elements and extract knowledge from them both in and out of the organization. XML offers document schemas and tags, allowing readers to collect meta-information about each piece of information.

Knowledge management requires buy-in at the very highest level of an organization. Costs can be quite high, as off-the-shelf products are unlikely to solve the typically massive and complex challenges facing large organizations. And knowledge management systems are rarely useful outside of large organizations. As a result, high costs for software and hardware may be dwarfed by consulting fees for customizing knowledge management software or creating customized in-house applications.

Ultimately, whether you build or buy, creating a knowledge management system represents a significant management decision—one that must have support throughout the organization.

5.3 The Internet of Things

5.3.1 Text

No discussion of the future Internet would be complete without mentioning the Internet of Things (IoT), also sometimes referred to as the Industrial Internet. Internet technology is spreading beyond the desktop, laptop, and tablet computer, and beyond the smart phone, to consumer electronics, electrical appliance, cars, medical devices, utility systems, machines of all types, even clothing—just about everything can be equipped with sensors that collect data and connect to the Internet, enabling the data to be analyzed with data analytics software.

The Internet of Things builds on foundation of existing technologies, such as RFID, and is being enabled by the availability of low cost sensors, the drop in price of data storage, the development of "Big Data" analytics software that can work with trillions of pieces of data, as well implementation of IPv6, which will allow Internet addresses to be assigned to all of these new devices[1]. Funding and research for the Internet of Things is being spearheaded by the European Union and China (where it is known as the Sensing Planet), and in the United States by companies such as IBM's Smarter Planet initiative. Although challenges remain before the Internet of Things is fully realized, it is coming closer and closer to fruition.

The Internet of Things, sometimes referred to as the Internet of Objects, will change everything—including ourselves (Fig. 5-3). This may seem like a bold statement, but consider the impact the Internet already has had on education, communication, business, science, government, and humanity. Clearly, the Internet is one of the most important and powerful creations in all human history.

Fig. 5-3 Internet of Things

Today, the Internet of Things is in its early stages and is mostly used to monitoring things from a far. For instance:

(1) Ranchers are using wireless sensors on cattle to alert the rancher if a cow gets sick or lost.

(2) Wearable health tech lets doctors monitor patients with chronic illnesses.

(3) Sensors on household appliances can alert the manufacturer if an appliance needs maintenance or repair[2].

From a technical point of view, the Internet of Things is not the result of a single novel technology; instead, several complementary technical developments provide capabilities that taken together help to bridge the gap between the virtual and physical world. These capabilities include:

(1) Communication and cooperation: Objects have the ability to network with Internet resources or even with each other, to make use of data and services and update their state. Wireless technologies such as GSM and UMTS, WiFi, Bluetooth, ZigBee and various other wireless networking standards, are of primary relevance here.

(2) Addressability: Within an Internet of Things, objects can be located and addressed via discovery, look-up or name services, and hence remotely interrogated or configured.

(3) Identification: Objects are uniquely identifiable. RFID, NFC (Near Field Communication) and optically readable bar codes are examples of technologies with which even passive objects which do not have built-in energy resources can be identified (with the aid of a "mediator" such as an RFID reader or mobile phone). Identification enables objects to be linked to information associated with the particular object and that can be retrieved from a server, provided the mediator is connected to the network.

(4) Sensing: Objects collect information about their surroundings with sensors, record it, forward it or react directly to it.

(5) Actuation: Objects contain actuators to manipulate their environment (for example, by converting electrical signals into mechanical movement). Such actuators can be used to remotely control real-world processes via the Internet.

(6) Embedded information processing: Smart objects feature a processor or microcontroller, plus storage capacity. These resources can be used, for example, to process and interpret sensor information, or to give products a "memory" of how they have been used.

(7) Localization: Smart things are aware of their physical location, or can be located. GPS or the mobile phone network is suitable technologies to achieve this, as well as ultrasound time measurements, UWB (Ultra-Wide Band), radio beacons (e. g., neighboring WLAN base stations or RFID readers with known coordinates) and optical technologies.

(8) User interfaces: Smart objects can communicate with people in an appropriate manner (either directly or indirectly, for example via a smart phone). Innovative interaction paradigms are relevant here, such as tangible user interfaces, flexible polymer-based displays and voice, image or gesture recognition methods.

Most specific applications only need a subset of these capabilities, particularly since implementing all of them is often expensive and requires significant technical effort[3]. Logistics applications, for example, are currently concentrating on the approximate localization (i. e., the position of the last read point) and relatively low-cost identification of objects using RFID or bar codes. Sensor data (e. g., to monitor cool chains) or embedded processors are limited to those logistics applications where such information is essential such as the temperature-controlled transport of vaccines.

Forerunners of communicating everyday objects are already apparent, particularly in connection with RFID-for example the short-range communication of key cards with the doors of hotel rooms. More futuristic scenarios include a smart playing card table, where the course of play is monitored using RFID-equipped playing cards. However, all these applications still involve dedicated systems in a local deployment; we are not talking about an "Internet" in the sense of an open, scalable and standardized system.

Wireless communications modules are becoming smaller and cheaper, IPv6 is increasingly being used, the capacity of flash memory chips is growing, the per-instruction energy requirements of processors continues to fall and mobile phones have built-in bar code recognition, NFC and touch screens can take on the role of intermediaries between people, everyday items and the Internet[4]. All this contributes to the evolution of the Internet of Things paradigm: From the remote identification of objects and an Internet "with" things, we are moving towards a system where (more or less) smart objects actually communicate with users, Internet services and even among each other.

Eventually, the Internet of Things will do more than just alert you to the whereabouts or condition of something. Devices will take to each other and grow autonomous. This is often called machine-to-machine technologies(M2M).

Examples include:

(1) Cars that drive themselves.

(2) Traffic lights that automatically respond to traffic jams or an accident, directing cars away from troubled areas.

(3) Buildings that automatically turn the lights and heat off when they detect no one is in the room.

Eventually, every item in the supply will be tracked and "smart".

The whereabouts of coworkers will be instantly available, too. "Employees on every level will be able to perform their functions more efficiently." says W. David Stephenson, a consultant with INEX Advisors. This will alter how managers run companies, getting rid of hierarchical decision makers—the classic role of the boss. "That, in my mind, will be the greatest business benefit of the Internet of Things," Stephenson says.

As cool as the Internet of Things sounds, there is a downside. Issues such as privacy, reliability, and control of data still have to be worked out.

Key Words

actuator	执行者,执行机构
addressability	可寻址能力,寻址率
automatically	自动地,机械地
beacon	界标,灯塔,指引
chronic	长期的,习惯性的
coworker	同事,合作者
forerunner	先驱,先驱者,预兆
fruition	成就,实现
futuristic	未来的,未来主义的
humanity	人性,人道,人文学科
interrogate	提出问题,询问
laptop	便携式电脑,笔记本电脑
localization	局部化,局限,定位
mediator	调解人,传递者,中介物
microcontroller	微控制器
paradigm	范例,样式
rancher	大农场主,大牧场主
relevance	相关性,关联
scenario	剧情概要,方案
spearhead	先锋,前锋,带头
surrounding	环境,周围的,围绕
tablet	平板电脑
tangible	真实的,实际的,有形资产
trillion	万亿,兆,大量的
ultrasound	超声,超声波
vaccine	疫苗,疫苗的

Notes

[1] The Internet of Things builds on foundation of existing technologies, such as RFID, and is being enabled by the availability of low cost sensors, the drop in price of data storage, the development of "Big Data" analytics software that can work with trillions of pieces of data, as well implementation of IPv6, which will allow Internet addresses to be

assigned to all of these new devices.

这是一个长句,是并列句,本句的 such as RFID 作 technologies 的同位语,that can work...作定语,修饰 analytics software,which will allow...是非限定性定语从句。

译文:物联网建立在现有技术的基础上,例如射频识别技术(RFID),并且随着低成本的传感器的可用性,数据存储的费用的降低,"大数据"分析软件的发展可以处理万亿数据,以及允许为所有这些新设备分配互联网地址的 IPv6 技术的实现,使物联网正在成为可能。

[2] Sensors on household appliances can alert the manufacturer if an appliance needs maintenance or repair.

本句的 on household appliances 是主语的定语,if an appliance needs maintenance or repair 作宾语的补足语。

译文:家用电器上的传感器可以提醒制造商传感器是否需要维护或修理。

[3] Most specific applications only need a subset of these capabilities, particularly since implementing all of them is often expensive and requires significant technical effort.

本句由 since 引导原因状语从句。

译文:最为专业化的应用程序只需这些功能的一个子集,特别是由于实现所有上述功能通常很昂贵,并且需要复杂的技术。

[4] Wireless communications modules are becoming smaller and cheaper, IPv6 is increasingly being used, the capacity of flash memory chips is growing, the per-instruction energy requirements of processors continues to fall and mobile phones have built-in bar code recognition, NFC and touch screens can take on the role of intermediaries between people, everyday items and the Internet.

本句是长句,由若干个并列部分组成,描述无线通信、IPv6、闪存、处理器等的性能改善。

译文:无线通信模块变得更小,也更便宜,IPv6 正越来越多地被使用,闪存芯片的容量越来越大,处理器的单指令能耗持续下降,移动手机都内置了条码识别、NFC 和触摸屏——可以担任人、日常用品和 Internet 之间的中介。

5.3.2 Exercises

1. Translate the following phrases into English

(1) 闪存芯片

(2) 条形码

(3) 数据分析软件

(4) 物联网

(5) 无线传感器

(6) 虚拟及物理世界

(7) 近场通信

(8) 嵌入式信息处理

2. Identify the following to be True or False according to the text

(1) Although challenges remain before the Internet of Things is fully realized, it is coming closer and closer to fruition.

(2) The Internet of Things, sometimes referred to as the Internet of Objects, will change everything—including ourselves.

(3) The Internet is one of the most important and powerful creations in all human history.

(4) From a technical point of view, the Internet of Things is the result of a single novel technology.

(5) Identification enables objects to be linked to information associated with the particular object but that can't be retrieved from a server, provided the mediator is connected to the network.

(6) Smart things are aware of their physical location, or can be located.

(7) Smart objects can't communicate with people in an appropriate manner.

3. Reading Comprehension

(1) Today, the Internet of Things is in its early stages and is mostly used to ________ from afar.

a. collecting things　　b. calculating things

c. monitoring things　　d. doing things

(2) Objects collect ________ about their surroundings with sensors, record it, forward it or react directly to it.

a. information　　b. things

c. data　　d. technologies

(3) Forerunners of communicating everyday objects are already apparent, particularly in connection with ________—for example the short-range communication of key cards with the doors of hotel rooms.

a. RIFD　　b. RFID

c. RFFD　　d. RIID

(4) Eventually, the Internet of Things will do more than just alert you to the whereabouts or condition of something. Devices will take to each other and grow autonomous. This is often called ________ technologies.

a. N2N　　b. N2M

c. M2M　　d. M2N

5.3.3 Reading Material

Embedded Systems

Embedded system is a specialized computer system that is part of a larger system or machine, designed for a particular kind of application device. An embedded system is some combination of computer hardware and software, either fixed in capability or programmability.

In the earliest years of computers in the 1930-1940s, computers were sometimes dedicated to a single task, but were far too large and expensive for most kinds of tasks performed by embedded computers of today. Over time however, the concept of programmable controllers evolved from traditional electromechanical sequencers, via solid state devices, to the use of computer technology. One of the first recognizably modern embedded systems was the Apollo Guidance Computer, developed by Charles Stark Draper at the MIT Instrumentation Laboratory.

Certain operating systems or language platforms are tailored for the embedded market, such as Embedded Java and Windows XP Embedded. However, some low-end consumer products use very inexpensive microprocessors and limited storage, with the application and operating system both part of a single program. Typically, an embedded system is housed on a single microprocessor board with the programs permanently written in ROM, rather than being loaded into RAM, as programs on a personal computer are.

Embedded systems control many of the common devices in use today. Virtually all appliances that have a digital interface—watches, microwaves, cameras, cars—utilize embedded systems. Since the embedded system is dedicated to specific tasks, design engineers can optimize it, reducing the size and cost of the product, or increasing the reliability and performance. Some embedded systems are mass-produced, benefiting from economies of scale.

For many embedded systems, the main challenge in embedding Linux is to minimize system resource requirement in order to fit within constraints such as RAM, solid state disk (SSD), processor speed, and power consumption. Embedded operation may require booting from a DiskOnChip or CompectFlash SSD; or booting and running without a display and keyboard ("headless" operation); or loading the application from a remote device via an Ethernet LAN connection.

There are many sources of ready-made small foot-print Linux. Included among these are a growing number of application-oriented Linux configurations and distributions that are tuned to specific applications. Some examples are routers, firewalls, Internet/network applications, network servers, gateways, etc.

You may also opt to create your own flavor of embedded Linux, starting from a standard distribution and leaving out modules you don't need. Even so, you should consider jump-starting your efforts by beginning with someone else's working configuration, since the source code of their version will be available for that purpose. Best of all, this sort of building on the efforts of others in the Linux community is not only completely legal—it is encouraged!

Many embedded systems require predictable and bounded responses to real-world events. Such "real-time" systems include factory automation, data acquisition and control systems, audio/video applications, and many other computerized products and devices. What's a "real-time system"? The commonly accepted definition of "real-time" performance is that real-world events must be responded to within a defined, predicable, and relatively short time interval.

Although Linux is not a real-time operating system (the Linux kernel does not provide the required event prioritization and preemption functions), there are currently several add-on options available that can bring real-time capabilities to Linux-based systems. The most common method is the dual-kernel approach. Using this approach, a general purpose (non-real-time) operating system runs as a task under a real-time kernel. The general purpose operating system provides functions such as disk read/write, LAN/communications, serial/parallel I/O, system initialization, memory management, etc., while the real-time kernel handles real-time event processing. You might think of this as a "have your cake and eat it too" strategy, because it can preserve the benefits of a popular general purpose operating system, while adding the capabilities of a real-time operating system. In the case of Linux, you can retain full compatibility with standard Linux, while adding real-time functions in a non-interfering manner.

Of course, you could also dive in and modify Linux to convert it into a real-time operating system, since its source is openly available. But if you do this, you will be faced with the severe disadvantage of having a real-time Linux that can't keep pace, either features-wise or drivers-wise, with mainstream Linux. In short, your customized Linux won't benefit from the continual Linux evolution that results from the pooled efforts of thousands of developers world-wide.

Linux is an operating system, which acts as a communication service between the hardware (or physical equipment of a computer) and the software (or applications which use the hardware) of a computer system. The Linux kernel contains all of the features that you would expect in any operating system.

5.4 Mobile Commerce

5.4.1 Text

With the introduction of the World Wide Web, electronic commerce has revolutionized traditional commerce and boosted sales and exchanges of merchandise and information. Recently, the emergence of wireless and mobile networks has made possible the admission of electronic commerce to a new application and research subject: mobile commerce, which is defined as any transaction with a monetary value that is conducted via a mobile telecommunications network[1]. A somewhat looser approach would be to characterize mobile commerce as the emerging set of applications and services people can access from their Internet-enabled mobile devices. Mobile commerce is an effective and convenient way to deliver electronic commerce to consumers from anywhere and at anytime. Realizing the advantages to be gained from mobile commerce, many major companies have begun to offer mobile commerce options for their customers.

It is a short number of steps from owning a smart phone or tablet, to searching for products and services, browsing, and then purchasing. The resulting mobile commerce is growing at over 50% a year, significantly faster than desktop E-Commerce at 12% a year. The high rate of growth for mobile commerce will not, of course, continue forever; but analysts estimate that by 2017, mobile commerce will account for 18% of all E-Commerce.

A study of the top 400 mobile firms by sales indicates that 73% of mobile commerce is for retail goods, 25% for travel, and 2% for ticket sales.

Increasingly, consumers are using their mobile devices to search for people, places, and things—like restaurants and deals on products they saw in a retail store. The rapid switch of consumers from desktop platforms to mobile devices is driving a surge in mobile marketing expenditure. Currently, about 25% of all search engine requests originate from mobile devices. Because search is so important for directing consumers to purchase situations, the mobile search advertising market is very important for search engines like Google and Bing[2]. Desktop search revenues are slowing for both. While 25% of Google's searches come from mobile devices, mobiles search ads generate only about 8 billion a year, only 16% of its overall ad revenue. Google's mobile ad business is growing rapidly, but the prices it can charge for mobile ads are far less than for desktop PC ads. The challenge facing Google and other mobile marketing firms is how to get more consumers to click on mobile ads, and how to charge marketers more for each click. And the answer lies with the consumer who decides what and when to click.

Compared to an electronic commerce system, a mobile commerce system is much more complicated because components related to mobile computing have to be included. The following outline gives a brief description of a typical procedure that is initiated by a request submitted by a mobile user.

(1) Mobile commerce applications: A content provider implements an application by providing two sets of programs, client-side programs, such as a user interface on a micro-browser, and server-side programs, such as database accesses and updating.

(2) Mobile stations: Mobile stations present user interfaces to the end users, who specify their requests on the interfaces. The mobile stations then relay user requests to the other components and display the processing results later using the interfaces.

(3) Mobile middleware: The major purpose of mobile middleware is to seamlessly and transparently map Internet contents to mobile stations that support a wide variety of operating systems, markup languages, micro-browsers, and protocols. Most mobile middleware also encrypts the communication in order to provide some level of security for transactions.

(4) Wireless networks: Mobile commerce is possible mainly because of the availability of wireless networks. User requests are delivered to either the closest wireless access point (in a wireless local area network environment) or a base station (in a cellular network environment).

(5) Wired networks: This component is optional for a mobile commerce system.

(6) Host computers: This component is similar to the one used in electronic commerce. User requests are generally acted upon in this component.

Without trust and security, there is no mobile commerce period. How could a content provider or payment provider hope to attract customers if it cannot give them a sense of security as they connect to paying services or make purchases from their mobile devices? Consumers need to feel comfortable that they will not be charged for services they have not used, that their payment details will not find their way into the wrong hands, and that there are adequate mechanisms in place to help resolve possible disputes.

Anyway, trust and security have many dimensions—some technical, others related to our perception of how safe a given environment is or how convenient a given solution appears to be. Secure solutions such as Public Key Infrastructure (PKI) have been slow to gain acceptance among the broad public because they are perceived as hard to understand and somewhat more difficult to use[3]. While cryptography is central to security both on the fixed and mobile Internet, its complexity is generally well hidden from the eyes of the user—when it is not, its acceptance is proving significantly more difficult.

As it turns out, beyond the added risk of forgetting your handset in a taxi, the mobile Internet introduces a number of additional challenges over its fixed counterpart. These challenges are mainly related to the limitations of mobile devices and the nature of the air interface over which transmission takes place. Even typing your name, credit card number and its expiration date—by far, the most common form of payment over the fixed Internet - is not a viable option when considering the input capabilities of most mobile devices. When using cryptography, the limited memory and processing power of most handsets severely restrict the types of algorithms and the lengths of keys that can be used[4]. Unless special precaution is taken, communication over the air interface is more vulnerable to eavesdropping, and the low data rates and frequent disconnects of the mobile Internet have led to standard such as WAP that do not necessarily guarantee end-to-end security. To make matters worse, as we receive E-mails, download songs and pictures, and run Java applets on our mobile devices, they are no longer immune to viruses and worms.

With an increasing number of companies purchasing mobile devices to enable their workforce to connect remotely to their intranets, mobile security is no longer just a consumer market concern but a high corporate priority. The good news is that, when carefully deployed, existing mobile technologies can generally provide for adequate security.

Over the past couple of years, a number of operators have discovered that the authentication mechanism and billing infrastructure they have set up puts them in an ideal position to serve as micropayment providers and collect fees on behalf of content providers. A central element of this infrastructure in standards such as GSM, GPRS, or UMTS is the Subscriber Identity Mobile (SIM), which is under the control of the operator and is used to store authentication keys. This module, which is also finding its way into CDMA, is typically implemented through a smart card inserted in the handset. WAP has also introduced its own version of the SIM in the form of a Wireless Identity Module or WIM, which could either be implemented on the same card as the SIM or on a separate card—one that would not necessarily be issued by the operator but perhaps by a bank, credit card company, or some other third-party player.

As we review different aspects of mobile security, it is important to keep in mind that security always requires an overall approach. A system is only as secure as its weakest component, and securing networking transmission is only one part of the equation. The sad truth is that people often prove to be the weakest link in the chain, whether in the form of a rogue employee who hacks the company's billing database or WAP gateway, or a careless user who writes his PIN number on the back of his GSM handset and forgets it in the subway. Technically speaking, there are a number of different dimensions to network security, each corresponding to a different class of threat or vulnerability. Protecting against one is no guarantee that you will not be vulnerable to another.

Key Words

cellular	蜂窝状的,多孔的
comfortable	舒适的,安逸的
counterpart	副本,相对物,配对物
dispute	争论,辩论,竞争
eavesdrop	偷听,窃听
expenditure	花费,费用,支出
handset	手机,手持机,遥控器
immune	免疫的,有免疫力的,不受影响的

micro-browser	微浏览器
micropayment	微支付
middleware	中间件
monetary	货币的,金融的,财政的
originate	创始,起源于,来自
outline	概略,大纲,概述
perception	知觉,观察,观念
precaution	预防,预防措施,防备
restaurant	餐馆,饭店
revenue	财政收入,税收收入
seamlessly	无空隙地,无停顿地
subscriber	用户,订户,预约者
subway	地铁,地下通道
surge	汹涌,波涛,蜂拥而来
transparently	显然地,易觉察地
vulnerable	易受攻击的,易受伤的

Notes

[1] Recently, the emergence of wireless and mobile networks has made possible the admission of electronic commerce to a new application and research subject: mobile commerce, which is defined as any transaction with a monetary value that is conducted via a mobile telecommunications network.

本句中的 which is defined as...作非限定性定语从句。

译文：最近,无线网络和移动网络的出现使电子商务进入了新的应用及科研主题：移动商务。移动商务可以定义为：通过移动的无线电通信网络进行的涉及货币价值的任何交易。

[2] Because search is so important for directing consumers to purchase situations, the mobile search advertising market is very important for search engines like Google and Bing.

本句由 because 引导原因状语从句。

译文：由于搜索对于将顾客引导到导购地点是如此的重要,所以对诸如谷歌、必应这样的搜索引擎来说,移动搜索广告的市场也就变得尤为重要。

[3] Secure solutions such as Public Key Infrastructure (PKI) have been slow to gain acceptance among the broad public because they are perceived as hard to understand and somewhat more difficult to use.

本句中的 such as Public Key Infrastructure (PKI)作主语的同位语,由 because 引导原因状语从句。

译文：安全的解决方案如"公钥基础设施(PKI)"取得大众认可的过程很慢,因为人们觉得它很难理解而且有些难以使用。

[4] When using cryptography, the limited memory and processing power of most handsets severely restrict the types of algorithms and the lengths of keys that can be used.

本句中的when引导时间状语从句,that can be used作定语。

译文:如果使用密码技术,大多数手机有限的存储量和处理功能又会大大地限制算法的种类和可以使用的密钥的长度。

5.4.2 Exercises

1. Translate the following phrases into English

(1) 移动网

(2) 移动商务

(3) 移动设备

(4) 移动商务应用

(5) 客户端程序

(6) 移动中间件

(7) 无线接入点

(8) 蜂窝网络环境

2. Identify the following to be True or False according to the text

(1) Consumers are using their mobile devices to search for people, places, and things.

(2) The high rate of growth for mobile commerce will continue forever.

(3) Compared to an electronic commerce system, a mobile commerce system is much more complicated because components related to mobile computing have to be included.

(4) Mobile commerce is possible mainly because of the availability of wireless networks.

(5) User requests are delivered to either the closest wireless access point or a base station.

(6) Without trust and security, there is mobile commerce period.

(7) As we review different aspects of mobile security, it is not important to keep in mind that security always requires an overall approach.

3. Reading Comprehension

(1) Mobile commerce is an effective and convenient way to deliver ________ to consumers from anywhere and at anytime.

a. electronic commerce　　b. commerce

c. business　　d. information

(2) The resulting mobile commerce is growing at over 50% a year, significantly

faster than desktop E-Commerce at ________ a year.

a. 10% b. 12%

c. 14% d. 16%

(3) A study of the top 400 mobile firms by sales indicates that 73% of mobile commerce is for retail goods, and ________ for travel.

a. 20% b. 22%

c. 24% d. 25%

(4) While ________ of Google's searches come from mobile devices, mobiles search ads generate only about 8 billion a year, only 16% of its overall ad revenue.

a. 15% b. 20%

c. 22% d. 25%

5.4.3 Reading Material

Mobile Commerce Applications

The applications of mobile commerce are widespread. The following lists some of the major mobile commerce applications along with details of each.

(1) Commerce

Commerce is the exchange or buying and selling of commodities on a large scale involving transportation from place to place. It is boosted by the convenience and ubiquity conveyed by mobile commerce technology. There are many examples showing how mobile commerce helps commerce. For example, consumers can now pay for the products in a vending machine or a parking fee by using their cellular phones; mobile users can check their bank accounts and perform account balance transfers without needing to go a bank or access an ATM; etc.

(2) Education

Many schools and colleges are facing problems due to a shortage of computer lab space, separation of classrooms and labs, and the difficulty of remodeling old classrooms for wired networks. To solve these problems, wireless LANs are often used to hook PCs or mobile handheld devices to the Internet and other systems. As a result, students are able to access many of the required resources without needing to visit the labs.

(3) Entertainment

Entertainment has always played a crucial role in Internet applications and is probably the most popular application for the younger generation. Mobile commerce makes it possible to download games/images/music/video files at anytime and anywhere, and it also makes online games and gambling much easier to access.

(4) Health Care

The cost of health care is high and mobile commerce can help to reduce it. By using the technology of mobile commerce, physicians and nurses can remotely access and update patient records immediately, a function that has often incurred a considerable delay in the past. This improves efficiency and productivity, reduces administrative overheads, and enhances overall service quality.

(5) Inventory Tracking and Dispatching

Just-in-time delivery is critical for the success of today's businesses. Mobile commerce allows a business to keep track of its mobile inventory and make time definite deliveries, thus improving customer service, reducing inventory, and enhancing a company's competitive edge. Most major delivery services, such as UPS and FedEx, have already applied these technologies to their business operations worldwide.

(6) Traffic

Traffic is the movement (as of vehicles or pedestrians) through an area or along a route. The passengers in vehicles or pedestrians are mobile objects, the ideal clients of mobile commerce. Also, traffic control is usually a major headache for many metropolitan areas. Using the technology of mobile commerce can easily improve traffic in many ways. For example, it is expected that a mobile handheld device will have the capabilities of a GPS (Global Positioning System), e.g., determining the driver's position, giving directions, and advising on the current status of traffic in the area; a traffic control center could monitor and control the traffic according to the signals sent from mobile devices in vehicles.

(7) Travel and Ticketing

Travel expenses can be costly for a business. Mobile commerce could help reduce operational costs by providing mobile travel management services to business travelers. It can deliver a compelling and memorable experience to customers at the point of need by using the mobile channels to locate a desired hotel nearby, purchase tickets, make transportation arrangements, and so on. It also extends the reach of relationship-oriented companies beyond their current channels and helps the mobile users to identify, attract, serve, and retain valuable customers.

练 习 答 案

第 2 章 Hardware and Software Knowledge

2.1 Computer Hardware Basics

1. Translate the following phrases into English

(1) latch (2) logic circuit

(3) R-S flip-flop (4) valid data

(5) a shift-left operation (6) output variable

(7) 8-bit shift register (8) binary information

2. Identify the following to be True or False according to the text

(1) F (2) T (3) F (4) F (5) T (6) F (7) T

3. Reading Comprehension

(1) c (2) a (3) b (4) a

2.2 CPU

1. Translate the following phrases into English

(1) intelligence (2) fetch-decode-execute

(3) Arithmetic Logical Operations (4) silicon

(5) distinguish (6) sequence

(7) release (8) Megahertz

2. Identify the following to be True or False according to the text

(1) F (2) T (3) T (4) F (5) T (6) F (7) F

3. Reading Comprehension

(1) c (2) d (3) a (4) b

2.3 Memory

1. Translate the following phrases into English

(1) expanded memory
(2) semiconductor memory
(3) peripheral circuit
(4) the real mode
(5) address ability
(6) organization
(7) Read Only Memory
(8) Random Access Memory

2. Identify the following to be True or False according to the text

(1) T (2) F (3) F (4) T (5) T (6) T (7) F

3. Reading Comprehension

(1) a (2) c (3) b (4) b

2.4 Input/Output Devices

1. Translate the following phrases into English

(1) character-based display
(2) interlace and non-interlace
(3) layout
(4) input/output device
(5) function key
(6) cursor
(7) element distance
(8) resolution

2. Identify the following to be True or False according to the text

(1) F (2) F (3) T (4) T (5) F (6) T (7) T

3. Reading Comprehension

(1) d (2) a (3) b (4) b

2.5 Data Structures

1. Translate the following phrases into English

(1) random access
(2) data type
(3) data structure
(4) data value
(5) binary and hexadecimal
(6) abstract data type
(7) last-in/first-out
(8) arithmetic expression

2. Identify the following to be True or False according to the text

(1) T (2) F (3) F (4) T (5) F (6) T (7) T

3. Reading Comprehension

(1) c (2) c (3) d (4) b

2.6 Operating System

1. Translate the following phrases into English

(1) resource
(2) multi-user system

(3) single-task (4) desktop operating system
(5) personal computer (6) multitasking operating system
(7) notebook computer (8) job queue

2. Identify the following to be True or False according to the text

(1) T (2) F (3) T (4) F (5) T (6) F (7) F

3. Reading Comprehension

(1) c (2) a (3) c (4) b

2.7 Programming Languages

1. Translate the following phrases into English

(1) machine code (2) machine language
(3) procedural program (4) assembly language instruction
(5) abstract code (6) sequences of bits
(7) source code (8) high-level language

2. Identify the following to be True or False according to the text

(1) T (2) T (3) F (4) T (5) F (6) F (7) T

3. Reading Comprehension

(1) b (2) a (3) a (4) c

第3章 Computer Network Knowledge

3.1 Computer Network

1. Translate the following phrases into English

(1) Local Area Network (2) Wide Area Network
(3) communication (4) physical layout
(5) ring network (6) star network
(7) point to point (8) gateway

2. Identify the following to be True or False according to the text

(1) F (2) T (3) T (4) F (5) T (6) T (7) F

3. Reading Comprehension

(1) a (2) b (3) c (4) d

3.2 Internet Security

1. Translate the following phrases into English

(1) traditional communication (2) symmetric key encryption

(3) asymmetric key encryption (4) public key
(5) private key (6) digital certificate
(7) unauthorized communication (8) unauthorized access

2. Identify the following to be True or False according to the text

(1) F (2) F (3) T (4) T (5) F (6) F (7) T

3. Reading Comprehension

(1) c (2) a (3) d (4) b

3.3 E-Commerce

1. Translate the following phrases into English

(1) information technology (2) E-Commerce
(3) electronic media (4) face-to-face
(5) trading partner (6) online payment
(7) wireless communication (8) electronic currency

2. Identify the following to be True or False according to the text

(1) T (2) T (3) F (4) T (5) T (6) F (7) T

3. Reading Comprehension

(1) d (2) c (3) a (4) b

3.4 Electronic Payment System

1. Translate the following phrases into English

(1) electronic remittance (2) Electronic Funds Transfer
(3) electronic payment mechanism (4) digital fund system
(5) digital cash (6) electronic wallet
(7) Value Added Network (8) electronic check software

2. Identify the following to be True or False according to the text

(1) T (2) F (3) F (4) T (5) F (6) T (7) T

3. Reading Comprehension

(1) b (2) a (3) a (4) c

3.5 Logistics and Supply-chain Management

1. Translate the following phrases into English

(1) supply-chain management (2) logistics system
(3) integrated logistics information system (4) inventory status
(5) order processing system (6) decision support system
(7) order processing time (8) after-sales service

2. Identify the following to be True or False according to the text

(1) F (2) T (3) T (4) F (5) T (6) T (7) F

3. Reading Comprehension

(1) a (2) a (3) c (4) d

第4章 Computer Applications

4.1 Database Applications

1. Translate the following phrases into English

(1) database management system
(2) data definition language
(3) data dictionary
(4) distributed database system
(5) relational database model
(6) database administrator
(7) programmer
(8) client/server

2. Identify the following to be True or False according to the text

(1) F (2) F (3) T (4) T (5) F (6) T (7) T

3. Reading Comprehension

(1) d (2) b (3) a (4) a

4.2 Software Engineering

1. Translate the following phrases into English

(1) software engineering
(2) software product
(3) software crisis
(4) software life cycle
(5) pseudo code
(6) hardware maintenance
(7) software maintenance
(8) real-world problem

2. Identify the following to be True or False according to the text

(1) T (2) F (3) F (4) F (5) T (6) T (7) F

3. Reading Comprehension

(1) a (2) d (3) b (4) c

4.3 Multimedia

1. Translate the following phrases into English

(1) full-color image
(2) standard equipment
(3) graphics technology
(4) animation
(5) optical fiber
(6) optical disk drive
(7) programming tools
(8) multimedia-assisted tools

2. Identify the following to be True or False according to the text

(1) F (2) T (3) T (4) F (5) F (6) T (7) F

3. Reading Comprehension

(1) d (2) a (3) b (4) c

4.4 Animation

1. Translate the following phrases into English

(1) computer animation
(2) animation sequence
(3) rendering algorithm
(4) vector graphics
(5) synchronized sound
(6) video compression
(7) audio compression algorithm
(8) streaming media

2. Identify the following to be True or False according to the text

(1) F (2) T (3) F (4) T (5) F (6) T (7) F

3. Reading Comprehension

(1) a (2) c (3) a (4) b

4.5 Computer Virus

1. Translate the following phrases into English

(1) computer virus
(2) infected file
(3) infecting module
(4) executable file
(5) virus code
(6) triggering condition
(7) benign virus
(8) anti-virus tool

2. Identify the following to be True or False according to the text

(1) T (2) F (3) T (4) T (5) F (6) F (7) T

3. Reading Comprehension

(1) b (2) d (3) c (4) a

第5章 Computer New Technologies

5.1 Cloud Computing

1. Translate the following phrases into English

(1) cloud computing
(2) online file storage
(3) online business application
(4) resource pooling
(5) computing resource
(6) information technology infrastructure
(7) physical environment
(8) cloud storage service

2. Identify the following to be True or False according to the text

(1) F (2) T (3) F (4) T (5) T (6) T (7) F

3. Reading Comprehension

(1) a (2) c (3) d (4) a

5.2 Big Data

1. Translate the following phrases into English

(1) relational database management system
(2) big data
(3) smart phone
(4) global positioning system
(5) social networking service
(6) enterprise control language
(7) open-source software
(8) medium-sized company

2. Identify the following to be True or False according to the text

(1) T (2) F (3) F (4) T (5) F (6) T (7) T

3. Reading Comprehension

(1) d (2) a (3) c (4) b

5.3 The Internet of Things

1. Translate the following phrases into English

(1) flash memory chip
(2) bar code
(3) data analytics software
(4) the Internet of Things
(5) wireless sensor
(6) virtual and physical world
(7) Near Field Communication
(8) embedded information processing

2. Identify the following to be True or False according to the text

(1) T (2) T (3) T (4) F (5) F (6) T (7) F

3. Reading Comprehension

(1) c (2) a (3) b (4) c

5.4 Mobile Commerce

1. Translate the following phrases into English

(1) mobile network
(2) mobile commerce
(3) mobile device
(4) mobile commerce application
(5) client-side program
(6) mobile middleware
(7) wireless access point
(8) cellular network environment

2. Identify the following to be True or False according to the text

(1) T (2) F (3) T (4) T (5) T (6) F (7) F

3. Reading Comprehension

(1) a (2) b (3) d (4) d

参 考 译 文

第 2 章　硬件和软件知识

2.1　计算机硬件基础

2.1.1　课文

触发器与时钟脉冲

微处理器既使用锁存器也使用触发器。基本的 RS 锁存器或基本的 D 锁存器不是触发器,因为它们是异步的器件(不是时钟同步的)。也就是说,无论数据脉冲何时达到,锁存器随时能起作用。另一方面,我们将会看到,触发器是一种同步器件;它是受时钟脉冲控制的,只有当某一个时钟脉冲到达的时候它才能改变状态。时钟脉冲基本上是方波;它们的重复率可能很低,也可能有很高的重复率。

注意,图 2-1 所示的简单设计是作为一个触发器工作的,因为 RS 锁存器的功能锁定在与时钟输入同步。这是一种低电平有效的线路接法;只有当时钟脉冲为低电平时 R 及 S 输出端才可能互补。门控脉冲可以发生在任何时候,而时钟输入是一个稳定的方波信号。

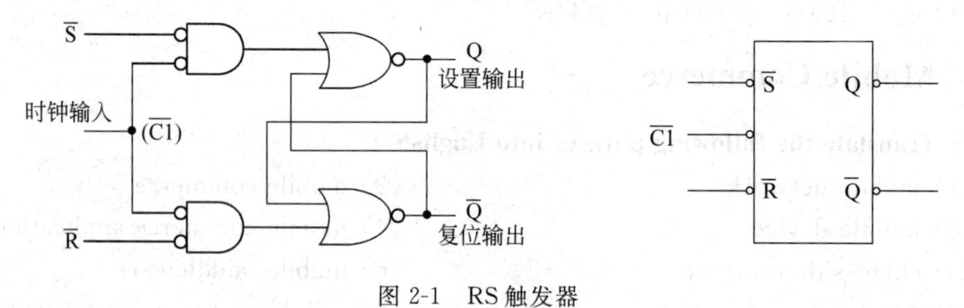

图 2-1　RS 触发器

移位寄存器

能够将其二进制信息在一个或两个方向移动的寄存器称为移位寄存器。移位寄存器的逻辑结构是由一连串串接的触发器所组成的,一个触发器的输出端连接到相邻的触发器的输入端。所有的触发器都接受公共的时钟脉冲,该时钟脉冲使寄存器从一个状态进入下一个状态。

最简单的移位寄存器是如图 2-2 所示的只使用触发器的移位寄存器。某一个触发器的输出连接到其右边的触发器的 D 输入端。时钟是所有触发器公用的。由串行输入端决定移位期间进入移位寄存器最左边的是什么数据。串行输出从最右边的触发器的输出端获得。

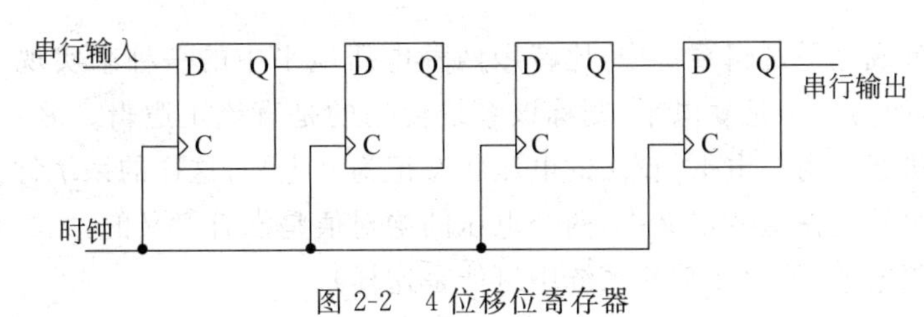

图 2-2　4 位移位寄存器

有时候有必要对移位进行控制以便移位只对某些特定脉冲而不对其他脉冲发生。这可以通过在寄存器的输入端禁止那些不想由它们引起移位的时钟脉冲来实现。当使用图 2-2 所示的移位寄存器时，可以通过把时钟接到与门的一个输入端来实现移位控制，该与门的第二个输入端通过禁止时钟来控制移位。

能够在一个方向上移位的寄存器叫作单向移位寄存器，而能够在两个方向上移位的寄存器叫作双向移位寄存器。有些移位寄存器为并行传送提供了必要的输入端。最为通用的移位寄存器具有下面所列出的全部功能。其他移位寄存器可能只具有某些功能，但是至少具有一种移位操作。

(1) 具有一个时钟输入端以便同步所有操作。

(2) 右移操作以及与右移操作有关的串行输入线。

(3) 左移操作以及与左移操作有关的串行输入线。

(4) 并行输入操作以及与并行传送操作有关的 n 根输入线。

(5) n 根并行输出线。

(6) 一个控制状态，它使保存在寄存器内的信息即使连续施加时钟脉冲也不会改变。

组合电路

组合电路是具有一组输入和输出信号的若干逻辑门的连接排列。在任何给定的时间，输出的二进制值是输入二进制值组合的函数。组合电路的框图如图 2-3 所示。n 位二进制输入变量来源于外部，m 位二进制输出变量也输出到外部部件，在两者之间是一个逻辑门的互联网络。组合电路通过传输二进制信息，使给定的输入数据产生了所需要的输出数据。

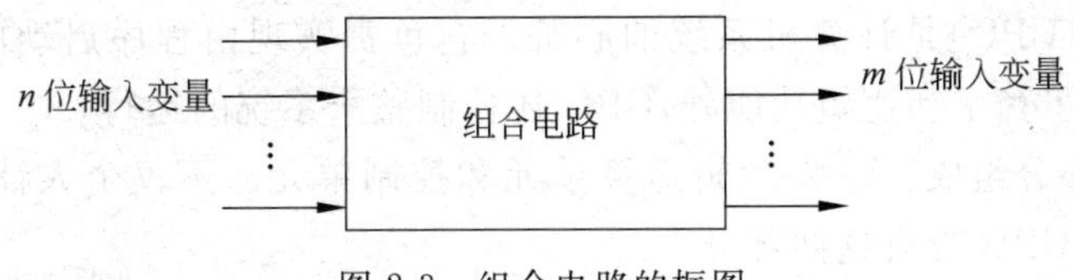

图 2-3　组合电路的框图

组合电路可以由表示 n 位输入变量和 m 位输出变量之间二进制位关系的真值表来描述。真值表列出了针对 2^n 个输入组合中的每一种情况的相应输出二进制的组合。组合电路也能规定 m 种布尔函数，每种函数对应一个输出变量。每个输出函数根据 n 位输入变量来表达。

逻辑系统

在直流逻辑或电平逻辑系统中，比特用两种电压电平中的一种来实现。如果较高的电压为1电平，而另一个是0电平，则称该系统使用的是直流正逻辑。另一方面，把比特的较低的电压状态记为1电平，较高的电压状态记为0电平，这样的系统称为直流负逻辑系统。应该说明的是在这些定义中，两个电压的绝对值是没有意义的，尤其是0状态并不一定表示0电压电平(虽然在某些系统中可能是这样)。

实际器件的各个参数对于不同样品来说是不一样的，并且这些参数随温度变化而变化。此外，电源和地线中还可能有电压脉动和电压尖峰，电路中还可能有其他不需要的被称为噪声的信号源。由于这些原因，不能把数字电平规定得太死，而是规定每一状态都在指定电平附近的一段电压范围内，例如4 V±1 V及0.2 V±0.2 V。

在动态逻辑或脉冲逻辑系统中，通过脉冲的有无来识别比特。在动态正逻辑系统中，1表示有正脉冲存在，而在负逻辑系统中，负脉冲表示为1。不论哪一种系统，某一时刻在某一输入端(或输出端)的0，总表示此刻无脉冲。

逻辑电路

数字计算机的设计是基于称为布尔代数的逻辑方法学，它采用三种基本运算：逻辑加，称为“或”功能；逻辑乘，称为“与”功能；逻辑求补，称为“非”功能。布尔代数中的变量是二进制数，也就是说，一个操作或一系列操作之后的结果变量也只能是1或0两个值之一。这两个值也可被认为是正确或错误，是或否，以及正的或负的。

因为开关只能是“关”或“开”两个状态，所以它最适合表示两状态变量值。

只有三种基本逻辑运算：合取(逻辑乘积)通常称为“与”；析取(逻辑和)通常称为“或”；而否定通常称为“非”。

2.1.3 阅读材料

数字计算机系统

数字计算机系统的硬件划分成4个功能部分。图2-4的方框图表示了一台简化的计算机的4个基本单元：输入设备、中央处理器、存储器以及输出设备。就整个计算机系统来说，每一部分都具有某种特定的功能。

中央处理器(CPU)是计算机系统的心脏。它负责实现由程序启动的全部算术运算和逻辑判断。除了算术和逻辑功能外，CPU还控制整个系统的运行。一台典型个人计算机的CPU由两部分组成：算术-逻辑运算单元和控制单元。不仅个人计算机如此，各种规模的计算机的CPU都有这两部分。

每个处理器都有一个独特的诸如ADD、STORE或LOAD这样的操作集，这个操作集就是该处理器的指令系统。计算机系统设计者习惯将计算机称为机器，所以该指令系

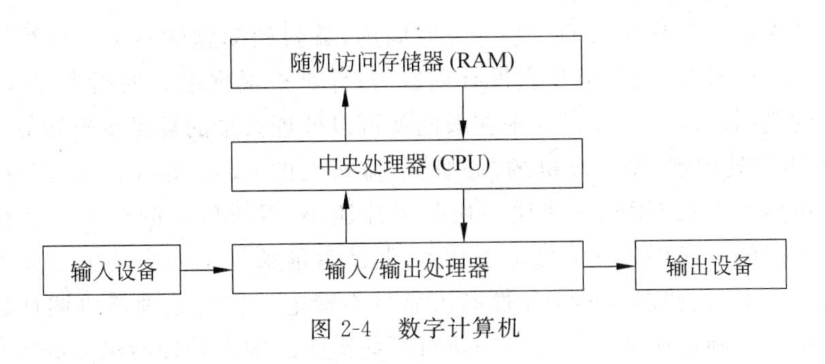

图 2-4　数字计算机

统有时也称作机器指令系统，而书写它们的二进制语言叫作机器语言。

计算机的存储器用来存储信息，如数字、名字及地址。用 store 这个词表示存储器具有保留这个信息以便今后处理或输出的能力。定义计算机如何处理数据的程序也驻留在存储器中。

在计算机系统中，存储器划分成两种类型：主存储器和辅助存储器。有时，它们也分别被称为内存和外存。外存用来长期存储目前不使用的信息。例如，它存储程序、各种数据文件及信息文件。在大多数计算机里，这类存储器使用磁性介质存储，如磁带、磁盘及磁鼓。这是由于它们具有存储大容量数据的能力。内存只是存储器的一小部分，它用来临时存储程序、数据及信息。例如，当某段程序准备要执行时，其指令及相关的数据和信息文件首先从外存取到内存，然后程序得以执行，保存在内存中的文件得到更新。当由程序定义的处理任务完成之后，被更新的文件又返回到外存中。程序及其各种文件保留在外存中以便日后使用。

另一方面，输入输出设备是 CPU 和外部世界通信的手段。输入设备用来向 CPU 输入要进行处理的信息和命令。经过处理所产生的信息必须输出。来自系统的这种数据输出是在输出设备的控制下实现的。

输入设备：计算机系统使用多种输入设备，其中有些输入设备直接进入人机通信，另一些则首先要求把数据记录在诸如磁性材料那样的输入介质上。常用的是读取以磁化方式记录在专门涂敷的塑料带或软盘上的数据的输入设备。直接输入设备有与计算机的工作站直接连接或在线连接的键盘，以及鼠标器、输入笔、触摸式屏幕和话筒等。不论使用哪种设备，所有这些都是人与计算机系统之间进行解释和通信的部件。

输出设备：与输入设备类似，输出设备也是人与计算机系统之间进行解释和通信的设备。输出设备从 CPU 中取出机器代码形式的结果，然后将其转换成人们可读的形式(例如打印或显示报告)或另一处理周期的机器输入。在个人计算机系统中，常用的输出设备是显示器和台式打印机。比较大型的计算机系统通常要配备更大、更快的打印机、多台在线工作站和磁盘机。

2.2　中央处理器

2.2.1　课文

计算机能够解决许多问题，作出成百个甚至上千个逻辑判断而不感到疲劳和厌烦。计算机能够在人类做这项工作所需的一小部分时间内,就找到问题的答案。计算机可以代替人们做那些单调的日常工作,但是它没有创造力;计算机根据给它的指令工作,而不能做任何有意义的判断。但是计算机几乎在瞬间就可以处理大量的算术逻辑运算。

CPU即中央处理器,是计算机的"心脏"。微机上的CPU实际上是一个很小的集成电路芯片。虽然大多数CPU芯片比一块眼镜片还小,但所包含的电子元件在几十年前却能装满一个房间。应用先进的微电子技术,制造者能够把上万个的电子元件集成到很小很薄的硅芯片上,这些芯片的工作性能可靠且不费电。中央处理器协调计算机各个部件的所有活动。它确定应该以什么顺序执行哪些操作。中央处理器也可取出存储器的信息并将操作结果存到存储器中,以备以后参考。

计算机的基本工作是处理信息。为此,计算机可以定义为接收信息的装置,信息是以指令和字符形式出现的,其指令组称为程序,字符则称为数据。该装置可对信息进行算术和逻辑运算,然后提供运算结果。程序的作用是指示计算机如何工作,而数据则是为解决问题提供的所需要的信息,两者都存储在存储器里。

人们认为计算机具有很多显著的功能。不过大多数计算机,无论规模大小,都具有三种基本性能。

第一,计算机具有进行加、减、乘、除及求幂等各种算术运算的电路。

第二,计算机具有与用户通信的手段。毕竟,如果不能输入信息和取出结果,则这种计算机也不会有多大用处。

第三,计算机具有进行判断的电路。电路能对如下事件作出判断:一个数是否小于另一个数?两个数是否相等?一个数是否大于另一个数?

CPU可以是一个单独的微处理器芯片、一组芯片或者一个带有晶体管、芯片、导线和接点的插件板。在CPU方面的差别可以区分大型、小型和微型计算机。处理器由两个功能部件(控制部件和算术逻辑部件)和一组称作寄存器的特殊工作单元组成。

控制部件

控制部件是负责监督整个计算机系统操作的功能部件。在有些方面,它类似于智能电话交换机,因为它将计算机系统的各功能部件连接起来,并根据当前执行程序的需要控制每个部件完成操作。控制部件从存储器中取出指令,并确定其类型或对之进行译码,然后将每条指令分解成一系列简单的、很小的步骤或动作。这样,就可以控制整个计算机系统一步一步地操作。

算术逻辑单元

算术逻辑单元(ALU)是为计算机提供逻辑及计算能力的功能部件。控制部件将数据送到算术逻辑单元中,然后由算术逻辑单元完成执行指令所需要的算术或逻辑操作。算术操作包括加、减、乘、除。逻辑操作完成比较,并根据结果采取行动。例如,比较两个数是否相等,如果相等,则继续处理;如果不相等,则停止处理。

寄存器

寄存器是处理器内部的存储单元。控制部件中的寄存器用来跟踪运行程序的所有状态,它存储如当前指令,下一条将执行指令的地址以及当前指令的操作数这样一些信息。

在算术逻辑单元中，寄存器存放要进行加、减、乘、除及比较的数据项。而其他寄存器则存放算术及逻辑操作的结果。

指令

指令由操作码和操作数组成，操作码指明要完成的操作功能，而操作数则表示操作的对象。例如，一条指令要完成两数相加的操作，它就必须知道：这两个数是什么，这两个数在哪儿。当这两个数存储在计算机的存储器中时，则应有指明其位置的地址，所以如果一个操作数表示的是计算机存储器中的数据，则该操作数叫作地址。处理器的工作就是从存储器中取出指令和操作数，并执行每个操作。完成这些工作后，就通知存储器送来下一条指令。

CPU 以一系列步骤执行每一条指令。

(1) 从存储器取出一条指令，送入指令寄存器。

(2) 修改程序计数器以指向下一条指令。

(3) 确定刚刚取出的指令类型。

(4) 如果指令使用存储器中的数据，则须确定它们的地址。

(5) 取出数据(如果有)，并送到 CPU 内部寄存器。

(6) 执行指令。

(7) 将结果存储到适当的位置。

(8) 返回第(1)步。

这个顺序执行的系列步骤常称为“取指—译码—执行”周期。所有计算机的操作都是以此为中心的。处理器以惊人的速度一遍又一遍地重复以上这一步步的操作。一个称作时钟的计时器准确地发出定时电信号，该信号为处理器工作提供有规律的脉冲信息。计量计算机速度的术语引自电子工程领域，称为兆赫，兆赫意指每秒执行百万个指令周期。

2.2.3 阅读材料

多处理器

为了完成一个或一类应用，这些处理器共享同一公共资源。通常这个资源是主存，而共享该资源的多处理器系统称为共享主存的多处理器系统。每个处理器均有一个专用的(局部的)主存，同时又与其他处理器共享辅助存储器(全局的)的多处理器系统称作共享辅助存储器的多处理器系统。较普遍的多处理器系统仅由相同类型及性能的处理器构成，所以被称为同构型多处理器系统，但是，异构型的多处理器系统也常用。

多处理器系统可以分成 4 类：单指令流单数据流(SISD)，单指令流多数据流(SIMD)，多指令流单数据流(MISD)及多指令流多数据流(MIMD)。其中，多指令流单数据流系统比较少见，而其他三类结构可根据其指令周期的不同而加以区别。

在单指令流单数据流结构中，有单一的指令周期，在执行前，单个处理器按序取操作数。

单指令流多数据流结构也只有单一的指令周期。但是，其多个处理器可以取多个操作数，且可以在单一指令周期内同时执行，多功能部件处理器、阵列处理器、向量处理器及流水处理器均属此类。

在多指令流多数据流结构中,在任何给定时间,可以有多个指令周期,且每个指令周期均独立地取指令和操作数,送到多个处理器中,并以并行方式执行。此类结构包括多处理器系统,该系统中的每个处理器均有自己的程序控制,而不是共享单一控制器。

多指令流多数据流系统可以进一步分为面向吞吐率的系统、高利用率的系统和面向响应时间的系统。

面向吞吐率的多处理器系统的目标是在通用计算机环境中,通过将并行完成的独立计算任务最大化,而以最小的计算开销(受限于故障弱化设备冗余需求)获得高的吞吐率。多处理器操作系统实现该目标的技术是利用工作负载中输入/输出与处理的内在平衡,产生平衡的、均匀的具有调度响应的系统资源负载。

高利用率的多处理器系统一般是交互式的,而且常要求具有无故障、实时、在线性能。此种应用环境常常以公共数据库为中心,且几乎总是受输入/输出约束,而不受计算机约束,任务均不独立,常常在数据库级相互依赖。操作系统的作用就是使并行协同完成的任务数最多,这类系统也可以在后台方式下处理多项独立任务。在通用多处理机上的容错系统中增加硬件冗余,可以缓解顺序大型系统中软件复杂性和软件测试所需时间的矛盾。

面向响应时间的多处理器系统(或并行处理系统)的目标是使完成计算所需的系统响应时间最少。该类系统的应用自然是计算机密集型的,且许多此类应用可以分解成可在多个处理器上并行执行的多任务或多进程。

2.3 存储器

2.3.1 课文

一个存储器单元是一个电路,或在某些情况下只是一个能存储一位信息的单个器件。存储器单元的系统排列组成了存储器。存储器也必须包括外围电路,以此来寻址,并将数据写到单元内,以及检测数据是否存储在单元中。

基本的半导体存储器分为两类。第一类是随机访问存储器(RAM),一种可读可写存储器,它的每个独立单元可以在任何指定的时间寻址。对每个单元的访问时间实际上是一样的。RAM的定义指出,每个单元都允许做读和写的操作,所用访问时间几乎相同。

第二类半导体存储器是只读存储器(ROM)。尽管这类存储器中所设置的数据在某些设计中可以改变,但这些数据通常是固定的。不过,在ROM中写一个新数据所需要的时间比对存储器单元的读访问时间要长得多。例如,ROM可用于存储系统操作程序的指令。

易失性存储器是一种当电路中电源断开时数据丢失的存储器,而非易失性存储器是即使电源断开数据也能保存的存储器。一般来说,随机访问存储器是一种易失性存储器,而只读存储器是非易失性的存储器。

RAM可分为两种类型:静态RAM(SRAM)和动态RAM(DRAM)。静态RAM由基本的双稳态触发器电路组成,它只需要直流电流或电压以保持记忆。静态RAM有两个稳定状态,定义为逻辑1和逻辑0。动态RAM是MOS存储器,当在一个电容上充电时它存储一位信息。由于电容上的电荷会延迟一个固定的时间常数(毫秒级),需要有定期重新存储电荷的刷新使动态 RAM 不丢失它存储的信息。

SRAM 的优点是这个电路不需要额外复杂的刷新周期和刷新电路，但它的缺点是电路相当大。一般来说，SRAM 的一个位需要 6 个晶体管。DRAM 的优点是它的一个位只由一个晶体管和一个电容组成，但缺点是需要刷新电路和刷新周期。

ROM 一般有两种类型。第一种既可以由制造厂家编程（掩模可编程的）也可以由用户编程（可编程的或 PROM）。一旦 ROM 用任何一种方法编程，存储器中的数据是固定的并且不能改变。第二类 ROM 可以认为是一种可改变的 ROM，如果需要，ROM 中的数据可以重编程。这类 ROM 可以叫作 EPROM（可擦除的可编程的 ROM），EEPROM（可电擦除的 PROM）或闪存。正如前面提到的那样，这些存储器中的数据可以重新编程，尽管所包含的时间远远长于读访问时间。在某些情况下，在重新编程过程中，有可能不得不从电路中移走存储器芯片。

基本的存储器结构如图 2-5 所示。端点的连接可以包括输入、输出、地址、读和写控制信号。存储器的主要部分是数据存储体。一个 RAM 存储器将包括上面提到的所有连接端点，而一个 ROM 存储器不包括输入和写控制信号线。

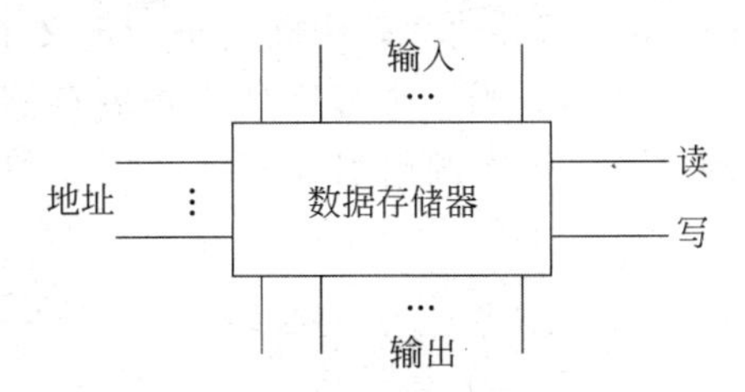

图 2-5　基本存储器结构示意图

计算机内存以信息的千字节或兆字节来度量（1 个字节等于一个字符、一个字母或数字的存储量）。1KB 等于 1 024 字节，1MB 约等于 1 000 000 字节。软件需要一定数量的内存来正常工作。如要给计算机增加新的软件，在软件包装上通常可以找到该软件所需要的确切内存容量。

存储器由许多单元（或存储单元）组成，每个单元可以存储一个信息。每个存储单元有一个号码，叫作单元地址。通过地址，程序可以访问存储单元。假定存储器有 n 个单元，它们就有地址编号 $0 \sim n-1$。存储器的所有单元具有同样的位数。如果一个单元有 k 位，它可以保存 2^k 个不同位组合数据中的任一个。注意相邻的单元具有连续的地址。

使用二进制（包括使用对二进制数的八进制和十六进制的记数法）的计算机，也用二进制表示存储器地址。如果地址有 m 位，可直接寻址的最大单元数量是 2^m 个。地址的位数与存储器可直接寻址的最大单元数量有关，而与每个单元的位数无关。具有 8 位长的 2^{12} 个单元的存储器和具有 64 位长的 2^{12} 个单元的存储器都需要 12 位地址。

单元的含义表示它是最小的可寻址单位。近年来，大多数计算机制造商已经使其长度标准化为 8 位，这样的单元叫作字节。字节可组成字，16 位字长的计算机每个字包含 2 个字节，而 32 位字长的计算机每个字则包含 4 个字节。字的含义是大多数指令对整字进行操作，比如把两个字相加在一起。因而 16 位机器具有 16 位的寄存器和指令以实现 16 位字的操作；32 位机器则有 32 位的寄存器和指令，以实现传送、加法、减法和其他

32位字的操作。

20世纪70年代,计算机有了进一步的发展,使计算机领域发生了一场革命。这就是将成千上万个集成电路蚀刻在一小块硅(芯)片上的能力。硅片是具有半导体特性的非金属元件。芯片上具有成千上万个相同的电路。每个电路能存储一位。由于芯片很小,且电路蚀刻在芯片上,电信号无须行进很远,因此它们传输得较快。此外,装有电路的部件体积可以大大减小,这一进步导致了小型机和微型机的引入。其结果是计算机体积变小,速度加快,价格更便宜。可是半导体存储器有一个问题,当电源切断时,存储器里的信息就丢失了,而不像磁心存储器,在断电时还能保留信息。

在实模式下运行的80x86系列处理器,其物理寻址能力达到1MB。EMS采用页面调度或存储切换技术,使微处理器能访问更大的存储空间。为了扩展存储器,需要额外的硬件和驱动程序。存储切换寄存器作为有1 MB空间的物理窗口和驻留在扩展存储器上的逻辑存储器之间的信闸。称作扩展内存管理(EMM)的驱动程序控制寄存器,使程序的存储器访问能在整个可用的扩展存储器工作以实现重定向。

为了访问扩展存储器,程序需要与EMM联系。与EMM通信的方式与调用DOS类似。程序中设置适当的CPU寄存器并建立软中断请求。定义了30多个功能,并用应用程序和操作系统来控制扩展存储器。当一个程序装入扩展存储器页面中时,EMM就将一个标志回复给这个请求程序。当再次调用EMM时,这个标志将用来区分逻辑页中哪些块被用过。

2.3.3 阅读材料

磁盘和光盘

磁盘

磁盘主要有软盘、硬盘两大类。这两种磁盘都是由以磁性介质封装的可旋转的盘片构成的,由一个可移动的读写头来访问磁盘。磁盘的记忆是非易失性的,也就是说即使掉电,磁盘内的数据也不会丢失。由于硬盘中盘片是金属的(最近也出现玻璃的),因此比软盘有更多的优越性。

每个用过硬盘的用户都很喜欢它,因为它有巨大的存储容量和快速的工作速度,特别是在操作系统越来越大的时代。如Windows 98,它的全部安装需要300MB存储空间,长的应用程序和多媒体的发展需要的存储空间也越来越大,所有这些都刺激了硬盘的发展。硬盘存储容量几乎每年都加倍增长而且工作速度越来越快。

硬盘电动机主轴的旋转速度是硬盘的工作速度。一般来说,这个速度为5 400～7 200转/分钟。高的旋转速度可以减少平均寻道时间和等待时间。大部分平均寻道时间都低于10ms。硬盘的存储容量发展很快,几乎每年增加一倍。存储容量越大,则单位存储价格越低。用户应根据自己的经济能力和经验来选择合适的硬盘。

为了存取数据,操作系统必须引导磁盘经过三个阶段的处理。第一步是把机械臂定位在正确的磁道上。这个操作叫寻道,把机械臂移动到所希望地方的时间叫寻道时间。一旦磁头已经到达正确的磁道,我们还必须等待我们所希望的扇区转到读写磁头下。这个时间叫旋转等待时间或叫旋转延迟时间。得到所要信息的平均等待时间一般是磁盘一周的一半。小直径的硬盘因为能以更高的速度旋转而不过多地消耗能量,且因而减少了旋转等待时间而更具有吸引力。磁盘访问的最后一个组成部分是传送时间,指传送一个二进制数据块,典型的是一个扇区的时间。它是传送容量、转动速度和磁道记录密度的函数。

光盘

光盘是由激光在其表面对数据编码的圆盘。它提供的信息密度远远超过现行的磁性大容量存储设备的范围。类似的设备已经在市场上出现了几年的时间,以激光视盘和音频致密盘(CD)的形式供用户使用。这些激光视盘是模拟的,即光盘包含了像唱片那样的一条螺旋记录道。用于计算机的光盘是数字式的,像磁盘一样,信息存储在同心道上。目前,有三种类型的光盘技术竞争于大容量存储器市场,它们是只读光盘、一次写入型光盘和可擦除光盘。

与常规的磁盘不同,只读光盘不可写入。所以与只读存储器(ROM)有等价的功能。最流行的只读光盘的版本采用的技术与已流行的用于音频唱片的 CD 技术相同。这种技术是数字式的,并且基于单面能存储 540MB 的 4¾英寸的光盘。这种设备叫作致密光盘只读存储器(CD-ROM)。

一次写入型光盘(也称一次写入多次读出,或 WORM)是由用户记录的空白盘。为了写入数据,激光的强大光束将覆盖在光盘的表层并烧结出小斑点或凹点。一旦烧出,这些斑点就不能擦除。为了获得这些数据,使用不太强的激光去读斑点的模式,并且把该模式转变为可以在电视机上播放的视听信号。一次写入型光盘可用来代替微缩胶片存储器。因为光盘具有存储图像和声音的能力,它们的用途是多方面的。任何能够被数字化的事物,比如文件、图像、照片、线图和音乐都可以记录和存储在光盘上。

可擦除光盘使用激光从光盘读出或向光盘写入信息,不过盘的表面也使用磁性材料和磁性写磁头以获得可擦性。为了向盘写入,激光束在盘上加热成小点,接着提供一个磁场以改变点的磁性。可擦除光盘系统既提供了与非擦除光盘相同的存储能力,又具有同 Winchester 系统那样的常规磁盘的重复使用能力。

2.4 输入/输出设备

2.4.1 课文

输入是一个使用设备将数据编码或转换成计算机能够处理的数字码的过程。用户能够通过输入设备向计算机输入数据和命令。输入设备的类型是由要完成的任务所决定的。输入设备可以像键盘那样简单,也可以像诸如语音或视网膜识别那些专门用途的设备那样精密复杂。

处理结果的输出标志着信息处理的完成。计算机程序产生的是编码的符号流。在多数情况下,输出设备的任务就是将这些编码符号解码成人们易于使用或理解的信息,如文本、图片、图形或声音。

键盘

键盘是计算机系统中的主要输入设备。它是人们最常用的与计算机进行交流的工具,即使鼠标出了故障,仍然能够与计算机进行交流。自从1981年诞生了第一台IBM-PC计算机以来,出现了两种基本类型的键盘,它们是PC式和AT式。随着Windows操作系统的流行,人们现在每天所用的键盘已经换成了Windows键盘,它有几个额外的键能够非常方便地对Windows进行操作。除了IBM支持的两类基本键盘,一些独立的生产商为那些想使用不同布局键盘的用户生产出了替代产品,即使键盘看起来不同,它们也包含了所有必需的键。

计算机的键盘更像打字机的键盘,因为两者都有字母键和数字键,然而,计算机键盘有一些称为修正键的附加键。它们是Shift(换档)、Ctrl(控制)和Alt(选择)键。在按修正键的同时,也必须按一个字母或数字键。

数字键盘位于键盘的右边,看起来就像一个加法器。然而,当你使用数字键盘作为计算器时,要确认按了数字锁定键(Num Lock),这样数字锁定键上方的指示灯会亮。

功能键(F1、F2等)通常位于键盘的上端,这些键用来给计算机发出命令,每个键的功能因软件不同而不同。

方向键允许用户移动光标在屏幕上的位置。

专用键用来完成特定的功能。取消键(Esc)的功能取决于所用的程序,通常它将退出一个命令。屏幕打印键(Print Screen)会将屏幕上的一切发送到打印机输出。滚动锁定键(Scroll Lock)并不是在所有的程序中都可以操作,这个键在现在的软件中很少使用。数字锁定键控制数字键盘的使用。大写字母锁定键(Caps Lock)可以控制打出的文本都是大写字母。

鼠标

鼠标是一种小型设备。用户可以在桌面上移动,以指向屏幕上的某个位置并从该位置选择一项或多项操作。在Apple Computer公司生产的Apple Macintosh计算机上,鼠标是一种标准的部件,此后,鼠标作为一种计算机工具获得了广泛应用。今天,在所有个人计算机图形用户界面(GUI)中鼠标都是必备的部件。很显然,鼠标之所以称为鼠标,就是因为其外形和颜色都近似于玩具鼠。

鼠标由以下几个部分组成:一个金属或塑料的盒体,一个凸出于盒体底部并可以在平面上滚动的球体,位于盒体上部的一个或多个按键,以及一条连接到计算机的数据线。球体在平面上沿任意方向滚动时,鼠标内部的传感器将相应的脉冲信号传输到计算机,这时支持鼠标操作的程序随即作出响应,将光标(可视的一个指示器)在屏幕重新定位。光标的定位相对于其初始位置。看到光标的当前位置后,用户可以移动鼠标再次进行调整。

最常见的鼠标器顶部有两个按键,左键用得最多。在Windows操作系统下,用户可以单击此键,发出一个"选中"信号,继而得到来自系统的反馈,表示指定的位置已经选中,并可进一步操作。在选中的位置再按一次该键或双击此处,就可以对选中的对象实施某种操作。例如,在Windows下可以启动与选中的对象关联的程序。第二个按键在右边,提供了某些不太常用的功能。例如,在浏览网页时,右击图像可以弹出一个菜单,其中有一项命令可以将图像存盘。

显示器

显示器也许是最重要的输出设备之一。计算机只能用它们来显示有趣的结果和神奇生动的画面。显示器也是人机对话的最好窗口,所以很多用户选择显示器时非常小心。当你在工作或游戏时,显示器通过文本、图像为你提供快速的反馈。大多数台式显示器都使用阴极射线管(CRT),而便携式计算机,如膝上型计算机采用液晶显示器(LCD)、发光二极管(LED)、等离子气体或其他图像投影技术。由于 LCD 与 CRT 在技术上是相似的,而 LCD 消耗的能量较少,所以许多台式显示器开始采用 LCD 来代替以往的 CRT。

基于字符的显示器将屏幕分成矩形网格,每个网格可以显示一个字符。显示器可显示的字符集是不可修改的,因此要显示不同大小和格式的字符是不可能的。位图显示器将屏幕划分成微小的矩阵,称为像素的矩阵点。在计算机屏幕上显示的任何字符或图形必须由屏幕矩阵的点阵格式构成。屏幕在矩阵中显示的点越多,分辨率就越高。高分辨率的显示器可以处理复杂的图形图像,并且比低分辨率的显示器更容易阅读文本。

分辨率:分辨率是指显示器所能容纳的单个色点(或像素)数。通常分辨率是由水平方向(行)的像素数和垂直方向(列)的像素数来确定的,如 640×480。显示器的可视区域、刷新率以及点距对最大分辨率都有直接的影响。

点距:简单地说,点距是对显示器像素之间空间大小的量度。当考虑点距时,记住点距越小越好。使像素之间离得更近是获得高分辨率的基础。显示器通常能支持与点(像素)物理尺寸大小相匹配的分辨率,也能支持一些较低的分辨率。比如,一个物理网格为 1 280 行、1 024 列的显示器能支持的最大分辨率显然是 1 280 像素×1 024 像素。它通常也能支持较低的分辨率,如 1 024×768、800×600 及 640×480 等。

刷新率:在基于 CRT 技术的显示器中,刷新率是指显示器上的图像每秒钟绘图的次数。如果你的 CRT 显示器的刷新率是 72 Hz,那么它将每秒钟对所有像素从上到下循环扫描 72 次。刷新率是非常重要的,因为它控制闪烁,因此刷新率越高越好。如果每秒钟循环的次数太少,你就会感觉到闪烁,从而会导致头疼、眼睛疲劳等。

扫描方式:显像管中的电子枪的扫描方式有两种,隔行和非隔行。在隔行方式中,电子射枪首先扫描奇数行中的像素,第二次再扫描偶数行中的像素。一帧画面的更新需扫描两次。在非隔行的方式中,电子射枪一次扫描完全部像素。在这种工作方式中,显示器工作得更好而且图像清晰、不闪烁。

扫描仪

扫描仪是可以读取印在纸上的文本或插图,并将这些信息翻译成计算机可用形式的一种设备。扫描仪通过将图形数字化,也就是将图像分割成网格,并且根据每个网格是否被填充而表示为一个 0 或 1。位矩阵化后称为位图,就可以保存在文件中,显示到屏幕上,然后由程序来处理。

由于光学扫描仪将所有的图像视作位图,所以它们不能区分插图和文本。因此,你不能直接编辑扫描的文本。要编辑由光学扫描仪读入的文本,你需要一套光学字符识别系统(OCR)将图像翻译成 ASCII 码。现在销售的大多数光学扫描仪都带有光学字符识别软件包。

2.4.3 阅读材料

打　印　机

打印机用于把处理结果输出到纸上或形成硬复制。根据在速度、打印质量、价格和专用特性上的巨大差异,打印机分成很多类型。在选择打印机时,需要考虑以下特性。

(1) 速度:打印机速度是以每分钟打印多少页来衡量的。打印机1分钟可以打印的页数对文本和图形是不同的。打印图形比打印规则的文本更慢。

(2) 打印质量:打印质量是以每英寸多少点来衡量的,这指的是分辨率。

(3) 价格:价格包括打印机本身的价格和维护打印机需要的费用。要买到高质量的打印机可不便宜。墨盒和碳粉都要定期更换。

点阵击打式打印机

字符是作为点的矩阵被打印出来的。由打印头尾部的螺线管驱动的细打印针将色带撞击到纸上,便打出点。打印针是按垂直列分布的,因此,当打印头沿行移动时,字符每次都被打出一列点。早期的点阵式打印头只有7个打印针,所以这些设备的打印质量不太好。目前,可用的点阵式打印机的打印头是9、14、18甚至24针的。使用针头数很多的打印头或每行打两次而第二次打印的点稍微偏离第一次打印的点,打印出的结果与(字球式)电动打字机或菊花轮打印机打印的质量没什么区别。

不同于成形的字符打印机,点阵式打印机还能够打印图形。为了打印图形,当打印头在纸上移动时,每个点阵的模式就传至打印头的螺线管。这个原理类似于我们在阴极射线管CRT的屏幕上绘制位映射光栅图形的方法。通过使用不同颜色的色带并多次扫描同一行,某些点阵击打式打印机就可打印彩图。如今,大部分点阵式打印机都装有一个或多个微处理器来控制这一切。

点阵热敏式打印机

大部分热敏式打印机需要使用有特殊热敏层的纸。当这种特殊纸的一点遇热时,该点会变黑。字符或图形用点阵打出。用来产生点的打印头形状主要有两种。其中之一是由微小热元件组成的5×7或7×9的矩阵构成。为打印一个字符,把打印头移到字符位置并且接通所要字符的各点状的热元件。过一会儿,切断这个热元件并把打印头移到下个字符的位置。于是,每次打印出一个完整的字符。

热敏式打印机的主要优点是噪声低。主要缺点是,特殊纸或色带的价格昂贵;不能打印炭黑副本;而且大部分打印质量高的热敏式打印机速度慢。

激光打印机

激光打印机使用与复印机相同的技术来形成图像。图像是由一种称为墨粉的带电材料形成的。激光打印机把光点涂在一个感光的硒鼓上,充电油墨涂在硒鼓上,然后传送到纸上。激光打印机可以产生高质量的输出。激光打印机的价格已经大幅度下降了。个人激光打印机具有6~8页/分钟的速度,分辨率为600 dpi。专业激光打印机能以1 200dpi的分辨率、15~25页/分钟的速度打印。

激光打印机从计算机中接收打印命令,却使用自己的语言在打印前构造打印页。打印机控制语言(PCL)是最常用的打印机语言,但有些打印机使用PostScript语言,这种语言更受出版专业人员的喜爱。打印机语言需要存储器,大多数激光打印机的存储器在2~8MB。当打印彩色图像和图形较多的文件时就需要较大的存储器容量。对一般的打印工作而言，激光打印机都带有足够容量的存储器。

喷墨式打印机

另一种利用点阵方式打印文本和图形的另一种打印机是喷墨式打印机。早期的打印机利用一个泵和一个微小的喷嘴连续不断地送出一股细小的墨滴流。这些墨滴通过电场，带上电荷。然后，带电的墨滴流在纸上被静电偏转产生字符，其方式就像电子束被偏转，在 CRT 屏幕上产生图像一样。剩余的墨被偏转到一个槽中，并返回到墨水回收盒。喷墨式打印机相对安静。一些静电偏转的喷墨式打印机能够每分钟打印 45 000 行。目前喷墨打印机具有非常好的分辨率，从 600dpi 到 2 880dpi 不等。然而，有些缺点使它们不能被广泛使用。它们容易混乱并很难保持良好的工作状态。高速打印时质量不好而且不能多份打印。

较新的喷墨式打印机利用各种方法来解决这些问题。其中一些，如 HP 的 Thinkjet 牌喷墨式打印机，使用带有一列微型加热器的墨盒。当其中一个微型加热器脉冲式接通时，它便向纸面喷射一滴墨。另外一些喷墨式打印机，如 IBM 的 Quietwriter 打印机，利用电流使来自专用色带的微型墨泡直接喷到纸上。最后这两种方法实际上是热敏和喷墨两种技术的混合。

2.5 数据结构

2.5.1 课文

数据结构是用来组织和存储数据的一种特殊形式，一般的数据结构类型包括数组、文件、记录、表、树等。任何数据结构都是用来组织数据以适应某种特定的目标，从而以适当的方法达到存取和操作的目的。计算机程序设计时，可能会选择或指定一种数据结构来存储数据，以便在这种结构上实现各种算法。

在现实世界中对问题的描述可能会有许多不必要的细节。解决问题最重要的一步就是要识别基本的抽象问题，并去除不必要的细节。类似地，一个具体的计算机模型对一个问题也有许多不相关的细节，比如处理器的结构和字长等，计算机程序设计的艺术之一就是消除问题及计算机应用中不必要的细节。

数据类型的本质是标识一组个体或目标所共有的特性，这些特性把该组个体作为可识别的种类。如果提供了一组可能的数据值以及作用在这些数据值上的一组操作，那么，这两者结合在一起就称为数据类型。

人们可以将其值由某种结构相关的组成元素构成的数据类型称为结构化数据类型或数据结构。换句话说，这些数据类型的值是可分解的，因此必须知道它的内部结构。任何可分解的目标有两个必要的组成成分——必须具有组成元素和结构，即将这些元素相互关联或匹配的规则。

数据结构是一种数据类型，其值是由与某些结构有关的组成元素所构成的。它有一组在其值上的操作。此外，可能有一些操作是定义在其组成元素上的。由此可知：数据结构可以有定义在构成它的值之上的操作，也可以有定义在这些值的组成元素之上的操作。

整数：整数是关于一组特定的必须遵循的公理或规则。整数的表达形式并不重要，只要所有读者明白这些符号——二进制、八进制、十进制、十六进制、2的补码、1的补码，或者符号和量值等意思就可以了，选择什么样的表达方式并不重要。重要的是对整数操作的行为是什么，规则定义行为方式。

表：表是一个灵活的抽象数据结构。在一个程序运行之前，当要存储的元素个数不知道时，或运行过程中元素个数会改变时，这种结构是非常有用的。它非常适合元素的顺序处理，因为表中当前元素的下一个元素极易得到。但它不太适合元素的随机存取，因为这需要一个缓慢的线性搜索过程。

数组和记录：数组和记录在大多数编程语言中都作为固有数据类型，通过使用指针数据类型和动态存储分配，大多数编程语言也能为用户提供建立链接结构的机制。数组、记录和链接结构是更高一级抽象数据类型的基本构造单元。下面将要讨论的两种更高一级的抽象数据类型——栈和队列，对计算至关重要。

栈：栈的主要性质是由对其元素的插入与删除的控制规则来确定的。被删除或移去的元素只能是刚刚插入的，就是所谓具有后进先出(LIFO)性质或协议的结构。栈这种数据类型虽然简单，但并不影响其重要性，许多计算机系统的电路中都含有多个栈，并且含有操作硬件栈的机器指令。多重子程序的调用和返回伴随着栈的操作，算术表达式的计算通常是通过对栈的一系列操作来实现的，大多数小型计算器都是用栈模式来操作的。在学习计算机科学时，人们能看到许多栈的例子。

队列：队列的例子在日常生活中经常出现并且为人们所熟悉，在银行等待服务或在电影院门口等待买票的一队人，在交通灯前面等待通行的汽车都是队列的例子。队列的主要特征是遵循先来先服务的原则。在队列中，最先插入的元素将最先被服务，这样的原则与日常生活中人们公平合理的想法是一致的。在计算机系统中，要求计算机系统服务的事件通常是根据最重要的事件最先服务来处理的，换句话说，是按服务优先级最高先进/先出队列(HPIFO)的原则，这种队列称为优先队列。优先队列并不按时间的先后决定服务的次序，而是按照优先级越高越优先服务的原则。

面向对象程序设计：面向对象程序设计是一种现代的软件开发方法，用这种方法设计的软件具有高的可靠性和灵活性。在特定类中，从决定使用何种数据结构来表示对象的属性这一点来看，面向对象方法中对抽象的强调，在软件开发过程中是非常重要的。抽象意味着隐藏不必要的细节。过程抽象或算法抽象是对算法隐藏细节的，允许算法在各个细节层次上可见或被描述。建立子程序是抽象的一个实例，子程序名描述了子程序的功能，子程序内部的代码表示了处理过程是如何完成的。

类似地，数据抽象隐藏了描述的细节。一个明显的例子是通过把几种数据类型组合来构建新的数据类型，每种新类型描述了一些更复杂的对象类型的属性或组成。数据结构中面向对象的方法通过把一类对象的表示整合将数据抽象和过程抽象组合在一起。

一旦选择了合适的抽象，就有一些选择来表示数据结构。在许多情况下，至少有一种静态表示、一种动态表示，在静态和动态表示中典型的折中方法是介于针对存储空间的增加选择边界或非边界的表示以及和一些非边界表示有关联的时间需求之间。

在选择了抽象和表示后，就有各种不同的方法来封装数据结构。对封装的选择是另一种权衡,在如何使结构对用户有用和包怎样来操作用户的示例对象之间进行。封装对表示的完整性及与封装相关的时间、空间需求都有影响。一旦说明以后,一个或更多的竞相存在表示方法将被执行,与解决的问题有关的结构、它的表示和封装将被评价。每种方法的时间和空间需求必须相对于系统需求和约束来衡量。

2.5.3 阅读材料

栈和队列的应用

栈

栈通常不共享元素,并常用来编写 POP 和 PUSH 过程(子程序、方法……),这使栈成了一个辅助作用。此外,栈经常以顺序方式对栈顶做弹出操作以获得栈顶的值,然后将其删除,在这种情况下,通常编写一个 POP 过程来同时进行这两种操作。许多程序只使用一个栈,这时,可以声明整个栈实例作为全局变量(这比较危险),也可以将其声明为栈模块的一部分(更安全)。于是,操作就可以毫无疑问地作用在此实例上了。

当进行一个新函数调用时,所有局部于调用程序的变量,都需要由系统存储起来,否则新函数将要重写调用程序的变量。而且调用程序的当前位置也必须保存,以便新函数知道它运行后返回何处。变量通常由编译器分配给机器寄存器,而且尤其是涉及递归时,肯定会有冲突。

调用函数时,所有需要存储的重要信息如寄存器值和返回地址,都以抽象方式存于"一片纸"上,且放在一个堆的顶端。然后控制转向新函数,新函数可自由地用它的值替换寄存器的值。如果它再做其他函数调用,则可进行同样的步骤。当函数要返回时,先查看在堆顶的"纸片",并恢复所有寄存器,然后进行返回跳转。

显然,所有这些工作都可用栈来完成,而且实际上每一种实现递归的程序语言中都是这样做的。保存的信息称为活动记录或栈框架。现实计算机中的栈常常由内存部分的高端向下延展,并且在很多系统中没有溢出检查。而且总是有可能,由于同时具有太多运行的函数而溢出栈空间,不用说,栈空间溢出是个致命的错误。

在对栈溢出不做检查的语言和系统中,程序可能没有合适的解释就崩溃了。在这些系统中,当栈太大时,常会发生奇怪的事情,因为栈可以延伸入程序部分。它可能是主程序,也可能是部分数据,尤其是当有一个大型数组时。若它延伸进程序,则程序可能会错误百出,并会产生一些毫无意义的指令,且一执行此指令,就会崩溃。如果栈延伸至数据,可能发生的情况是,当向数据中写入某内容时,它将会破坏栈的信息——或许是返回地址——且程序将会试图返回到某个古怪地址并崩溃。

队列

队列的先进先出(FIFO)原则在计算机中有很多应用,例如,在多用户分时操作系统中,多个等待访问磁盘驱动器的输入/输出(I/O)请求就可以是一个队列。等待在计算机系统中运行的作业也同样形成一个队列,计算机将按照作业和 I/O 请求的先后次序进行服务,也就是按先进先出的次序。另外,还存在着一种重要的队列。这在日常生活中也是可以看到的,比如在医院的急救室内,在危重病人多的情况下,医生必须首先抢救生命垂危的病人。

有几种采用队列的算法能给出有效的运行时间。现在举几个使用队列的简单例子。当作业提交给打印机时,它们是按到达顺序排列的。所以基本上送往打印机排队的作业都是按队列放置的。另一个例子与计算机网络有关,很多网络与个人计算机连接,其中硬盘与一台称为文件服务器的机器相连。可以在先来先受服务的基础上允许其他机器上的用户访问文件,所以这个数据结构是队列。

如果队列不共享元素,就像栈一样,可以把它们作为一种辅助作用来编写过程。通常,当要返回队首元素和将队首元素从队列中删除时,经常把返回操作和删除操作同时写在一个过程中。

2.6 操作系统

2.6.1 课文

操作系统是一种程序,它是用户与计算机硬件之间的接口。操作系统的目的就是提供一种用户能执行程序的环境。操作系统几乎是所有计算机系统都不可缺少的部分,包括巨型机、大型机、服务器、工作站、手提式计算机和个人计算机。一般来说,操作系统没有一个完整恰当的定义。操作系统的存在是因为它们是解决可用计算机系统问题的一种合理的方法。计算机系统的基本目标是执行用户程序和解决用户问题。计算机硬件是朝着这个目标而构建的。因为只有硬件的裸机不能使用,于是开发了应用程序。这些不同的程序要求某些共同的操作,例如控制I/O设备。这些控制和分配资源的共同功能合并到一个软件中,就形成了操作系统。

操作系统的主要目标是方便用户。操作系统的存在是因为有操作系统比没有操作系统计算更容易。当观察一个小型个人计算机的操作系统时这点是特别清楚的。操作系统的第二个目标是对计算机系统进行有效的操作。这个目标对于一些大型共享的多用户系统特别重要。这些系统通常都很昂贵,因此使它们尽可能有效地工作是符合人们愿望的。

资源管理

操作系统与应用软件、设备驱动程序以及硬件之间相互作用,以便管理计算机资源。一个操作系统与一个政府类似。计算机系统的基本资源由硬件、软件与数据来提供,操作系统为计算机系统提供正确使用这些资源的方法。像一个政府一样,操作系统本身执行不了任何有用的功能。它只不过是提供一个环境,在该环境中其他程序能发挥作用。

可以把操作系统看作一个资源分配器。计算机系统有很多的资源(硬件和软件)用来解决一个问题:CPU的时间、存储内存大小、文件存储空间、输入/输出设备等。操作系统就像管理这些资源的经理,将这些资源分配给特定的程序和用户以满足他们任务的需要。因为可能有许多资源请求方面的冲突,操作系统必须决定给哪些请求分配资源以便计算机系统能合理而有效地运行。

操作系统建立程序处理的顺序,并定义了具体作业执行的次序。术语"作业队列"常用于描述等待执行的作业序列,操作系统在排列作业队列时将权衡各方面因素,包括当前正在处理哪些作业,正在使用哪些系统资源,需要哪些资源来处理后面的程序,与其他任务相比该作业的优先级及系统应响应的一些特殊处理要求等。操作系统软件应能评估这些因素并控制处理的顺序。

为便于I/O操作的执行,大多数操作系统都有一个标准的控制指令集来处理所有输入和输出指令。这些标准指令称为输入输出控制系统(IOCS),是大多数操作系统不可分割的部分。它们简化了被处理的程序承担的I/O操作。由于I/O操作开始之前需要对指定设备进行访问,因此操作系统必须协调I/O操作和使用设备间的关系。实际上操作系统建立了一个执行程序和完成I/O操作必须使用设备的目录。使用控制语句,作业可以访问指定设备。

实际上,使用一个特殊的I/O设备时,程序在执行的过程中向操作系统请求所要求的I/O操作。控制软件访问IOCS软件以实现I/O操作。由于大多数程序都考虑I/O操作的级别,所以IOCS指令至关重要。

操作系统的分类

单用户操作系统是用来处理一组输入设备,即那些能被一个用户在同一时刻控制的设备。手提式计算机和大多数个人计算机的操作系统是单用户类型。

多用户操作系统用来处理同一时刻来自多个用户的输入、输出和处理请求,其中最难的任务之一就是调度所有的处理请求,这些请求必须由一个中央计算机——通常是大型机来完成。

网络操作系统(也称为服务器操作系统)提供计算机共享数据、程序和外部设备的交互和发送任务。网络服务器和多用户服务器之间的区别看起来比较模糊,尤其是像UNIX和Linux这样的操作系统都提供上述两种服务。然而,它们的主要区别在于:多用户操作系统是在中央计算机上分配调度处理请求的,而网络操作系统只是简单地把数据和程序发送到用户的本地计算机,真正的处理是在本地机上进行的。

多任务操作系统提供两个或多个程序同时运行的进程服务和内存管理服务。目前多数个人计算机操作系统都提供多任务服务。

早期的许多单任务操作系统同一时间只能运行一个程序。例如,当计算机打印文件时,它就不能运行另一个程序,或者不能响应新的命令,直到打印完成。所有现代操作系统都是多任务的,同时能运行几个程序。大部分计算机中仅有一个CPU,所以,多任务操作系统让人产生CPU能同时运行几个程序的错觉。产生这种错觉的最常用机制是时间片多任务处理,以每个程序各自运行固定的一段时间的方式来实现的。如果一个程序在分派的时间内没有完成,它就被挂起,另一个程序接着运行。这种程序交换称为任务切换。它同样有一种机制,叫作调度程序,由它决定下一时刻将运行哪个程序。由于用户的时间感觉比计算机的处理速度要慢得多,所以几个程序看起来是同时执行的。

桌面操作系统是为个人计算机——台式计算机或笔记本电脑设计的。通常在家里、学校或在工作中使用的计算机最有可能装的就是桌面操作系统,如Windows ME或Mac OS。一般来说,这些操作系统都是为适应单用户而设计的,但也能提供网络功能。目前,桌面操作系统都提供多任务功能。

2.6.3 阅读材料

Windows XP 技术概述

Windows操作系统的名字来自桌面屏幕上的矩形工作区域,每个区域可以显示不同的文件和程序,可以提供操作系统多任务功能的一个可视化模式。Windows 95、Windows 98、Windows ME和Windows XP提供基本的网络功能,使它们适用于家庭和企业中较小的网络。尽管有这种功能,它们仍属于桌面操作系统类,而Windows NT、Windows 2000和Windows XP专业版一般归类于服务器操作系统,因为它们是为处理中等到大型网络而设计的。Windows 95、Windows 98和Windows ME所使用的内核与Windows版的NT、2000及XP是不同的,因而,尽管它们的用户界面看起来很类似,但它们的技术是不同的,而且升级途径也是不同的。

Windows XP是微软继Windows 2000和Windows Millennium之后推出的新一代Windows操作系统。Windows XP将Windows 2000的众多优点(例如基于标准的安全性、易管理性和可靠性)与Windows 98和Windows ME的最佳特性(即插即用、易于使用的用户界面以及独具创新的支持服务)完美集成在一起,从而打造出了迄今为止最为优秀的一款Windows操作系统产品。

Windows XP在现有Windows 2000代码基础之上进行了很多改进,并且针对家庭用户和企业用户的不同需要提供了相应的版本:Windows XP家庭版和Windows XP专业版。

在对Windows 2000的核心代码加以利用的同时,Windows XP还对界面进行了全新的设计。新的用户界面对各种常见任务进行了合并和简化,新增加的视觉提示能够帮助用户更容易地在计算机中找到所需资料。

针对多个用户的快速用户切换功能

快速用户切换(Fast User Switching)功能针对家庭用户设计,它允许所有的家庭用户共用同一台计算机工作,就像这台计算机是他们自己一个人的一样。其他用户无须注销或者保存他们正在编辑的文件,就可以登录到计算机上。Windows XP利用了终端服务(Terminal Services)技术,在每一个单独的终端服务会话中运行每个用户的会话,从而实现了用户数据的彻底分离。(每个会话大约需要占用2MB的内存;但是,这一数字没有将在用户会话中运行的应用程序考虑在内。为了保证多用户会话能够稳定可靠地运行,建议至少使用128MB内存。)

新的视觉样式

Windows XP具有新的视觉样式和主题,这些样式和主题使用了颜色亮丽的24位彩色图标和同特定任务建立了联系的独特色彩。例如,绿色表示你可以做些什么工作,或者前往其他地方,比如"开始"菜单。

新的用户界面提高了生产力

新的用户界面将Windows操作系统的易用性带入到了一个新的水平,人们可以比以往任何时候都更加容易和快速地完成工作任务。

Windows Media Player 8

Windows XP 内置 Windows Media Player 8 软件，将各种常见的数字媒体操作集成到了同一个软件中，这些常见的操作包括 CD 和 DVD 播放、音乐库管理和刻录、音频 CD 录制、Internet 广播以及便携设备的媒体传输。

Windows Media Player 8 包括了一些新的功能，例如带有丰富媒体信息和全屏控制的 DVD 视频播放，抓取 CD 音轨并将其转换为 MP3 文件。Windows Media Audio 8 的文件大小仅为 MP3 文件的 1/3 左右，并且具有更快的 CD 刻录时间，智能化的媒体跟踪为用户提供了对数字媒体的更多控制能力。在 Windows XP 中，新的 My Music(我的音乐)文件夹为常见音乐任务的执行提供了更加便捷的途径。

64 位支持

64 位版本旨在对 Intel 新型 Itanium 64 位处理器的强大功能和效率加以利用。Windows XP 的 64 位版本将包括 32 位版本的大多数功能和技术(但红外支持、系统还原、DVD 支持以及针对移动应用的一些功能没有包括在内)。64 位的 Windows XP 还将通过 WOW64 32 位子系统支持大多数 32 位应用程序，并且能够和 32 位的 Windows 系统实现互操作。这两个版本能够无缝地运行在同一个网络中。

Windows XP 64 位版为基于 Win64™ API 的新一代应用程序提供了一个高性能的可伸缩平台。与 32 位系统相对比，64 位系统的体系结构为超大规模的数据提供了更加有效的处理方式，它支持高达 8 TB 的虚拟内存。利用 64 位 Windows，应用程序可以将更多的数据预先加载到虚拟内存中，以便 IA-64 处理器能够快速访问这些数据。这种做法缩短了将数据加载到虚拟内存、寻找数据、读数据及将数据写入存储设备所需的时间，从而让应用程序运行得更快和更有效率。64 位版本的 Windows XP 使用的编程模型与标准的 Win32 版本相同，为开发人员提供了一个单一的代码基础。

2.7 编程语言

2.7.1 课文

程序设计语言或计算机语言是一种向计算机发布指令的标准通信技术。它是一套用来定义计算机程序的语法和语义的规则。一种语言可以使程序员精确地说明计算机怎样对数据进行操作，这些数据将如何存储和传输，以及在各种不同的情况下施加什么样的动作。程序设计语言的主要作用是，可以让程序员比用低级语言或机器代码更为轻松的方式表达自己的计算思路。因此，程序设计语言通常都设计使用一种易于程序员沟通和理解的高级语法。程序设计语言是帮助软件工程师更快更好地编写程序的重要工具。

面向过程的程序设计和面向对象的程序设计

面向过程的程序设计包括用程序设计语言建立存放值的存储单元，编写对这些值进行运算的一系列步骤或操作。计算机存储单元称为变量，因为它们所保存的值可以变化。例如，某公司的工资程序中有变量 rateOfPay，这个变量存放的存储器单元在不同的时间内可以有不同的值(公司中的每个员工对应不同的值)。当执行工资程序时,存储在rateOfPay中的值可对应多种操作,例如,通过输入设备中输入该值,与表示时间的变量相乘,在打印纸上输出。为方便起见,一个计算机程序的各个操作通常被组合成逻辑单元,称为过程。如可以把确定个人所得税的四到五步比较和计算合成一个过程,称为calculateFederalWithholding。面向过程的程序定义了可变的存储单元,然后调用或引用一些过程对这些单元中的值进行输入、操作和输出。一个面向过程的程序通常包括成百上千的变量和过程调用。

面向对象的程序设计是面向过程程序设计的一种扩展,在编写程序时采用的方法有一些不同,用面向对象的方法考虑问题首先把程序元素看成与现实世界中的具体对象相似的对象,然后对这些对象进行操作以得到期望的结果。编写面向对象的程序包括创建对象和创建使用这些对象的应用程序。

机器语言

能被计算机操作系统直接运行的计算机程序称为可执行程序。可执行程序是以机器码的形式表示的一系列非常简单的指令。这些指令对于不同计算机的CPU而言是特定的,它们与硬件有关;例如,英特尔"奔腾"处理器和Power PC微处理器芯片各自有不同的机器语言,要求用不同的代码集来完成相同的任务。机器码指令数量很少(大约20～200条,根据计算机和CPU的不同而有差异)。典型的指令是从存储单元取数据,或将两个存储单元的内容相加(通常指CPU中的寄存器)。机器码指令是二进制的——也就是比特序列(0和1)。由于这些数字令人难以理解,所以计算机指令通常不是用机器码来写的。

汇编语言

与机器语言指令相比,汇编语言使用的命令较容易为程序员所理解。每条机器语言指令在汇编语言中都有等价的命令。例如,在汇编语言中,语句"MOV A,B"命令计算机把数据从一个单元复制到另一个单元,而机器代码中同样的指令是由一串16位的0和1组成的。一旦汇编语言程序编写完毕,它就由另一个被称为汇编器的程序转换成机器语言程序。相对于机器语言而言,汇编语言速度快,功能强。可它仍然难以利用,因为汇编语言指令是由一系列抽象代码组成的。另外,不同的CPU使用不同的机器语言,因此需要不同的汇编语言。有时为了执行特殊的硬件任务,或者为了加快高级语言程序的速度,汇编语言被插入高级语言程序中。

高级语言

从机器语言进步到汇编语言,使语言达到了更先进的阶段。同样也正是这种进步导致了高级语言的发展。如果计算机能把方便的符号翻译成基本操作,为什么它就不能完成其他文字类型的编码功能呢?

现在可以来看看人们所期望的高级语言应有的特点以及怎样将它们与机器码和汇编语言进行比较。高级程序语言是这样一种编程手段,它用规范化的术语来写出一步步的程序步骤,执行这些步骤时会用唯一确定的方式处理给定的数据集。高级语言与任何给定的计算机无关,但必须假定将使用一台计算机来工作。高级语言经常针对某类特殊的处理问题而设计，例如，一些语言设计成适宜处理科学计算问题，另一些语言则更侧重于文件处理的应用。

编译与解释

编译器是可以将源代码翻译成目标代码的程序。有两种方法运行高级语言编写的程序。最常用的方法是对程序进行编译，另一个方法是让程序通过解释器解释运行。编译器得名于其工作方式，即将全部程序代码进行检查、纠错和重新组织指令。因此，编译器不同于解释器，解释器是连续地分析并执行源代码的每一行，而不是检查全部程序。解释器的优点是可以迅速执行程序。编译器在可执行程序形成前需要一段时间。然而，由编译器生成的程序比由解释器生成的相同程序执行速度快得多。每种高级程序设计语言都带有编译器。由于编译器将源代码翻译成目标代码，目标代码对于每种类型的计算机都是唯一的，因此，对于相同的语言会有很多编译器。

解释器将高级语言指令翻译成接下来要执行的一种中间格式。相反，编译器是直接将高级语言指令翻译成机器语言。编译程序通常比解释程序运行得更快。然而，解释器的优点是不需要经历生成机器指令的编译阶段。如果程序很长，则这一过程是非常耗时的。另一方面，解释器可以立即执行高级语言程序，因此，在程序员想每次增加一小段代码并对其进行快速测试的程序开发阶段，有时会使用解释器。

2.7.3 阅读材料

编程语言简介

C

C 语言的研制开始于 20 世纪 70 年代初期。C 是一种通用的结构化编程语言，它的指令是由一些类似代数表达式的项加上一些英文关键字(如 as、if、else、for、do 和 while)而组成的。C 语言也许最适宜被称为“中级语言”。像真正的高级语言一样，一个 C 语句与编译到机器上的语言指令的关系是一对多的关系。因此，像 C 这样的语言的编程手段远远超过低级的汇编语言。然而，与大多数高级语言相比，C 语言有一个小的结构集。另外，与大多数高级语言不同，C 语言使操作者很容易地做由汇编语言执行的工作(如操作位与指针)。因此，C 是用来开发操作系统(如 UNIX 操作系统)或其他系统软件的特别好的工具。

C++

C++ 完全支持面向对象编程，它包括以下 4 个面向对象的开发工具：封装、数据隐藏、继承和多态。尽管 C++ 是 C 的超集，而且任何合法的 C 程序也都是合法的 C++ 程序，但从 C 跳到 C++ 的意义是非常重大的。由于 C 程序员都能轻松地进入 C++ 世界，因此，多年来 C++ 从其与 C 的关系中受益匪浅。然而，如果想真正精通 C++，许多程序员发现他们不得不放弃很多已有的观念，并学习一种新的分析和解决编程问题的方法。

Java

简言之，Java 环境可用来开发能在任何计算平台上运行的应用软件。它实际上是一种非常基本且结构紧凑的技术，而它对万维网以及商业的整个影响已可同电子表格对 PC

的影响相比拟。

JavaScript

JavaScript是对Netscape的脚本语言进行改编的。它是由类似于Java的、出现在HTML内部的命令所构成的。JavaScript本质上是HTML文件的一部分。当用一个兼容浏览器下载网页时,JavaScript将随着HTML代码一同被下载。JavaScript就像Visual Basic或数据库程序设计语言一样,是一个相当简单的语言。它提供了一组相当完备的内部函数和命令,使用户能实现各种功能。JavaScript最强有力的属性之一就是,当嵌有JavaScript的网页被下载时,JavaScript就会在用户的计算机上被执行,而不必与服务器通信。JavaScript能自动在用户计算机上运行这一事实能毫无疑问地改善用户的浏览质量。JavaScript能够改善浏览质量的一个例子可以从信息确认上看到。当一个表单接收一个用户信息时,JavaScript能自动地确认该信息,然后把该信息送到服务器,而不必先把信息送到服务器去确认。总之,JavaScript是一个既简单、功能又强的语言,它已使网络从静态HTML的局限中得到了改进。

VB

VB是微软公司出品的一个快速可视化程序开发工具软件,借助微软在操作系统和办公软件的垄断地位,VB在短短的几年内席卷全球。VB是极有特色且功能强大的软件,主要表现在:所见即所得的界面设计,基于对象的设计方法,极短的软件开发周期和较易维护的生成代码。

Delphi

Delphi是Inprise公司(原Borland公司)开发的新一代面向对象的可视化快速应用程序开发环境。它应用于在Windows 95/98或Windows NT操作系统上。Delphi是一个集成开发环境(IDE),使用的是由传统Pascal语言发展而来的Object Pascal语言。它在本质上是一个代码编辑器而不是一种语言,但是由于Delphi几乎是市场上唯一一个使用Pascal语言的产品,因此有的时候Delphi也成了人们称呼Object Pascal的代名词。

PowerBuilder

PowerBuilder是美国著名的数据库开发工具生产厂家Powersoft公司于1991年6月推出的功能强大、性能优异的开发工具,它是一种面向对象的、具有可视化图形界面的、快速的交互开发工具。智能化的数据窗口对象是其精华所在。利用此对象可以操作关系数据库的数据而无须写入SQL语句,即可以直接检索、更新和用多种形式表现数据源中的数据。

C#

C#是微软专为.NET平台而设计的一种全新的编程语言,是目前为止和.NET最贴近的语言。使用C#,你可以写一个动态网页,设计一个元件或传统的视窗应用程序等。C#是混合式语言(不管是在执行效率上或程序简单性上),介于直译式语言和编译式语言之间。

第3章 计算机网络知识

3.1 计算机网络

3.1.1 课文

计算机网络可以为公司和个人提供多种服务。对公司而言,个人计算机使用共享服务器的组成的网络具有灵活性和很好的性价比。对个人而言,网络提供访问各式各样的信息和娱乐资源的接口。

大致来说,网络可以分为局域网、城域网、广域网和互联网,每一种网都有自己的特点、技术、速度和位置。局域网覆盖一栋建筑物,城域网覆盖一座城市,广域网覆盖一个国家或一块大陆。局域网和城域网是非交换网络(也就是没有路由器),而广域网则是交换网。

网络软件由协议或过程通信的规则组成。协议既可以是无连接的也可以是面向连接的。大部分的网络支持分层的协议,每一层为它的下层提供服务。典型的协议栈不是基于 OSI 模式,就是基于 TCP/IP 模式。这两种模式都有网络层、传输层和应用层,但其他层有所不同。

网络在计算机之间的建立起联系。当人们在不同的地方工作时,该系统是特别有用的。它提高了通信的速度和准确性,可防止信息被放错地方,且可自动确保关键信息的分发。

1. 局域网(LAN)

局域网是专有的通信网络,它可以覆盖一个有限的地域,如一个办公室、一幢建筑或一群建筑等。局域网是通过一个通信信道把一系列计算机终端连接到一个小型机上,或更普遍的是把若干台个人计算机连接到一起而形成的。复杂的局域网可以连接各种办公设备,如文字处理设备、计算机终端、视频设备以及个人计算机等。

局域网的两个基本应用是硬件资源共享和信息资源共享。硬件资源共享可使网上的每一台计算机访问并使用由于太昂贵而无法为每人配备的设备。信息资源共享允许局域网上每一个计算机用户访问存储于网上其他计算机中的数据。在实际应用中,硬件资源共享和信息资源共享是常常结合在一起的。

2. 广域网(WAN)

相对于局域网,广域网在覆盖的地理范围上要更大一些,它使用电话线、微波、卫星或这些通信信道的组合来传递信息。公共的广域网公司包括所谓的电信公司(如电话公司)。电话公司却也鼓励很多公司去组建其自己的广域网。

3. 网络配置

通信网中设备的配置(或称物理布局)称为拓扑。通信网络通常被配置为三种模式中的一种,或它们的组合。这些配置是星状、总线和环状网络。虽然这些配置也可用于广域网,但在此仅在局域网中对它们进行说明。连接到网络上的设备,如终端、打印机或其他计算机,称为节点。

(1) 星状网络

星状网络(图3-1)由一台中央计算机和一台或多台连接到该中央计算机上并形成星状结构的终端或计算机组成。纯粹的星状网络仅由终端和中央计算机之间点对点的连线组成,但是大多数星状网络,如图3-1所示的那样,由点对点的连线和多点分叉线组成。星状网络配置通常用于中央计算机中含有处理来自终端的输入请求所需要的全部数据的场合,如航空订票系统。例如,如果查询是在星状网络上处理的,那么回答该查询所需的所有数据应该包含在存储于中央计算机的数据库中。

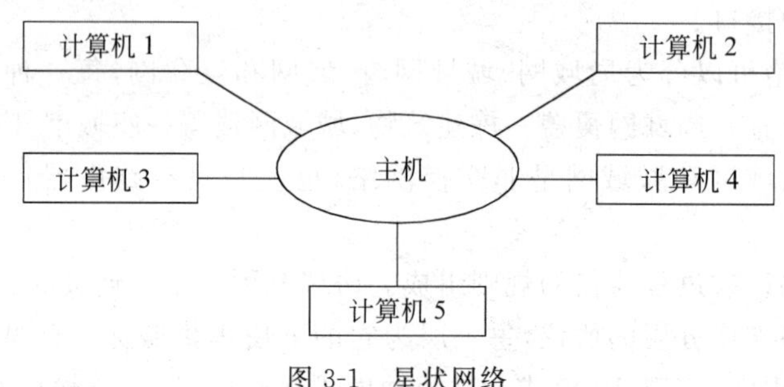

图3-1 星状网络

星状网络效率相对较高,严密的控制可保证网上数据的安全。其主要缺点是整个网络都依赖于中央计算机及其相关的硬件和软件,如果其中任何部分不能正常工作,整个网络就会瘫痪。所以,在大多数大型的星状网络中,都有一个备用的计算机系统,以防止主系统出现故障。

(2) 总线网络

使用总线网络时,网络中的所有设备都通过同一根电缆连接到一起。信息可以从任何一台个人计算机向任何方向传给另一台计算机,任何信息都可以被传送到某一指定设备。总线网络的优点是设备可以从任何一点连接到网络,或从网络的任何一点取下,而不会影响网络其他部分的工作。此外,如果网络上的某台计算机出现故障,不会影响网络上其他用户。图3-2所示为一个简单的总线网络。

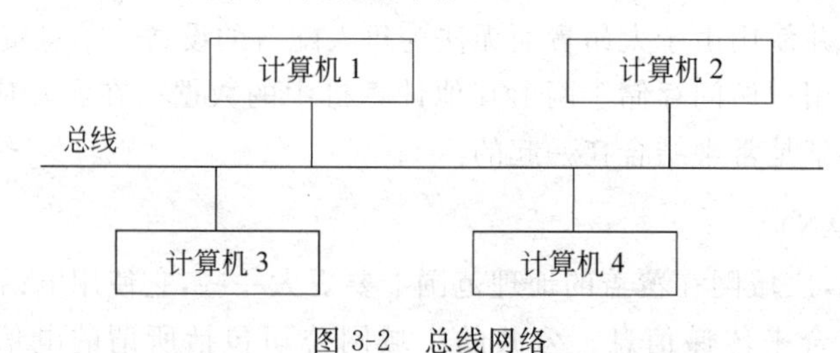

图3-2 总线网络

(3) 环状网络

环状网络不使用中央计算机,而是如图3-3所示那样连接成一个环形来实现计算机之间的相互通信。当处理不是在中心位置而是在当地进行时,环状网络是非常有用的。例如,计算机可以放在三个部门:财务部、人事部和收发部。这三个部门的计算机可以分别完成各部门所要求的处理。但是收发部门的计算机偶尔需要与财务部门的计算机通信，以修改存储在财务部计算机上的某些数据。数据只能沿着环状网络的一个方向顺序通过每个节点进行传送。因此，环状网络的缺点是如果一个节点出现故障，由于数据不能通过出现故障的节点，就会使整个网络无法工作。环状网络的优点是所需的电缆线少，因此，网络的电缆费用较低。

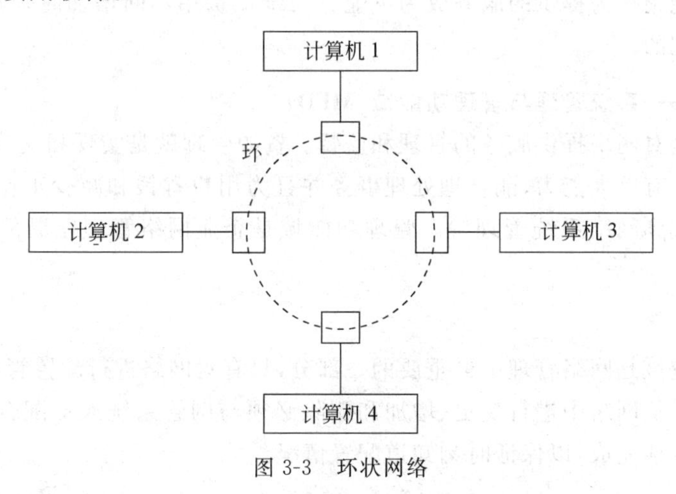

图 3-3 环状网络

4. 连接网络

有时人们可能想把许多独立的网络连接起来，可以通过使用网关或网桥来完成。网关是由允许一个网络上的用户访问另一个不同类型网络上资源的软件和硬件组成。例如，可以用网关把一个由个人计算机组成的局域网和一个由大型计算机组成的网络连接起来。网桥是由用于连接相似网络的软件和硬件组成的。例如，某公司在其财务部和市场部各有一套由个人计算机组成的相似的但相互独立的局域网，这两个网络就可通过网桥连接起来。在这个例子中，使用网桥把两个网络连接到一起比把所有计算机连接起来组成一个大的网络要更加明智一些，因为每个部门仅仅偶尔需要访问另一个网络上的信息。

3.1.3 阅读材料

网络管理

管理复杂的网络是多数机构所面临的一个挑战。良好的管理提供高质量的服务、高有效性并且能控制其费用(包括人员、设备和产品的升级)。

网络管理的任务可分成战术上和战略上两类。战术上的任务与对当前的状态如故障、拥塞和不好的服务质量作出响应有关。这些任务包括故障的解决、配置和调整流量。战略上的任务则是从长远出发，是面向制订合理的计划——避免网络的增长而出现不足。另外，战略上的任务还包括用信息调整运作、优化质量及管理设备以降低总的运作费用。

大多数的网络管理设计机制是以开放系统互联模型(OSI)为中心的。网络管理的功能领域包括用户管理、资源管理、配置管理、性能管理及故障管理与安全。

用户管理——账户管理和费用管理

账户管理的功能是记录用户信息——用户名、用户域、用户权限、口令和口令确认。其他账户的合理化管理是作为特殊功能服务并且由系统管理员管理。费用管理是对目标管理的可靠性、可操作性和可维护性的手段。这项功能使设备升级、删除无用的服务和把某台服务器功能调整为提供的服务成为可能。当维护费用不断增加时,与网络维护相关的费用是可调配的。

资源管理——系统管理与管理功能域(MFD)

系统管理是对网络提供服务的管理和监督。资源管理就是实现和支持网络资源。良好的系统管理会有巨大能力、能合理处理事务并且为用户省钱和减少工作量。这些产品能很容易地集成到网络系统管理中。管理功能域是企业网络管理在局部功能范围的一部分。

配置管理

配置管理应该是网络管理中最重要的一部分,只有对网络进行配置管理,才有可能准确地管理网络。从网络中进行变更、增加和删除必须与网管系统人员配合起来。配置的动态更新需要定期完成,以保证时刻知道配置情况。

性能管理

性能是大多数管理信息系统的关键。性能管理就是监视和跟踪网络活动,以保证系统的性能。广域网性能中的连接、电话主干线的利用等都是应该再关注的方面。

维护——安全与故障管理

大多数网络管理应用软件仅是把安全加到网络的硬件方面上,如某人登录到路由器或网桥。一些网络管理系统将具有报警检测和报告能力作为物理安全的一部分(接触关闭、火警、接口等)。

故障管理是对网络问题的检测、故障隔离并恢复到正常运行状态。大多数目标管理循环搜索错误并对错误问题以图形的格式或文本信息形式表述出来。这类信息绝大多数是系统配置人员在单元管理系统中设置的。当问题发生时,单元管理系统直接从报警器的记录中获取信息。故障管理大多数情况下能在事件和故障正在发生时处理它们。

3.2 互联网安全

3.2.1 课文

近几年来,互联网使人们的生活改变了许多。人们通过电子邮件、IP电话与朋友交谈,从网上获取最新信息,在网络市场购物。与传统通信渠道相比,互联网有许多优势:花费较少,信息传送速度快,并且不受时间和空间的限制。互联网使用得越多,对互联网安全关注得就越多。

当把一个可信赖的网络与一个不可信赖的网络连接在一起时,将涉及对可信赖网络的安全负责。关注与互联网的连接,可能大部分基于从普遍的媒体报道安全突破口收集的轶事类的证据。然而，进一步探究媒体报道背后的事实和统计，将会深化这种关注。例如，美国国家计算机安全机构(NCSA)声称，许多对计算机系统的攻击未被发现并报告，美国国防信息系统机构(DISA)称，美国国防部 9 000 台计算机遭到攻击。这些攻击有 88%获得成功，有 95%未被目标机构检测到。只有 5%中的 5%察觉了攻击，只有 22 个站点对攻击进行了反抗。

加密技术

加密是解决数据安全问题的一种途径。有两种加密技术——对称密钥加密和非对称密钥加密。

对称密钥加密系统的当事人双方要有一致的密钥。当 A 要给 B 发送消息时，A 用密钥将消息加密，B 收到加密的消息后，用相同的(或最初的)密钥将消息解密。用对称密钥加密的优点在于它的加密和解密速度快(与相同安全标准下的非对称密钥加密术相比)。它的缺点是：第一，在发送秘密消息之前，当事双方必须安全地交换密钥；第二，对不同当事人，必须使用不同的密钥。例如，如果 A 和 B、C、D 及 E 通信，A 必须用 4 种不同的密钥。否则，B 将知道 A 和 C 以及 A 和 D 在谈论什么。要找到安全交换密钥的方式很困难，所以，对称密钥加密的缺点使它不适合用于互联网。

对于非对称密钥加密，当事各方都有一对密钥：公钥和私人密钥。所有人都可以自由使用公钥，但只有密钥持有者拥有私人密钥。用公钥加密的消息只能用相应的私人密钥解密，反之亦然。当 A 给 B 发送消息时，A 首先得到 B 的公钥将消息加密，然后发送给 B。B 收到消息后，用他的私人密钥将消息解密。这种加密术的优点是人们可以自由获得公钥，因此从交换密钥问题中解脱出来。它的缺点是加密和解密速度慢。在互联网中几乎所有的加密方案都使用非对称密钥加密来替换对称加密密钥和对称加密，以得到更好的加密控制。非对称密钥加密在数据传输上似乎是安全的，但验证的问题仍然存在。请考虑如下情节：当 A 给 B 发送消息时，A 从互联网上得到 B 的公钥——A 怎样才能知道他获得的公钥确实属于 B? 这个问题由数字证书来解决。

数字证书

数字证书相当于计算机世界的身份证。当一个人想获得数字证书时，他生成自己的一对密钥，把公钥和其他的鉴定证据送达证书授权机构(CA)，证书授权机构将核实这个人的证明，来确定申请人的身份。如果申请人确如自己所声称的，证书授权机构将授予带有申请人姓名、电子邮件地址和申请人公钥的数字证书，并且该数字证书由证书授权机构用其私有密钥作了数字签名。当 A 要给 B 发送消息时，A 必须得到 B 的数字证书，而非 B 的公钥。A 首先核实带有证书授权机构公钥的签名，以确定是否为可信赖的证书。然后，A 从证书上获得 B 的公钥，并利用公钥将消息加密后发送给 B。

数字签名

数字签名是一种电子签名，它被用来鉴别信息发送者或文件签名者的身份，用于确保已发送的信息或文件的原始内容没有被改动。数字签名是被附在一份电子文档上的一个二进制位串，该文档可能是一份文字处理文件或者是一封电子邮件。这个二进制位串由签名者生成，它是基于文件的数据和个人的保密口令。数字签名易于传输，不能被其他人所假冒,而且可以自动地被打上时间戳。接收文件的人能证明签名人确实在文件上签名。如果文件被改动,签名者还可以证明他没有在被改动的文件上签名。数字签名可以用于任何类型的信息,不论该信息是否加密,因此接收者能确信发送者的身份以及收到的信息完好无缺。

公钥加密可用于数字签名,公钥加密使用特殊的加密算法和两把不同的密钥:一把每个人都知道的公有密钥和一把只有一个人知道的私有密钥。公钥算法使用两把密钥对电子文件的内容进行加密。所产生的文件是公有密钥、私有密钥以及原始文件内容的混合物。

防火墙

自从互联网问世以及出现了计算机网络安全问题,很多人都在寻找防火墙。"黑客"和"骇客"的经常性威胁受到前所未有的重视。为了满足在互联网上安全进行电子商务的商业需要,有必要引导企业构建完善的防火墙,建立一些软件和硬件装置来共同保护珍贵的关键数据免遭破坏。一些公司投入大量的资金、时间、物力和人力来建立防火墙系统以确保他们免遭侵犯。

使用防火墙就是为了在内部网络(内联网)与互联网之间提供隔离层。防火墙可简单地看作能在两个网络之间构成一个屏障的一组构件。

防火墙是将一个网络连接到另一个网络的安全系统。这套安全装置有一对计算机主板,每块主板上都有一个或多个网络用户接口调试器,以满足从一个计算机网络到另一个计算机网络的传输通信。防火墙被专门设计成一个安全系统,以阻止在一个网络与另一个网络间的未被授权的通信,更多的是专门用来阻止那些未被授权的在公众网像互联网上的用户去访问个人的专用网。防火墙能够在现有的和未来的网络操作系统上运行,也能在现在和最新开发的客户操作系统上运行。

防火墙的一个主要目的是达到"线速"并且能使数据以每秒几十亿比特的速率通过防火墙。你可能见过有的防火墙设计得像路由器,那是因为好的防火墙要求新一代的超速装置——在每个端口每秒能轻松地处理150万的数据包。现在一个普通的路由器能在两个网络间寻找最佳路径以向目的地传送数据包。

但是,更多的是将防火墙设计成一个开关。在两台计算机主板间的中间介质网络创建两点间的一个专门的动态"管道",让数据从一个IP地址传送到另一个IP地址。

这种"开关"装置比普通的路由器能更快地传送数据,因为这种"开关"不需要任何额外的时间或处理去检查在传送中的每一个数据包。防火墙在其内部能提供很高的"线速"。典型的是一个千兆位的媒介网络每秒能进出1 800万以上的数据包。

3.2.3 阅读材料

电子邮件

互联网上使用最广泛的工具是电子邮件,或称E-mail。电子邮件是指利用通信网络传送信息。电子邮件常用来在地理位置很分散的个人之间或团体之间发送信息。电子邮件信息一般通过邮件服务器发送和接收——该服务器由专门处理和传送电子邮件的计算机来承担。一旦服务器收到信息,就把该信息传送到邮件应到达的特定计算机上。发送电子邮件的过程刚好相反。作为一种既非常方便又廉价的传送信息的途径，电子邮件已经显著地影响到科学、个人和商务通信。

电子邮件是组织或个人之间组织交易的基础。例如，名录服务器使寻找订户名单成为可能，既可以用单向通信，以保持人们对最新产品的兴趣，也可以在在线讨论小组中进行双向通信。

电子邮件的另一个用途是 Usenet，可进行分组专题讨论，形成许多新闻组。互联网上有数千个新闻组，其主题覆盖的范围非常广泛。新闻组的信息并不直接发送给用户，而是以有序列表的形式存放在当地专用的新闻服务器上以供访问。这些服务器的联网使全世界范围内的用户均可参与讨论。相关软件不仅使用户可以选择他们想读的信息，而且可以通过将信息加入新闻组的方式给予回答。

电子邮件采用办公备忘录形式，一则信息包括信头和正文两部分。信头用于说明发信人、收信人及主题等，而正文则是信件的文本。要使用电子邮件，用户必须申请一个邮箱，也就是能够存放邮件的存储空间。每一个信箱都有一个唯一的地址，形如 rose_123@yahoo.com。

电子邮件地址实际上是一个由两部分构成的字符串，中间用@字符（英语中读作 at）分隔。第一部分称作信箱标识符，第二部分则说明了信箱所在的计算机域名。信箱标识符是由本地分配的，只有在指定计算机上才有意义。有些计算机系统规定用户的信箱名与其注册账号一致；在某些系统上，信箱名与账号是无关的。邮件地址中的计算机名实际上就是计算机的域名。

由于电子邮件使用 ASCII 文本表示信息，二进制数据不能直接嵌入电子邮件中。MIME 标准允许用户对非文本数据进行编码并传送。MIME 并没有指定唯一的编码标准，而是提供了一种机制，以便发送者通知接收者所采用的编码方案。

在最简单的情况下，电子邮件可以直接由发送端的计算机传送到接收端的机器上。在发送端计算机上，一个在后台工作的程序以客户身份与接收端计算机上的服务程序进行通信联系。两者使用 SMTP 协议传输信息，然后服务程序将信件存储于远程计算机的收件箱内。

尽管电子邮件最初的设想是提供人与人之间的通信，但通常用计算机程序实现邮件的收发和传送。邮件转发程序可以根据邮件地址库实现大批参与者之间的自动通信服务。当邮件送达指定邮件组之后，转发程序会自动向每一个成员发送一个副本。另外，还可以创建一个程序来自动管理邮件地址，程序在接受请求时将通过增加或移除成员地址来自动创建或修改指定的邮件组。

专用于转发邮件的计算机被称为邮件网关，或叫作邮件中转器。任何单位都可以使用邮件网关对内部员工的电子邮件进行统一编址。

有些计算机功能较差，不能运行电子邮件服务或经常断电，或者并非永久性地接入互联网，这些机器因而无法接收电子邮件。拥有这样的计算机的用户必须将信箱存放于其他机器上。这样，用户运行支持 POP 协议的软件来存取远程的信箱。POP 协议特别适用于已经连接到互联网上的计算机。

3.3 电子商务

3.3.1 课文

电子商务就是利用电子媒介做生意。它意味着利用简单、快速和低成本的电子通信实现交易,无须交易双方见面。现在,电子商务主要通过互联网和电子数据交换(EDI)的方式来实现。电子商务于20世纪60年代提出,随着计算机的广泛应用,互联网的日趋成熟和广泛利用,信用卡的普及,政府对安全交易协议的支持和促进,电子商务的发展日益成熟,人们开始利用电子手段做生意。

电子商务是指通过电子传输方式以数字形式进行商务数据交换和在线从事的商业活动。通常,电子商务可以分成两个层次:一是低层电子商务,即电子商业情报、电子交易和电子合同;二是高层次电子商务,包括借助互联网从事的所有商业活动,从找寻客户,商业谈判,下订单,在线付款,出具电子发票,至电子报关,电子纳税,全都在互联网上进行。

电子商务意味着所有贸易交易实现电子化。它有以下特征:公平自由、高效、全球化、虚拟化、互动性、自主及人性化服务。利用电子商务,客户和供货商可以在全球范围相互密切和方便地联系,因而客户能够从世界各个角落找到满足其需求的理想供货商。

电子商务将改变企业相互竞争的环境,降低在传统的市场结构中居高不下的成本。交易成本低、便于进入市场和政府鼓励使用互联网(免税)激活了电子商务,推动其从一起步便迅速发展。

为了确保电子商务的安全,应当建立电子认证中心。数字身份证用来验证身份。数字身份证的发放委托给第三方,即一家授权机构办理,它包括持有人的识别信息(姓名、地址、联系方式、身份证编号)、双方共用的密钥、有效期、口令和授权机构的识别信息等。利用数字身份证,交易双方能够确保识别另一方的身份,并且验证另一方发出的信息未经更改。

电子商务的特征

(1) 时空概念发生改变。电子商务的空间基于互联网,不受地理分界线的限制。商务活动者通过互联网相互联系,每天24小时,每周7天,突破了传统的工作日和工作周的概念。客户能够在任何时刻和任何地方登录网站,选择他们需要的东西,远远超出了以往商家所提供的信息。

(2) 市场的性质和消费者的行为发生变化。在电子商务中,生产厂商通过互联网互相联系,从购买原材料开始,直至货品销售,从而能够提高效率和降低成本。通过无线通信做交易,而电子货币变成主要支付方式。电子商务还对消费者的行为产生巨大影响,消费变得更加理性化、个性化和多样化。

(3) 公司信誉和品牌成了宝贵资源。电子商务的一个重要特征是交易基于相互信任和相互承担义务,换言之,网络经济本质上是一种信用经济。不讲信誉的企业会在网络经济中丧失生存空间。另一方面,消费者将特别喜好他们已经了解的著名品牌。

(4) 企业结构将从"金字塔"形转变为"扁平"形。未来,企业将基于知识和大量信息反馈作出自主决策和实行自行管理。

(5) 企业的经营模式将发生变化。经营模式将从传统的 4P(产品、价格、地点和推销)转变为 4C(消费者的需要和需求、满足需要和需求的成本、购买便利及沟通)。

(6) 对工人素质和技术的要求更高。在线工人将大大少于传统商店的职员,但他们必须懂得信息技术,能够开发、使用和维护计算机软件和网络。

(7) 物流在电子商务中比在普通商务中更加重要。电子商务的每次交易都包括信息流、商流、资金流和物流。前三种流能通过计算机网络解决,而由于物流是物资实体(货品或服务),故大多只能通过物理形式传送。对于企业,如何以最快的方式和最低的成本将货物送达消费者,是吸引消费者的关键要素。

(8) 对信息资源和注意力资源的新认知。在电子商务时代,作为资源的信息能够以低成本获取,相反,人的活动变成真正稀缺的资源,可能根本没有足够的时间思考和分析。对于企业,如何在信息海洋中吸引消费者的注意力,恰恰是一项至关重要的任务。

电子商务的策略

网络给常规的商业实践增加了新的空间,产生了新的商业策略。例如,电子商业产生了一类新的基于网络的中间商,他们正在替代长时期存在的中间环节,如传统的分销商和提供全套服务的中介商。比如,Monster. com 利用网络双向交互的能力,把求职者与人事招聘联系起来。有些新的中间商,如(加州)圣何塞市的 eBay 公司经营着拍卖站点,它们使用动态定价,这是一个利用网络的实时功能,让价格随供求关系自由波动的模型。

计算机网络提供了快速廉价的信息交换方式,互联网几乎进入了世界的每一个角落。中小企业(SME)可与世界任何地方的合作伙伴建立全球性的关系。高速的计算机网络使地理上的距离变得微不足道。商家能更容易地在传统市场以外的场所向客户销售商品、开发新的市场以及发现新的商机。通过在互联网上全天候地提供产品及服务的最新信息,商家可以与客户和消费者随时建立紧密联系来确保他们的竞争优势。互联网在网络世界为公司提供了大量的市场和产品推销机会,同时也加强了他们与顾客联系。利用多媒体技术,可在互联网上非常容易地建立起法人形象、产品、服务品牌名称。详细精确的销售数据有利于降低库存,节省运转费用。顾客的消费模式、个人爱好及购买能力等详细信息能帮助商家有效地调整营销策略。

如果要在互联网上建立一个站点来促进或者直接经营你的业务,可用以下方法设立站点。第一,选择一个网络主机服务提供商:如果你不想购买、安装、定制和维护网站运行所必需的所有硬件和软件,你可以将这个任务外包给虚拟主机服务公司。除了虚拟主机服务外,一些公司也提供包括诸如 ISP 服务,网站设计与实施,域名申请等在内的一站式解决方案。第二,建立自己的网站服务器:如果有足够的技术人员来规划,维护所有的硬件和软件,当然也可以用自己的服务器来构建网站。

在电子商务的模型中,各公司必须利用顾客信息。迄今为止,很多现有的零售商在利用顾客信息方面做得极差。零售商应该为持续研究而不只是交易处理而使用顾客信息。现有很多类型的公司仍倾向于只是把网络当作一个新的渠道,而实际上,它将成为其全部生意。

3.3.3 阅读材料

经济学与电子商务

当经济学被用来分析电子商务现象时,市场、竞争、价格信号、效率这些重要的经济概念可以帮助识别和组织话题。第一,互联网提供了建立商品和服务交易的电子市场或虚拟市场的技术。第二,电子市场允许电子商务企业通过电子手段相互竞争,或者与实体市场上的实体企业进行竞争。第三,电子商务企业处理价格、成本、收益、亏损的方法和实体企业是一样的。第四,电子市场的结构特征影响电子商务企业的竞争行为。第五,电子商务企业的商业计划和战略影响其生存和发展。

经济学和电子商务相结合的相关问题的调查表包括以下内容。

(1) 电子市场的结构是什么?

(2) 给定市场的电子公司数量和公司规模对于资源的利用是否有影响? 如果有影响,是如何影响的?

(3) 新企业遇到的进入壁垒和退出是什么? 这种壁垒是技术上的还是战略上的?

(4) 电子商务企业是如何给它们的产品定价的?

(5) 电子商务企业怎样差别化它们的产品,以及怎样为他们的产品增加足够的价值而带来客户忠诚?

(6) 电子商务企业之间及电子商务企业与实体企业之间是怎样进行互动的?

(7) 电子商务企业是如何应对对手们的竞争性创新的?

(8) 电子商务企业是如何有效地控制成本和利用资源的?

(9) 电子商务企业能否获得利润?

(10) 电子商务企业是否有足够的盈利能力来回报冒着风险投资启动电子商务企业的投资者?

(11) 电子商务企业能否随时间成长,预见市场中的差距或变化,并采纳新技术?

在寻找这些及其他关于电子商务和互联网经济学问题的答案时,记住以下两个方面是非常重要的。首先,目标之一是鉴别和应用一整套分析电子商务活动的经济学原则。这些活动包括在不同的电子商务行业及市场中运作的个人,以及众多的电子商务公司的行为。它可能是市场结构行为,以及B2B企业与B2C企业或产业彼此之间在一些重要方面的效率差异。甚至同样是B2C,书籍销售模式的经济学问题在很多重要的方面都不同于销售汽车电子产品或旅游的模式。因此,获得的东西可能是一个经济学概念的工具箱,利用它人们可以判断和理解特定的电子商务公司或行业的运作,并预期它们的未来。

其次,经济学已经发展出一个分支理论叫微观经济学。这个分支研究的是个体的经济行为,包括企业和消费者是如何处理稀缺性问题的;就电子商务公司的行为而言,电子商务与其他类型的经济行为有怎样的不同? 尽管它可能引发商务方式的革命,但电子商务的竞争行为及其分析工具未必就是很特别的,有可能就是传统微观经济学的一部分。

总之,以互联网和网络技术为基础的电子商务正在改变着个体消费行为以及企业商务活动的方式。它消除了交易过程中的时间和空间障碍,降低了消费者搜寻商品的成本,过滤信息收集过程,更利于买家。信息的易得性及空间的消逝同样也影响商家的权衡,即是通过产品差别化还是通过价格进行竞争。互联网是通信革命漫长历史中的最新一步。然而，与改变市场的革命相比，电子商务则是一个小的革命，它更多的是一个扩展交易选择范围、增加分销渠道的革命力量。

经济分析工具及其严密性提供了一条有用的途径，借此人们可以研究电子商务和互联网的性质、行为和结果。竞争性市场标准、价格信号的形成及对价格信号的反应、战略行为、稀缺资源的有效利用等都是解释电子交易的非常有价值的经济概念。这些工具有助于人们全面地阐述，或许解答某些关于电子商务企业、电子市场和电子商务的关键性问题。

3.4 电子支付系统

3.4.1 课文

网上支付

在电子商务过程中，支付是非常重要的一个环节。网上支付意味着以电子方式处理资金转移、收入或支出。网上支付，有时称为电子支付，是应电子商务应用的要求而发展起来的。

网上支付的前身是银行经营的电子汇款。首先，客户在A银行存入钱，当需要付款给在某个城市的某人时，客户委托A银行从他的银行账户转一笔钱到某人所在城市的B银行去，某人在B银行有账户，当B银行证明了某人身份后，把钱转入他的账户。早期银行的数据转换是以电话或电报方式进行的。最近几年，他们用EDI系统替代了电话与电报。这个金融EDI系统被称为电子资金转账系统EFT。EFT系统大大节约了数据处理时间并降低了经营开支。

现在，许多银行和软件开发公司正致力于开发一种新电子付款方式——数字资金系统。表面上，数字资金仅仅是一组数字，但这些数字不是随意或任意产生的。在数字钱币背后，有真正的钱币在支持它，否则，将发生混乱。作为流通媒质，数字资金具有普遍使用的能力，即它必须被许多银行、商家或消费者接受。否则，它只能在小范围内使用，而不适应电子商务应用的特色。

还有许多种数字资金或电子货币，它们主要可以分两类：一类是实时付款式的，例如电子现金、电子钱包和智能卡等；另一个是事后付款机制，例如电子支票（网上支票）或电子信用卡（万维网信用卡）。

先进的加密与确认系统能使数字现金使用起来比纸币更安全和隐私，与此同时，还保留了纸币的“匿名支付”的特点。数字现金系统是建立在数字签名和加密技术之上的，这个系统常利用公钥/私钥密钥对方法。

首先，用户存钱到银行，并开一个账户。银行将给客户可用于客户端的数字现金软件和一个银行的公共密钥，银行用服务器端数字钱币软件和私人密钥对信息加密，用户可用客户端数字钱币软件和银行的公共密钥将信息解密。当客户需要支付给某人一些数字现金时，就用数字现金软件生成他所需要的数字现金，给它加密并传给某人。某人将这个信息再加上他自己的账户信息和存款指令一起加密并且发送给银行。银行用私人密钥解密信息并证明客户与某人的身份,钱从客户账户上转至某人账户。

由于数字现金只是一组数字,所以需要确认其真实性。银行必须具备能追踪电子现金是否被复制或重复使用的能力,而又不能将个人购买行为与从银行购现金的人联系起来,以保持真钱币的"匿名"特色。在整个过程中,商家也不必知道客户的任何个人资料,他可用银行的公共密钥检验客户送来的数字现金。

另一种网上支付方法是电子支票,它的前身是用在增值网中的财务 EDI 系统。有些电子支票软件可嵌入智能卡,这样,客户能非常方便地携带而且可在任何计算机上开具电子支票。一些电子支票软件可为客户提供电子钱包,使他们在没有银行账户的情况下也可以出具支票。

电子银行

电子银行不是真正的银行,它是一种虚拟银行,在这个虚拟银行中,银行家、软件设计者、硬件生产者和 ISP 们共同合作,完成各自领域的工作并很好地与各方协调。在电子银行中,所有的服务内容放在服务器的主页上供客户选择。客户无须自备金融软件,他们用浏览器接到银行的网站并索取服务。所有服务都在银行服务器上处理,银行通过网站与客户互动。客户也可以用便携式智能卡在任意一台联网计算机上进行银行支付,例如,付账、购买电子货币及注册网上银行等。他们不需要买 PC,可以用任何已联网的计算机来完成银行支付工作。

这些新型银行服务软件采用了现代信息技术,能提供方便、实时、安全和可靠的银行服务。此外,它们还可以提供其他相关服务,例如股票信息、税收方法及政策咨询、外汇汇率和利息率信息。软件越方便,则顾客越多,利润也可更多,服务则可更好。这样,银行和客户为双赢关系,客户获得了便宜而方便的服务。银行极大地降低了运作成本。因为在网上,经营一个网站的开支远远比建一个银行分支便宜。而且,在网上,服务一个人的成本与服务一万个人的成本没有什么不同。随着网上银行的飞速发展,软件公司和网络提供商得到更多业务,它们都与银行处于双赢关系。

电子资金转账

电子资金转账(EFT)是指从一个机构的计算机把"资金""汇"到另一个机构的计算机的自动处理过程。电子资金转账是电子数据交换的一个子集,是指用电子方法实现买家向卖家的价值转移。

电子资金转账主要由银行实施,以取消书面处理工作。在对付大量书面工作中列出的 EFT 方法有:基于显示屏的现金管理系统、Swift 系统(用于国际)、Bits 系统(用于国内)、直接输入(磁介质)、ATM(自动出纳机)、EFTPOS(基于信用卡,适用于国际和国内)、家庭银行业务、电话银行业务和票据支付。

信用卡

信用卡(借记卡共享其网络)是在线消费者支付的首选方案。信用卡成为一种支付方法并流行的原因有:易于使用,没有技术障碍,几乎每个人都可拥有;消费者信赖发卡公司能够提供安全交易;大多数商人接受信用卡。在信用卡交易中的参与者有顾客、顾客的信用卡发行人(发行的银行)、商人、商人的银行、在网上处理信用卡事务的公司。

信用卡支付的步骤如下。

(1) 顾客通过网站上的购物车或目录选择产品或服务。

(2) 合计订单,发出一个购买请求。

(3) 以规定的形式,顾客输入一些敏感的数据,例如信用卡号、发货地址等。

(4) 这些数据通过网络服务器被安全地提交、收集和传递。

(5) 网络服务器的支付系统与商家的卖方账户有关的处理器安全地进行联系,证实该信用卡号是有效的。

(6) 如果上述步骤正确通过,那么购买价格将从顾客信用卡的"发行银行"划拨到商家的卖方账户。

3.4.3 阅读材料

电子商务安全

电子商务的安全是建立网上商店最应该关注的问题。SSL证书、加密、公钥和私钥……这些都很容易混淆。如果你根本不担忧安全问题或者不是很清楚采取必要措施保护你的网站的重要性,则你的网站和生意将会很冒险。

(1) 建立安全控制机制

安全等级也是一个需要考虑的问题。你需要保护你的系统免受黑客和病毒的破坏。防火墙、入侵检测系统、杀毒软件都需要被用到。另外,一些常用的安全措施像保护用户的ID和密码,经常更换密码也需要被用到。支付交易需要用到更高等级的安全措施。如果你想从网上获得客户的个人资料,你就必须保证可靠的转账和数据的存储。一个资料保密的声明也是有必要的。

(2) 安全套接层

安全套接层(SSL)技术使两个设备之间连接起来,比如一台计算机和网络服务器之间,能够安全地传输数据。对于一个电子商务网站或任何接收敏感信息的网站来说,一个SSL证书是绝对有必要的。而且你不仅需要SSL证书,你还要真正使用它。

(3) 保护电子邮件的安全

如果你通过电子邮件的方式收到你的网上商店的订单,那仅仅拥有SSL证书是没有用的。电子邮件是以纯文本的方式传送的,它有可能在传输和阅读时被截取。

保护电子邮件的方法很多。PGP是一种加密技术,可以在邮件送出时将它加密,然后在接收时解密。如果要运用这种技术,发送者和接收者都需要在他们的计算机上安装可以鉴别和解密文件的认证证书。这种技术虽然已经发展了许多年,可是它依然不是很容易安装也没有发挥它最大的作用。

通过网站接收到安全的电子邮件的另一种方法是运用一个与安全命令在同一个服务器的电子邮件账户进行邮件传输。正因为它们不会通过公众网络被发送,所以在你试图下载它们之前是安全的。

(4) 经常升级软件

经常升级软件看起来不值一提,但是修补和软件升级往往可以修补那些使黑客进入系统的安全漏洞。所以你应该定期更新系统。

(5) 注意服务器上安装的脚本和文件

免费的脚本和软件听起来很好,但是它们有时编写得非常不好或者会存在能使黑客侵入你的系统的安全漏洞。要保证你安装的软件经过了彻底的测试并在出问题时能够获得有效的支持形式。

(6) 使用安全的FTP传输文件

FTP和远程登录都以纯文本形式传输密码。黑客们可以看到这些信息并可进入整个系统。使用安全的FTP和SSH进入网站,这整个过程全部被加密就好像用SSL那样,保证没有人可以截获和读取你的密码或其他敏感信息。

网上购物开启了商品与服务的新领域。万维网已经以前所未有的方式扩大了国际市场,给消费者提供了无限的选择。然而电子购物带来了世界性的问题,特别是当你与其他国家的卖主进行交易时。

当在网上购物时,掌握一些技巧来帮助你是必要的。

(1) 了解交易的对象

在与公司作交易前你应该做些额外的工作以确定公司是合法的。确认公司的名称、物理地址,包括所属国家、E-mail地址或电话号码,这样可以针对疑惑和问题与公司沟通。并且考虑只与那些有明确政策的卖主进行交易。

(2) 了解条款、条件和成本

预先弄清楚什么是自己需要的,什么是自己不需要的。获取一份完整的、详细的成本清单,包括销路,一份清楚的货币名称,交付或性能的条款,以及付款的条款、条件和方法。查找购买中的有关限制、局限性或购买条件的资料。

(3) 在线支付时保护自己

查找描述公司的安全公示信息,核对浏览器是否安全,并且在在线交易期间加密个人和账户资料。这样会减少资料受到黑客攻击的可能性。

(4) 注意个人隐私

所有的交易都需要用户的资料来处理订单。有些是用来通知消费者有关产品、服务和升级的,有些是用来为其他卖主共享或出售资料的。只从那些尊重个人隐私的网上卖主处购货,查找卖主在网站上的保密政策,政策声明应该显示哪些个人识别信息是被收集的,它如何被使用。卖主应该给用户机会拒绝把资料销售或共享给其他卖主,还应该告诉用户如何改正或删除公司已有的有关自己的资料。

3.5 物流与供应链管理

3.5.1 课文

电子商务中的物流

正如商品的流动一样,信息也是流动的。在正确的时间,正确的条件下,携正确的文件把商品送到正确的地点,这些有关"正确"的问题必须要弄清楚。卡车司机应从哪里装运、谁会接收货物、某种物品的库存是多少、将要生产多少、货运现在到哪了,这些信息贯穿整个物流管理系统中,但是,像商品一样,它必须要以一种有效的形式准时送到正确的人手里。信息可以简单到像刚刚运抵的包裹的内容，也可以复杂到像重型装备的新型供应链设计的建议。物流中信息系统的本质就是把准确的数据转换成有用的信息。错误的数据和匮乏的信息就会扰乱物流管理活动。当然，即使有了精确的数据和丰富的信息，还必须有人付诸实际行动。

顶级的物流效率和效果要求有一个很好的集成物流信息系统(ILIS)。没有随时能够访问的准确信息，集成的物流管理操作就会失去效率和效果。集成的物流便不能维持战略竞争力。ILIS 的优先应用领域包括管理库存状态，追踪货品和发货，取货和运输，订货便利化，订货准确化，内部物流和外部物流的协调，以及订单处理。通过 ILIS 信息流的质量是至关重要的。所谓的"垃圾进—垃圾出"可能出现在任何信息系统。在信息的质量上，有三点值得关注：①获得正确的信息；②保持信息的准确性；③有效地沟通信息。

一个集成的物流信息系统可以被定义为：通过人员、设备和一定流程，将所需信息加以收集、整理、分析、评估，然后将它们以及时、准确的方式发给恰当的决策人以帮助他们作出高质量的物流决策。

ILIS 收集来自所有可能渠道的信息，以协助集成物流经理作出决策。它接触到市场、金融和制造业信息系统。所有这些信息都将被高层管理者用来制定战略决策。

ILIS 有 4 个主要的组成部分：订单处理系统、研究和智能系统、决策支持系统及报告和输出系统。上述 4 个子系统应该共同提供给集成物流经理作为及时准确决策参考的依据。这些子系统与集成物流管理功能和集成物流管理环境相连接。在开发信息之前，信息需求就必须确定下来。同样，一旦产生基于需求评估的信息，它将被送到集成物流经理那里。

订单处理系统无疑是最重要的子系统。订单处理是一系列使正确的货物得以准备好并运送到客户(直到库房接货为止)的活动。订单处理包括检查客户信用，抵补销售代表的账户，确保产品的供应，并准备必要的货运文件。卖方应能控制订单周期活动。通过计算机的应用，订单处理的时间已经大大地缩短了。

研究和情报系统(RIS)不断地监控环境，观察并总结影响整合物流操作的事件。RIS 监控公司内部环境、外部环境和公司之间的环境。外部环境包括在公司之外发生的、通常不在公司控制下的事件。公司间环境包括一些直接影响公司，且公司有一定控制权的外部环境要素，如分销渠道。公司内部环境包括公司的内部工作和被公司掌控的要素。

决策支持系统(DSS)以计算机为基础，运用分析建模来解决复杂的集成物流问题。所有 DSS 的核心是一个包罗万象的数据库，包含能使集成物流经理用来做决策的信息。

ILIS 最后的子系统是报告和输出系统。常规的报告用来制订计划、操作和控制整合的物流。计划输出包括销售趋势、经济预测和其他的市场信息。营运报告用于库存控制、运输调度、发送、购买和生产计划安排。控制报告用来分析费用、预算和业绩。

供应链管理

在供应链管理方面，许多全球性的制造公司都参与实施了新的信息系统和技术。财务系统、生产计划、物流及库存管理系统是最早的应用领域。大多数公司需要 4～5 年的时间，并花费数百万美元的直接支出。

供应链管理改进的目的是供应链关系更快捷和更一致，并且往往把库存作为最后的缓冲区而不是解决问题的第一招来降低周转金成本。在高度竞争中,重点是创造价值,价值创造的主要办法是提高信息的使用和客户数据的质量,改善售后服务及订单履行,而为上游过程定义更一致的信息则是次要办法。

大部分公司都开始面对"超竞争",在这种竞争中,公司把自己定位在一个彼此越来越争斗的位置,而不是在适度竞争中彼此包容相伴的位置。在适度竞争中,壁垒是用来限制新的进入者的,并且,只要产业领导者一起合作约束竞争行为,那么可持续的优势是可能的。但是,处于超竞争状态中的公司必须不断寻机破坏产业领导者的竞争优势,并创造新的机遇。

在超竞争的市场,追求4～5年的再造应用软件项目和数据库项目是成问题的,因为公司每隔6～12个月的时间,就得改变自己的战略能力;短期改变是获得盈利及增长的新基础。过程中的模块化和柔性化的出现、信息管理和应用系统等,不仅使快速和柔性实施成为可能,而且使企业"放弃"或"忘掉"那些不再带来竞争潜力的方法。

适度竞争市场与超竞争市场中的供应链管理项目的运作重点是有争议的。在前者中,上游项目的投资(新财务系统、生产计划或库存管理系统)可能带来大量的好处,其中包括持续的信息共享和跨部门合作的改进。而在超竞争条件下,运作的重点则是有高投资回报和高客户附加价值的过程和信息系统。运作的重心将转向需求侧,并且强调客户互动、账户管理、售后服务及订单处理。为了维持超竞争市场中的竞争优势,公司可能会寻求取消详细管理报告和控制,以及市场预测和生产计划的需求。取而代之的是,公司可能从他的经销商和零售商那里获得实时、在线的产品流向信息,也可以通过派遣组织或者授权员工的形式,不断地改进过程来实现控制和管理报告的简化。

3.5.3 阅读材料

企业中的电子商务

企业有各种各样的理由开展电子商务活动。企业通常努力通过电子商务来完成的业务目标包括:提高现有市场的销售额,开拓新市场,为现有客户提供更好的服务,寻找新的供应商,与现有供应商更好地协调或提高招聘雇员的效率。企业目标的类型随着组织规模大小的改变而改变。例如,小公司可能需要建立一个鼓励访客利用其作为通道来做生意的网站,而不是通过网站本身降低其成本。一个仅仅提供产品或信息服务的网站比提供交易处理、招投标、通信或其他能力的网站在设计、建立及维护方面耗资更少。

1992年以来,越来越多的企业移向网络,许多直接向消费者销售产品的在线商店出现了。电子商务成为万维网上需求最大的应用,世界各国都在力求促进网络设施与技术的完善,为电子商务创造一个更好的环境。电子商务成为整个贸易活动中发展最快的领域。

电子商务让传统的商务流程转化为电子流、信息流,突破了时间、空间的局限,大大提高了商业运作的效率,并有效地降低了成本。这是否意味着人们应该彻底放弃他们的传统贸易手段并将他们所有的业务变为电子商务呢?回答是否定的,因为一个企业的市场计划涉及企业经营的所有方面,电子商务只是一个去完成公司经营计划与目标的新的市场手段而已,尽管电子商务有如此多长处,但是一个公司是否适合采用它是关键。

下面看一下,什么样的目标是企业希望互联网来帮助他们实现的。

(1) 充分展示与形象建立

公司的网站设计使人印象深刻、有吸引力、交互性好并容易找到。

(2) 实时交易

对询问的快速回应,有议价和协商功能,提供电子支付,能缩短订货—货运—付款周期。

(3) 电子交易的安全

能确保系统的可靠性与交易数据的安全。

(4) 在合作过程中对合作伙伴能作出快速回应

在供应链中的合作者之间实现实时的信息共享和交流。

(5) 对客户需求快速反应

对顾客提供在线服务界面。

要同时实现上述的各个方面显然是不现实的,因为投资相当大,将给企业现行经营带来极大的、彻底的改变,当这些方面无法互相配合时,也许会引起混乱。

电子商务活动的有些效益是可见的并且容易测量,例如提高销售量或降低成本。供应链经理可以测量供应成本的降低,质量的改善,以及预定货物的交付速度。拍卖网站可以就拍卖的数量,出价人和卖家数量,卖掉物品的金额,卖掉物品的数量或注册用户的数量来设定目标。有些效益是不可见的而且难以测量,比如提高客户满意度。当确定效益目标时,管理人员应设法使目标能够加以测量,即使是属于不可见的效益。例如成功实现了顾客满意度的提高可以通过计量客户回头率来加以测量。

总之,企业为了更好地实施电子商务活动,必须时时注意收集、积累和分析顾客资料,研究和评价销售业绩,不断地留意消费者的购买行为,并在此研究基础上预测未来的消费模式。

第4章 计算机应用

4.1 数据库应用

4.1.1 课文

设计数据库系统的目的是管理大量信息。对数据的管理既涉及信息存储结构的定义,又涉及信息操作机制的提供。另外,数据库系统还必须提供所存储信息的安全性保证,即使在系统崩溃或有人企图越权访问时也应保障信息的安全性。如果数据将被多用户共享,则系统还必须尽可能避免可能产生的异常结果。对大多数组织而言,信息都非常重要,这决定了数据库的价值,并使大量的用于有效管理数据的概念、技术得到发展。

数据库管理系统(DBMS)由一个互相关联的数据的集合和一组用以访问这些数据的程序组成,这个数据集合通常称作数据库,其中包含了关于某个企业的信息。DBMS的基本目标是要提供一个可以方便地、有效地检索和存储数据库信息的环境。

事务管理

事务是数据库应用中完成单一逻辑功能的操作集合，每个事务都是既具原子性又具一致性的单元。因此，要求事务不违反任何的数据库一致性约束，也就是说，如果事务启动时数据库是一致的，那么当这个事务成功完成时数据库也应该是一致的。但是，在事务执行过程中，必要时允许暂时的不一致，这种暂时的不一致尽管是必需的，但在故障发生时，很可能导致问题的产生。

原子性和持久性的保证则是数据库系统自身的任务，更确切一些，是事务管理器的任务。在没有故障发生的情况下，所有事务均成功完成，这时要保证原子性很容易。但是，由于各种各样的故障，事务并不总能成功执行完毕。为了保证原子性，失败的事务必须对数据库状态不产生任何影响，因此，数据库必须能恢复到该失败事务开始执行以前的状态。数据库系统应该能检测到系统故障并将数据库恢复到故障发生以前的状态。

存储管理

数据库常常需要大量存储空间。公司数据库的大小是用 gigabyte(10^9 字节，1GB)来计算的，最大的甚至需要用 terabyte(10^{12}字节，1TB)来计算。一个 gigabyte 等于1 000个 megabyte(10^6 字节，1MB)，1 个 terabyte 等于 100 万个 megabyte。由于计算机主存不可能存储这么多信息，因而信息被存储在磁盘上，需要时信息在主存和磁盘间移动。由于同中央处理器的速度相比数据出入磁盘的速度很慢，数据库系统对数据的组织必须满足使磁盘和主存间数据移动的需求最小化。

数据库系统的目标是要简化和辅助数据访问，高层视图有助于实现这样的目标。系统用户可以不受系统实现的物理细节所带来的不必要的负担所累。但是，决定用户对数据库系统满意与否的一个主要因素是系统的性能。如果一个需求的响应速度太慢，系统的价值就会下降。系统性能取决于用来表示数据库中数据的数据结构的高效性，以及系统对这样的数据结构进行操作的高效性。正如计算机系统中其他地方也会出现一样，不仅要在时间与空间两者间进行权衡，还要在不同操作的效率间进行权衡。

存储管理器是在数据库中存储的低层数据与应用程序及向系统提交的查询之间提供接口的程序模块。存储管理器负责数据库中数据的存储、检索和更新。

数据库管理员

使用 DBMS 的一个主要原因是可以对数据和访问这些数据的程序进行集中控制。对系统进行集中控制的人称作数据库管理员(DBA)。

DBA 通过编写一系列的定义来创建最初的数据库模型，这些定义被 DDL 编译器翻译成永久地存储在数据字典中的表集合。DBA 也通过编写一系列的定义来创建适当的存储结构和存取方式，这些定义由数据存储和数据定义语言编译器来翻译。

通过授予不同的权限，数据库管理员可以规定不同的用户各自可以访问的数据库的部分，授权信息保存在一个特殊的系统结构中，一旦系统中有访问数据的要求，数据库系统就会去查阅这些信息。

数据库的前景

随着关系型数据库模型的发展，有两种技术导致了在今天被称为服务器/客户机的数据库系统的快速发展。第一项重要的技术就是个人计算机技术，廉价而又易用的应用程序如 Lotus 1-2-3 和 Word Perfect 允许雇员（和家庭用户）快速而准确地建立文档和处理数据。用户已习惯于经常升级系统，因为计算机发展速度非常快，而更高级计算机系统的价格却持续下降。

第二项重要的技术则是局域网的发展以及它导致的世界范围内的交叉办公。虽然，用户习惯于采用终端同主机相连，现在，文字处理文档可以存储在本地而可以被任何连接到网络上的计算机访问。在苹果的 Macintosh 计算机为大家提供了一个友好易用的图形用户界面后，计算机变得物美价廉且易于使用。此外，还可以从远程站点访问，并从服务器上下载大量的数据，在这个飞速发展的时期，一种新型的叫作客户/服务器的系统诞生了。这种系统的处理过程被分解在客户机和数据服务器上，这种新型的应用程序取代了基于主机的应用程序。

分布式数据库系统

在分布式数据库系统中，数据库存储在几台计算机上。分布式系统中的计算机之间通过高速网络或电话线等各种通信媒介互相通信。这些计算机不共享公共的内存或磁盘。分布式系统中的计算机的规模和功能可大可小，小到工作站，大到大型主机系统。

分布式系统中的计算机有多种不同的称呼，例如节点或结点，根据讲述的上下文不同而异。这里主要采用节点这个称呼，以强调系统的物理分布。

无共享的并行数据库与分布式数据库之间的主要区别在于，分布式数据库一般是地理上分开的，分别管理的，并且是以较低的速度互相连接的。另外，一个重要的区别是，在分布式系统中，将事务区分为局部事务和全局事务。局部事务是仅访问事务被发起的单个节点上的数据的事务。另一方面，全局事务或者发起事务，或者访问几个不同节点上的数据。

4.1.3 阅读材料

数据仓库

数据仓库是从多数据源收集来的信息的仓储（或转储），它在一个地点以统一的模式存储。一旦收集来，数据将长期保存，以支持对历史数据的访问。因此，数据仓库提供给用户一个单一固定的数据接口，使决策支持查询的编写更为容易。另外，通过从数据仓库访问用于决策支持的信息，决策制定者保证了联机事务处理系统不会受决策支持工作负载的影响。

图 4-1 给出了一个典型的数据仓库的体系结构，并且表示出了数据的收集、数据的存储以及查询和数据分析支持。构造数据仓库面临的问题如下。

(1) 何时以及如何收集数据。在数据收集的源驱动体系结构中，数据源要么连续地在事务处理发生时传送新信息；要么阶段性地，譬如每天晚上传送新信息。在目标驱动体系结构中，数据仓库阶段性地向源发送对新数据的请求。

除非对源的更新通过两阶段提交在数据仓库中做了复制，否则数据仓库不可能总是与源同步。两阶段提交通常因开销太大而不被采用，所以数据仓库常会保留稍微有点儿过时的数据。但这对于决策支持系统来说通常不是问题。

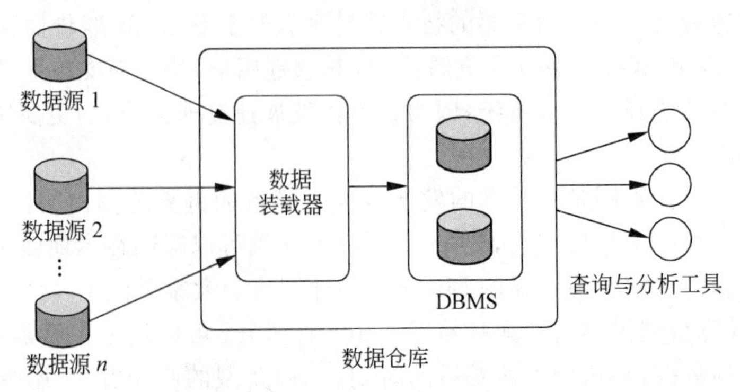

图4-1 数据仓库结构图

(2) 采用什么模式。各自独立构造的数据源可能具有不同的模式。事实上,它们甚至可能使用不同的数据模型。数据仓库的部分任务就是做模式集成,并且在数据存储前将数据按集成的模式转化。因此,存储在数据仓库中的数据不仅仅是源端数据的备份,同时它们也可被认为是源端数据所存储的视图(或实体化的视图)。

(3) 如何传播更新。数据源中关系的更新必须被传至数据仓库。如果数据仓库中的关系与数据源中的一样,传播过程则是直截了当的。

(4) 汇总什么数据。由事务处理系统产生的原始数据可能太大以致不能联机存储。但是,可以通过对关系做总计而得到的保留汇总数据回答很多查询,而不必保留整个关系。例如,不是存储每件服装的销售数据,而是按类存储服装的销售总额。

4.2 软件工程

4.2.1 课文

软件工程是应用各种工具、方法和原理来产生和维护自动解决现实世界问题的方法。它需要识别出问题、计算机对软件产品的执行以及软件产品存在的环境(由人员、设备、计算机、文档等组成)。很显然,没有计算机程序就不会有软件产品,更没有软件工程,但这些仅仅是一个必要条件而不是充分条件。

软件工程第一次作为一个通俗的术语出现是1968年在德国加米施市举行的北约会议的标题中。软件和工程并列是为了引起人们的兴趣。数字计算机问世不到25年,而人们却已面临着"软件危机"问题。首先人们发明了计算机程序设计,然后教人们如何编写程序,下一个任务便是对大型系统的开发,这种系统要可靠,能按时交付使用,并在预算范围内。随着各种技术的发展,人们的目标放在能够成功地做些什么这个界限上。实践证明,人们不善于准时建好大型系统。因此,软件工程是作为一种克服那些阻碍人们进步的障碍的组织力量而出现的。

一个大规模的软件工程横跨相当长的时间周期,这段时期可划分为不同的时间段,将它们放在一起就组成了"软件生存周期"。

实际的术语可能不同,但大多数作者将软件生存周期划分为以下5个关键阶段。

(1) 需求定义:确定和规定软件的需求。

(2) 软件设计：根据需求分析进行设计。

(3) 软件实现：在特定的机器上使用特定的编程语言实现软件设计的编码。

(4) 测试：测试实现的系统是否满足规定的要求。

(5) 运行和维护：系统被安装和使用。找到错误并修正。

尽管软件工程可以被描述为这5个阶段，但实际的开发过程本身是一个互相作用的整体过程，各个阶段互相前馈和反馈。每一个阶段向后一个阶段提供信息，这取决于后续阶段以何为基础。每一个阶段也都向之前的阶段反馈信息。举个例子，软件实现阶段暴露了设计阶段的缺点，测试阶段暴露了软件实现阶段的错误。每一个阶段都有输入和输出，在传递前必须仔细检查输出。

第一阶段，需求定义阶段，是指系统期望的需求分析，即描述功能特征和操作细节的阶段。该阶段的输入是对软件要求的陈述(常常是一种松散的陈述)。通常这个阶段输出一个“需求文档”，该文档由一系列最终产品必须满足的特征或约束的精确陈述组成。这并不是设计，但必须在设计之前，即规定系统应该做什么而不规定系统怎样去做。需求文档的存在提供了设计阶段(生存周期的下一个阶段)中能够被确认的内容。有时候一个快速的开发原型是实现调试要求的有用工具。

对于任何一个阶段，不允许把错误带到后续阶段是十分重要的。例如，在需求定义阶段，一个错误的功能说明会导致不满足需要的设计和实现。如果没有查明让错误发展下去，那么到了测试阶段就会花大量的成本去修正这个错误(包括重新设计和重新实现)。

第二阶段，设计阶段，在此阶段占统治地位的是创造性。虽然一些人争论创造力是与生俱有的和不能被训练和提高的，但使用好的程序和工具的确可以提高创造力。这在下文将会详细论述。这个阶段的输入是一份(经过调试和确认过的)需求文档，输出是以某种适当形式表示出的设计，如“伪代码”。确认设计阶段的正确性是非常重要的。需求文档里每一个需求都必须有相应的设计片段与之相符合。正规的验证虽然可以达到一定的程度，但却是极其困难的。更多的是整个的设计团队、管理者甚至是客户的非正式的校阅。

第三阶段，软件实现阶段，它是对第二阶段设计开发的实际编码阶段。这个阶段具有很大的诱惑力，很多鲁莽的程序员没有经过前两个阶段的充足准备就跳到了软件实现阶段。结果是，需求关系没有完全弄清楚，设计也有缺陷。软件实现进行得很盲目，结果是越来越多的问题涌现。

第四阶段，测试阶段，它关心的是证明实现程序的正确性。不可避免的是，一些测试在前两个阶段已经开始进行了。任何有经验的程序员都在内心里测试每一行产生的语句并在正式测试之前在心里已经模拟了任何模块的执行过程。测试永远不会简单。Edsger Dijkstra 就写到当有效的测试发现错误的存在时，它不会表示没有错误。一个“成功”的测试指的是在特定的测试环境下不再发现错误，但并不能说明在其他环境下也没有错误。理论上，测试一个程序是正确的唯一途径是所有可能的情况都被尝试(也就是众所周知的无遗漏的测试)，这对于即使是最简单的程序在技术上都是不可能实现的，例如，设想写了一个程序来计算一次考试的平均分，无遗漏的测试要求测试所有的分数和班级人数的组合，这将花费很多年的时间去完成这项测试。

第五阶段,程序的维护阶段,不幸的是,程序的学习者很少能参与这个阶段。这在现实世界是很重要的,当然不能被过分强调,因为一个被广泛应用的程序的维护费用可以达到或者超过它的开发费用。不同于硬件的维护,软件的维护不仅包括损坏构件的修复,还包括对设计缺陷的修复,也可能为了满足新的需求添加软件的功能。程序员开发新的软件的能力无疑受到了维护旧软件时间长短的影响。维护必须被很好地组织,必须采取措施来减少它所花费的时间。

软件项目的总费用取决于在整个软件生存周期中所用去的人工和时间,对软件生命周期细分成各个要素时期可以提供更好的费用分析,经过反复的观察这些阶段所需用的费用各不相同。举个例子来说,正如已经被提及的,第五阶段维护阶段可能会花费和开发阶段即前4个阶段一样多的费用。这就是软件工程的工作,尽可能地减少费用。这需要对所有的阶段合理地分配时间。给某个阶段(如测试阶段)分配的时间不充分会导致后续阶段(这里对应的是维护阶段)问题的出现而引起整个费用的增加。事实表明,在实际项目中,大部分的维护工作不是花在编码或实现的错误上,而是在用户需求的变化或者需求分析中的错误和程序设计的不足这些方面。

4.2.3 阅读材料

软件测试与维护

无论程序写得多好,人们显然都应该检查各种各样可能发生的错误来保证模块编码的正确。许多程序员将测试看作他们所编程序能正确执行的证明。然而,证实正确性的观点实际上与测试的真正含义恰恰相反。人们测试程序是为了证明错误的存在。因为人们的目的是发现错误,只有当错误被发现了才能认为测试成功。一旦错误被发现,调试或纠错是确定引起错误的原因的过程,并且为了让错误不再存在要对系统作出修改。

测试阶段

在一个大系统的开发中,测试包括若干个阶段。首先,每个程序模块作为一个单独的程序进行测试,通常与系统中的其他程序分离。这种测试被称作模块测试或单元测试,通过对模块设计的研究来确保模块的功能与预期的输入相一致。在任何可能的时候,单元测试是在控制环境下进行的,这是为了让测试小组能输入被测试模块先前确定的数据并观察产生的输出数据。另外,测试小组要检查内部数据结构、逻辑以及输入输出数据的边界条件。

当对模块集进行过单元测试后,下一步是确保各模块间接口的定义和处理要适当。综合测试是确定系统里的控件与程序设计和系统设计说明书中所描述的功能一致的过程。

一旦确定信息按照设计要求在模块间传递,就测试系统来确保它具有预期的功能。功能测试是通过对系统进行评估来确定需求说明书中描述的功能是否在整个系统中都能实现。当然,结果就是一个功能系统。

回忆一下对需求下过的两种定义:一种是客户的术语,另一种是一系列软件和硬件的需求。功能测试是将建立的系统同软硬件需求中描述的功能作比较。此外,执行测试是将系统与软硬件需求中的其他内容作比较。如果测试是在客户的真实工作环境中执行，一个成功的测试会产生一个合法的系统。但是，如果测试是在一个模拟环境中执行的，从而产生的系统只是验证系统。

当执行测试完成后，作为开发人员，要确保系统功能与对系统描述的理解相一致。下一步就是与客户商议确保系统的工作情况与客户的期望相一致。开发人员同客户一起执行验收测试，再次检查系统是否满足客户的需求描述。当验收测试完成后，已认可的系统被安装在它将被应用的环境中，然后执行最后的安装测试确保系统仍具有它应有的功能。

软件维护

系统交付以后，维护就开始了。当人们使用系统时，他们将提出一些小的改善和提高的需求。有时在调试和检测阶段一些缺陷被忽略了，那么排除这些缺陷就是另一个维护任务了。最后，条件改变了，必须修改程序。人们用“软件维护”来描述软件工程中将软件产品交付于顾客之后的工作，软件生命周期的维护阶段是软件产品实际有效工作的一段时间。通常，软件产品的开发周期是1～2年而维护阶段是5～10年。

维护工作包括对软件产品的改进，使产品适应新环境以及问题修正。软件产品的改进包括提供新功能的性能，用户显示及交互方式的改善，外部文件及内部文档的改善或者提高系统执行特性。使软件适应新环境应包括将软件应用到不同的机型上，例如，对软件进行修改使其适应一种新的电信协议或附加磁盘驱动器。问题修正包括对软件的修改及再次确认来改正错误。一些错误需要及时注意，有些可以根据时间表定期对其进行修改，其余的只需知道但不需要修改。

要明确的是维护工作要占据整个生命周期的大部分。软件维护花费软件周期70％的工作量是不稀奇的(开发需要30％)。一般的规则是，软件维护工作的分布是60％的维护工作用于改进，其余各有20％用于适应及修正。

软件维护期间的分析活动包括要求改变的范围及结果，以及造成改变的约束。维护期间的设计包括对产品进行再设计来合并要求进行的转变。改变必须是有益的，内部文档的代码必须更新，而且必须设计新的测试情况来对修改进行适当的评定。同样，支持文档(需求、设计说明书、测试计划、操作原理、用户手册、交叉参考目录等)必须进行更新从而反映出改变。必须根据不同区域的顾客对软件更新的描述(代码及支持文档)进行分类，而且，也必须更新每块的结构控制记录。

4.3 多媒体

4.3.1 课文

多媒体是通过计算机或其他电子手段向你传送的文本、图形艺术、声音、动画与视频的任意组合。

直到最近，当计算机能以可负担得起的价格传送一个集成程序包时，多媒体才变得可行。1975年，最早的个人计算机在市场上出现，它们具有低速的处理器和墨绿色的纯文本屏幕。到1980年，增加了硬盘存储器和简单图形功能。到1987年，出现了能显示彩色、更高级的图形、声音和动画的功能。1995年，人们已经有了把数字视频、声音、动画和文本集成到一个硬件和软件包上的功能。人们对通信能力和对诸如国际互联网上的网络信息共享的要求一直都在不断增加。由于存储容量和速度的增加以及尺寸和费用的减小,目前多媒体已可以实现并可以负担得起了,这就导致了性能和可用性的增加。

需要考虑的事项

(1) 存储器:为使数字化信息将来能被检索和使用,多媒体使用了永久性存储器。无论是开发阶段还是应用阶段,多媒体产品都需要大量的存储空间。许多多媒体产品需要在CD-ROM上存储。

(2) 带宽:带宽可以被想象为一个管道,信息必须通过这个管道来传送。所要传送的信息量越大,所需要的管道也就越大。这是对目前以多媒体方式发布大量数字视频的一个最大的限制。光缆提供了最大的可用管道之一。

(3) 处理器的速度:处理器的速度是计算机进行快速执行运算的能力。由于声音和视频需要大量的数据,所以多媒体需要一个快的处理器速度。

(4) 显示深度:显示深度是显示屏幕能够放映准确而丰富图像的能力。新型的计算机能够显示几百万种色彩并能接近真实光感的图像。

多媒体设备

多媒体要求具有声音和图形功能,需要高速处理器芯片和CD-ROM或DVD驱动器。10年前,多媒体设备还是额外的配置。今天,它们甚至成了很多价格便宜的计算机的标准配置。

快速的处理器能够快速处理用来存储和产生多媒体的大量数字数据。处理器的速度越快,它每秒处理的数据越多。处理器速度较快的计算机能够输出更加流畅的视频流,并且保证声音和动作同步。多媒体的流行使芯片制造商在计算机处理器芯片中提供了特殊多媒体处理能力,它能加速诸如声音和视频这些多媒体特性。

声卡可以向计算机提供记录和播放声音文件以及视频声音的能力。声卡位于系统单元内部,并且在机箱背面提供外部接口,可以把扬声器、耳机和麦克风等插到该接口。计算机的扬声器和麦克风的质量会影响声音的质量。

CD-ROM驱动器使计算机能够访问音频和CD-ROM软件。多媒体元素,特别是视频,需要大量的存储空间。多媒体数据通常是存储到一张CD-ROM盘上,而不是存储在计算机硬盘中,这样只在需要访问多媒体元素时才插入CD-ROM盘。DVD驱动器可以访问CD-ROM上的多媒体数据。

计算机的图形卡从处理器获取信号,然后使用这些信号在屏幕上绘制图像。图形卡一般安装在计算机的系统单元内,并且提供到显示器数据电缆的连接。计算机的图形卡必须进行大量的处理工作,而且处理速度必须快。使用更加昂贵的图形加速卡,可以加快处理速度。

多媒体的应用

(1) 基于计算机的培训(CBT):许多公司使用多媒体应用程序培训其雇员。一家大电话公司使用多媒体应用程序模拟一些重要的紧急情况来培训雇员如何处理这些情况。通过使用多媒体,公司发现它既节省开支又比其他培训员工的方法有效。

(2) 教学:多媒体的本质是使计算机变得更有趣,无论对小学生或攻读硕士学位的成年人都是如此。

(3) 寓教于乐：现在有一种寓教于乐的新型软件，就是通过提供一些娱乐使学习过程更有趣。

(4) 娱乐：有一些娱乐是绝对没错的。许多情况下，当今最好的游戏软件中的图形技术将被用于明天的商业软件。如果有一条途径把技术扩展到其相邻层次，你绝对应该把眼光放到多媒体开发者身上。另外，写游戏软件本身也很有趣。

(5) 信息获取：人们常说现在是信息时代，人们确实被太多的信息搞得不知所措，这么多的信息让人难以查找，多媒体提供了有效的方式组织信息，并可以快速有效地查找特定的内容。

(6) 商业简报：许多公司需要这种向商业人员介绍信息的方式，应用软件可以制作十分漂亮的简报，通过多媒体，这些软件也变得更好、更有效。

多媒体的教育用途正在迅速增长。其表达信息和其资源集成的能力容许人们建立丰富的学习环境。过去，教师或学生为获得所需信息也许不得不查阅大量的资源并使用多种媒体。通过集成媒体和利用超媒体，人们能够建立用户控制的即时信息学习环境。但由于拙劣的程序设计，人们对机构内部进行变革的抵制以及在运行多媒体软件上技术的缺乏，目前也存在着一些问题。随着技术费用的下降，设计者们变得更加擅长编写程序，用户变得更加熟悉多媒体的使用，多媒体将在教育部门逐渐得到认可。

目前多媒体在教育中的应用有 CBT(基于计算机的培训)、工具参考系统、仿真、虚拟环境和教育娱乐。教育娱乐是教育和娱乐的混合体。它强调了娱乐和教育同等的重要性。许多家庭学习产品就属于这一类。

当把标准的数据处理和图形、动画、语音合成、音频以及视频相结合时，就是在进行计算。多媒体技术使用计算机集成并控制各种电子媒体，如计算机屏幕、视盘播放器、CD-ROM 盘，以及语音和音频合成器。如果你在这些东西之间建立起逻辑连接，并且使整个包具有交互性，那么你就是在与超媒体一起工作了。

多媒体的能力几乎散布在软件的所有层次中，提供新的接口、新的商业应用，重新定义程序设计工具，甚至可能定义新的操作系统。现在提倡的是用多媒体来扩大计算机的使用范围。人们即将拥有第三种界面：视频用户界面。窗口将用静止的和运动的视频图像来填充，高分辨率的图标将变成动画，而音频将成为文本的标准陪伴者。

至于程序员的开发工具和操作系统，正如图形界面有益于最终用户一样，多媒体辅助工具将被证明对程序开发者是有帮助的。面向对象的程序设计将不断发展直至包含更多的富有媒体的对象；程序设计工具将提供图表式的代码控制。在程序员的工作效率方面又有所提高。

4.3.3 阅读材料

多媒体软件

PowerPoint

PowerPoint 是多媒体演示软件，是 Office 套件软件之一。它提供制作多媒体演示的手段。你可以利用它制作你的图画、电子图表和图形，去访问艺术“蒙太奇”库，选择各式各样的风格、模板和文本的格式等。PowerPoint有很强的制作幻灯片的功能。你可以容易地在幻灯片上输入标题和文本,加上蒙太奇图画、图表、图形,又可以改变幻灯片的布局,调整幻灯片的顺序,删除或复制幻灯片。

利用“视图”按钮,PowerPoint可以进行视图切换。不论选择什么视图,演示文稿的内容都保持不变。PowerPoint提供以下5种视图。

普通视图——这是最常用的视图。利用这种视图,你可以把全部幻灯片置于一个序列中,或把演示文稿的所有幻灯片置于一个结构中。

大纲视图——当切换到大纲视图时,你可以编辑演示文稿的大纲结构。

幻灯片视图——在这种视图中,你可以演示每张幻灯片并编辑它的细节。

综览视图——在此视图中,每一张幻灯片为缩小的视图。演示文稿中的完整文件和图片都可以展示。你可以重新安排它们的顺序,增加切换和活动效应并设定放映时间。

幻灯片放映——实现幻灯片的放映。在幻灯片视图下,从当前幻灯片开始放映,在综览视图下,从选定的幻灯片开始放映。

Flash

Adobe公司的Flash是一个功能强大的软件包,它能使网络开发者创作出迷人的网络内容。Flash电影是适用于网站的交互式向量图形和动画。Flash可以把声音、动作和交互性结合在一起,从而制作出漂亮的网络界面和动画。这些压缩的向量图形下载得相当快,并能缩放到观众的屏幕尺寸。Flash能给网站访问者一种在线体验,而不是一种打印资料的数字备份。许多教育者已经认识到:Flash对那些用视觉学习的人来说是一种有效的图解工具。

Flash是阐明教学概念的一个便利工具。利用Flash可以建立交互式的学习指南,学生们喜欢学习指南。你能用Flash把这一过程变得更具有交互性、更容易访问、更具欣赏性。

Authorware

Authorware是Adobe公司推出的多媒体制作软件,Authorware采用面向对象的程序设计,是一种基于图标(Icon)和流程线(Line)的多媒体开发工具。它把众多的多媒体素材交给其他软件处理,本身则主要承担多媒体素材的集成和组织工作。由于Authorware是一个简单易用并且功能强大的超媒体创作工具,因此应用范围十分广泛。目前已经应用于学校教学、企业培训、各种演示报告、商业领域等。

图形软件

图形软件有助于产生、编辑和操作图像。这些图像可以是你计划插入一个小册子中的照片,一张徒手绘制的画像,一张详细的工程图,或是一张卡通动画。选择什么样的图形软件取决于你要制作的图像类型。最畅销的图形软件包括Adobe Photoshop、CorelDraw和Micrografx Picture Publisher。许多图形软件包主要处理一种类型的图形,比如照片、位图图像、矢量图形或者3D对象。

如果你有艺术天赋,并想使用计算机来创作图画、草图和其他图像,可以使用画图软件来创建和编辑位图图像。照片就是典型的位图图像,并可以使用画图软件或者照片编辑软件进行处理。照片编辑软件包括专用于修复劣质照片的特性，可以修改对比度和亮度，删除不需要的对象。由线条和填充形状组成的图片称为矢量图形，它的存储空间相对较小，比较适合做图表和公司标志。

借助3D图形软件可以创建表示三维对象的线框。线框看起来就像架起来的帐篷的框架。类似于搭建帐篷的框架，然后使用尼龙帐篷把它罩住，3D图形软件使用曲面纹理和颜色来覆盖线框，以创建3D图形，用曲面纹理和颜色来覆盖线框的过程被称作着色。

4.4 动画

4.4.1 课文

计算机动画通常是指场景中任何随时间而发生的视觉变化。除了通过平移、旋转来改变对象的位置外，计算机生成的动画还可以随时间进展而改变对象大小、颜色、透明性和表面纹理等。

许多计算机动画的应用要求有真实感的显示。利用数值模型来描述的雷暴雨的形态或其他自然现象的精确表示对评价该模型的可靠性是很重要的。

娱乐和广告应用有时较为关心视觉效果。因此可能使用夸张的形体和非真实感的运动和变换来显示场景。但确实有许多娱乐和广告应用要求计算机生成场景的精确表示。在有些科学和工程研究中，真实感并不是一个目标。例如，物理量经常使用随时间而变化的伪彩色或抽象形体来显示，以帮助研究人员理解物理过程的本质。

剧本是动作的轮廓。它将动画序列定义为一组要发生的基本事件。依赖于要生成的动画类型，剧本可能包含一组粗略的草图或运动的一系列基本思路。

对象定义是为动作的每一个参加者给出的。对象可能使用基本形状如多边形或样条曲线进行定义。另外，每一对象的相关运动则根据形体而指定。

关键帧是动画序列中特定时刻的一个场景的详细图示。在每一个关键帧中，每一个对象的位置依赖于该帧的时刻。选择某些关键帧作为行为的极端位置，另一些则以不太大的时间间隔进行安排。对于复杂的运动，要比简单的缓慢变化运动安排更多的关键帧。

插值帧是关键帧之间过渡的帧。插值帧的数量取决于用来显示动画的介质。电影胶片要求每秒24帧，而图形终端按每秒30～60帧来刷新。一般情况下，运动的时间间隔设定为每一对关键帧之间有3～5个插值帧。依赖于为运动指定的速度，有些关键帧可重复使用。一分钟没有重复的电影胶片需要1 440帧。如果每两个关键帧之间有5个插值帧，则需要288幅关键帧。如果运动并不是很复杂，可以将关键帧安排得稀疏一些。

可能还要求其他一些依赖于应用的任务。包括运动的验证、编辑和声音的生成与同步。生成一般动画的许多功能现在都由计算机来完成。

开发动画序列中的某几步工作很适合由计算机进行处理，其中包括对象管理和绘制、照相机运动和生成插值帧。动画软件包，如Wave-front，提供了设计动画和处理单个对象的专门功能。

动画软件包中有存储和管理对象数据库的功能。对象形状及其参数存于数据库中并可更新。其他的对象功能包括运动的生成和对象绘制。运动可依赖指定的约束，使用二维或三维变换而生成。然后可使用标准函数来识别可见曲面并应用渲染算法。

另一种典型功能是模拟照相机的运动,标准的运动有拉镜头、摇镜头和倾斜。最后,给出对关键帧的描述,然后自动生成插值帧。

Flash

Adobe公司的Flash一经推出便在很短时间内就成为网页动画的一种主要制作工具和格式。Flash成功的部分原因在于它的两重性:既是一种编辑工具又是一种文件格式。Flash不但比动态网页制作语言DHTML更容易学习,而且还集成了许多重要的动画特性,如关键帧的插入、运动路径、动态遮罩、图像变形以及洋葱皮绘画效果等。利用如此丰富的功能,你不仅可以制作Flash电影,而且还可以导入QuickTime格式和许多不同格式的动画文件。对每一种格式的文件,Flash都能处理得更好。以前在网上即使是观看最简单的动画也必须等待很长的时间下载,而Flash使用流技术与矢量图改变了这一切。

Flash电影是专为网页服务的图像和动画。它主要由矢量图形构成,但是也可以包含导入的位图和音效。Flash能结合交互性以允许输入信息,可以创建能与其他Web程序交互的非线性电影。网页设计师可以利用Flash来创建导航控制器、动态Logo、含有同步音效的长篇动画,甚至可以产生完整的、富于感性的网站。

Flash的标准工作环境包括菜单栏、工具栏、舞台、时间轴窗口和工具面板。除了这几个主要的部分,打开Windows菜单,还可以调出素材窗口等小窗口。

工作区域就是Flash的工作平台,它是一个比较大的区域,实际上涵盖了下面提到的舞台以及画图和编辑电影片段的工作对象。可以把它看作后台和舞台的结合。舞台是Flash电影片段中各个元素的表演平台,它将显示当前选择的帧的内容。与工作区域不同的是,电影片段发布后只有在舞台上的内容才能被看到,而舞台之外的工作区域中的内容就如同在后台的演员和工作人员一样不会被观众看见。就像戏剧可以有几幕一样,舞台上也可以放下几个场景。

3ds max

3ds max就是由Autodesk媒体和娱乐公司开发的、配备周全的3D制图应用软件。它运行于Win32和Win64平台。3ds max是一个应用最广泛的供内容创作的专业人员使用的3D动画程序。它具有很强的建模能力,一个灵活的"即插即用"结构和悠久的在微软Windows平台上工作的传统。它主要被游戏开发人员、电视商业广告设置人员和建筑结构可视化工作室使用。它也用于电影效果制作和电影的可视预览。

除了作为建模和动画工具外,3ds max也配置了高级梯度功能(比如周围环境的禁锢和表面下面的散射)、动态模拟、粒子系统、辐射密度、常规地图的创作与渲染、球形照明、一个直观的和完全定制的用户界面,它自己的脚本语言以及很多其他功能。

多边形建模在游戏设计方面比其他的建模技术更为常见,因为它对个体多边形的非常特殊的控制可以进行极度的优化。而且,在实时计算中也相对快得多。通常,建模者都从3ds max的一个图元开始,比如使用像斜角、突出、多边形切口那样的工具,增加细节并精细加工模型。版本4及后续版本都配备有"可编辑的多边形"对象,它简化了大多数的网眼编辑操作,并提供了达到专用化水平的细分和平滑。

4.4.3 阅读材料

视频图像压缩

视频图像压缩是一组用来缩小视频图像文件大小的技术。由称为 codecs(压缩/解压)产品所体现的这些方法分为两大类：帧间压缩和帧内压缩。

帧间压缩利用关键帧和 δ 帧系统。δ 帧或"差异"帧，仅记录帧间变化。解压时，CPU 从关键帧和累加的 δ 帧来构造各个帧。

帧内压缩是完全在单个的帧内进行的。在帧内压缩时，codecs 使用各种技术把像素转换成更紧凑的数学公式。最简单的技术称作行程长度编码(RLE)。按这种编码法，各行中相邻的相同像素串归在一起。

帧内压缩技术从简单的 RLE 到文档标准，如 JPEG，到一些特殊数学方法，如小波和分形变换。不是所有的 codecs 既用帧间压缩技术，又用帧内压缩技术——一些只用帧内压缩。那些使用两种压缩技术的 codecs 在消除了帧间冗余后，对关键帧和 δ 帧内保留的信息进行帧内压缩。

标准的视频图像源，如摄像机、录像机或光盘播放机把模拟视频信号传送给视频捕获卡，与此同时模拟音频信号被发送给 PC 内的声卡。

捕获卡利用模数转换器(ADC)把模拟视频信号转换成二进制代码。这些视频图像信号能被捕获作为连续的原始视频帧，发送并保存在系统的随机存取存储器中，在那里用软件对它们进行压缩。

同时，音频信号经历了由声卡的转换器对它进行的模/数转换。此信息也发送到 PC 的主系统随机存取存储器。

在已捕获视频和音频信道后，这些被捕获的信号可以直接存储到硬盘上，也可用软件对它们进行压缩。通常这些数字视频和音频信号被存储为同步的或交错的.AVI 文件，放在硬盘上。

MPEG(运动图像专家组)标准是用于压缩视频的主要算法，已于 1993 年成为国际标准。它是用于数字压缩格式编码视听信息(如电影、视频和音乐)的标准的统称。MPEG 与其他视频、音频编码格式相比，主要优势在于其文件更小。主要的 MPEG 标准包括以下类型。

MPEG-1：它的目标是以 1.2 Mbps 的比特率产生视频录制质量的输出。它能在适当的距离上通过双绞线传输线进行数据传输，并且可以以 CD-Ⅰ及 CD-Video 格式将电影存储在光盘存储器上。

MPEG-2：它最初是为了将广播性质的视频压缩到 4～6 Mbps 而设计的，因此它能装配于 NTSC 或者 PAL 广播频道。它是用于移动图像及相关音频信息的普通编码的标准。MPEG-2 是 MPEG-1 的扩展集，具有附加的特性、帧格式及编码选项。

MPEG-3：它支持更高的分辨率，包括 HDTV。

MPEG-4：它是由 MPEG 开发的 ISO/IEC 标准。MPEG-4 具有低的帧速率及低带宽，用于媒体解决方案的视频会议。MPEG-4 文件比 JPEG 或 QuickTime 文件要小，因此它们被设计成能通过更窄的带宽传输视频和图像，并且能够将视频和文本、图形和 2-D

和3-D动画层混合在一起。

MPEG-7：它是一种用于固定和移动网络的多媒体标准，允许综合多种范例。MPEG-7通常被称为多媒体内容描述接口。它提供了一种完整地描述多媒体内容的工具设置，被设计成用于普通而非特殊的应用。

MPEG-21：MPEG-21描述了一种标准，而不像其他的MPEG标准那样是用来描述压缩编码方式的，它定义了内容的描述以及访问、查询、存储和保护内容版权的处理。

4.5 计算机病毒

4.5.1 课文

计算机病毒是一种人为设计的，可以自我复制及传播的计算机程序。一般来说，受害人对于病毒的存在并不知晓。计算机病毒可以将自身附加到其他程序(如文字处理或电子表格应用程序文件)或磁盘的引导扇区中，并借此传播。如果运行或激活已感染了病毒的程序，或从感染了病毒的磁盘上引导系统，病毒程序即被同时运行。通常，病毒程序隐藏于系统内存中，伺机传染下一个将被激活的程序，或下一个将被访问的磁盘。

计算机病毒之所以危险，是因为它们具有制造事端的能力。尽管有些病毒是良性的(例如，在某一日期显示某种提示信息)，但也有一些病毒令人心烦(如降低系统性能或篡改屏幕信息)，更有一些病毒会破坏文件、销毁数据，甚至导致系统瘫痪，而这将是灾难性的。

病毒的来源十分广泛。病毒实际上是一种软件代码，因此它可以在其他合法软件进入系统的同时，随之传播进来。近3/4(75%)的病毒感染发生于网络环境，其严重性在于传播速度特别快。随着计算机网络、企业计算机管理、部门间信息交流的不断发展，远程通信及联网导致的病毒传染也呈上升趋势。

计算机病毒的特征是什么？

(1) 传染性：计算机病毒作为一个程序，能自我复制到其他正常程序或者系统的某些部件上，例如磁盘的引导部分。这是病毒程序的基本特征。随着网络日益广泛发展，计算机病毒能够在短时间内通过网络广泛传播。

(2) 潜伏性：隐藏在被感染系统内的病毒并不立即发作；相反，在它发作前，需要一定时间或具备某些条件。在潜伏期内，它并不表现出任何扰乱行为，因此很难发现，并且能够继续传播。一旦病毒发作，它能造成严重破坏。

(3) 可触发性：一旦具备某些条件，病毒便开始攻击，这一特征称作可触发性。利用这一特征，人们能控制其传染范围和攻击频率。触发病毒的条件可能是预设的日期、时间、文件类型或计算机启动次数等。

(4) 破坏性：计算机病毒造成的破坏是广泛的，它不仅破坏计算机系统、删除文件、更改数据等，而且还能占用系统资源、扰乱机器运行等。其破坏表现出设计者的企图。

(5) 快速影响：1984年，弗雷德科登博士获准在使用UNIX操作系统的XAX11/750计算机上进行病毒实验。在多次实验中，计算机瘫痪的平均时间为30分钟，最短的时间为5分钟。通常，如果受传染的计算机与互联网相连，则病毒在几小时内能传染数千台计算机。

(6) 难以消除：一方面，日复一日出现新病毒或其变种；另一方面，一些病毒在被消除后可能死灰复燃，例如在重新使用受感染的软盘时。

(7) 载体特征：病毒能够作为载体传播正常信息，因而避开人们在系统中设置的保护措施。在用户正常操作系统时，病毒偷偷控制系统。用户可能还认为他的系统运行正常。

(8) 难以检测：病毒通过各种超出人们控制的方式传染，此外，随着非法复制和盗版软件大行其道，病毒检测变得更加困难。

(9) 欺骗特征：病毒往往隐藏自己，避免被检测到。

计算机病毒的结构

计算机病毒通常由五部分构成：感染符、传染模块、破坏模块、触发模块和主控模块。

(1) 感染符：感染符也称作病毒签名，由若干数字或字符的 ASCII 编码构成。当病毒传染正常程序时，它在程序上留下病毒签名作为感染符。在病毒打算传染一个程序时，它首先检查是否有感染符；如果有，程序就已经被感染，病毒不会进一步传染它，如果没有，就传染它。多数病毒遵循这种一次性传染。如果病毒不检查感染符，则可能发生多次传染，该程序的长度将不断增加，这种情况很少见。

(2) 传染模块：这是传染寄宿程序的模块。它完成三项任务：查找可执行的文件或被覆盖的文件；检查该文件上是否有感染符；传染它——如果没有发现感染符，就在寄宿程序中写入病毒编码。

(3) 破坏模块：它负责按照病毒设计者在破坏编码中的企图执行破坏任务，包括删除文件、删除数据、格式化软盘和硬盘、降低计算机效率和减少使用空间等。

(4) 触发模块：其任务是检查是否具备触发条件(例如，日期、时间、资源、传染时间、中断调用、启动次数等)。如果条件就绪，它返回"真"值，并且调入破坏模块进行破坏，否则它返回"假"值。

(5) 主控模块：它控制上述 4 个模块。此外，它还确保受传染的程序能继续正常工作，在意外情况下不会发生死锁。

计算机病毒的危害

如上所述，有的病毒仅仅是令人烦恼，而有的病毒却是灾难性的。计算机病毒至少可以增加文件长度，降低即时操作效率，阻碍系统性能的发挥。许多病毒作者仅仅是为了感染系统，并不想搞破坏，因此他们制作的病毒并不蓄意加害。不过，病毒通常有损害性，即使是良性的病毒也可能干预其他软件或硬件，致使系统变慢或停机。另外一些病毒则比较危险，它们不断修改或销毁数据，截取输入/输出设备，覆盖文件或对硬盘进行重新格式化。

病毒感染的症状

病毒只要处于未被发现的状态下，就可以自由繁殖。因此，常见的计算机病毒并不显现任何感染症状。用防病毒工具来识别感染是很有必要的。然而，很多病毒有缺陷，确实常常露出"蛛丝马迹"。以下是一些值得留意的迹象。

(1) 程序长度的变化。

(2) 文件日期或时间记录的变化。

(3) 程序装入时间加长。

(4) 系统运行速度降低。

(5) 内存或磁盘空间减少。

(6) 软盘上出现坏扇区。

(7) 异常出错信息。

(8) 异常屏幕显示。

(9) 程序运行失败。

(10) 无法引导系统或异常从A盘启动。

(11) 异常磁盘写入。

计算机病毒给社会带来的影响

计算机病毒可以给个人用户制造很多麻烦,清除硬盘里的数据,最小的影响可能包括对诸如游戏、电影等可以轻松修复的文件的删除或占用硬盘空间。严重的影响可能是删除工作中的文档、数据库或操作系统等不容易修复的程序。更为严重的就是使硬盘无法工作。一些病毒会制造令人讨厌的效果或惊吓用户,比如使键盘失灵或反复显示一些恶心的信息或图片。

计算机病毒对于企业来说会成为很大的威胁。企业也许会丢失重要的可能导致资产损失的文档。这会引发一连串的反应,如时间和金钱的浪费。这也导致了通过销售防病毒软件而赚钱的公司的增加。计算机病毒对企业的影响或多或少与对个人用户的影响类似,但代价更大。因为企业必须要承担巨大的开销来完全恢复。

从长远来看,企业运作的瘫痪会对整个社会的正常运作造成影响。因为时间就是金钱,因此金钱的大量流失就很有可能会发生。航班被延误,资金无法回收,服务器停止工作等。虽然当企业落实防止病毒的传播工作之后病毒的大范围传播已经变得不太可能,但它确实存在这种可能性。

4.5.3 阅读材料

计算机病毒分类

1. 按寄生分类

按寄生,计算机病毒可分成引导型病毒、文件型病毒和复合型病毒。

(1) 引导型病毒

引导型病毒是指寄生在磁盘引导区域的那些计算机病毒。它是一种常见病毒,利用计算机系统通常不检查引导部分的内容是否正确的弱点,并且驻留在内存中,监视系统运行,一有机会就传染和破坏。按寄生在磁盘的位置,它能进一步分成主引导记录型病毒和分区引导记录型病毒。前者传染硬盘的主引导部分,例如marijuana病毒、2708病毒、porch病毒;分区引导记录型病毒传染硬盘上的常见分区记录,例如"小球"病毒、"女孩"病毒等。

引导型病毒将其本身插入磁盘的引导扇区中(对于硬盘,也包括主引导区记录),以实现其对软硬盘的感染,而引导扇区中存放着系统启动过程中要执行的代码。从带病毒的软盘启动机器时,病毒将会传染硬盘。病毒程序首先运行,甚至在 MS-DOS 装入之前就控制了系统引导过程。因为病毒是在操作系统装入之前运行的,所以这类病毒并非 MS-DOS 所特有的,能够传染任何 PC 操作系统平台,包括 MS-DOS、Windows、OS/2 及 Windows NT。

(2) 文件型病毒

文件型病毒是指寄生在可执行文件和数据文件上的病毒,例如 1575/1591 病毒、DIR-2 病毒和 CIH 病毒。宏病毒是最常见的文件病毒。它写在微软 Office 软件的 Visual Basic 中,并且主要传染 Word 文件(.doc)和 Excel 文件(.xls)。它影响受感染文件的各种操作,诸如打开、关闭、保存等。当打开一个 Office 文件时,宏病毒激活。据估计,宏病毒占现有计算机病毒的 80%,它通过电子邮件、软盘、网络下载文件和传输中的文件等迅速传播。

文件型病毒通过将自身附加到其他文件上来传染,宿主文件主要是以.exe 或.com 为扩展名的可执行文件。这类病毒可以修改宿主代码,将其自身代码插入文件的任何位置,在某个时刻扰乱程序的正常执行过程,以使病毒代码在合法程序之前被抢先执行。

大多数文件型病毒都将自己存储于内存中。在内存中病毒可以很容易地监控文件的读/写操作,并在程序执行时,伺机将其感染。简单的文件型病毒可能会覆盖或破坏宿主文件,导致软件无法运行,立即就会引起用户的警觉。因为这类病毒可以立即被发觉,它们传播的机会不多。也有一些病毒导致的损失比较轻微或具有延迟性,在被发觉之前,可能已经广泛流传,这类病毒危害性更大。由于计算机用户正转向持续增长的网络和客户机/服务器环境,文件型病毒也更为常见了。

(3) 复合型病毒

复合型病毒综合了文件病毒与引导扇区/分区信息表病毒最恶劣的特点,可以感染任何宿主软件模块。传统的引导型病毒仅仅通过已感染病毒的软盘传播,而多分区型病毒却可以像文件型病毒那样自由传染,但还是将病毒程序写入引导扇区及分区信息表。因此,这类病毒尤其难以清除。例如,Tequila 就是一种多分区病毒。

2. 按后果分类

从后果看,计算机病毒能分成"良性"和"恶性"病毒。"良性"病毒将破坏数据或程序,但不会使计算机系统瘫痪。这种病毒的始作俑者大多是胡闹的黑客——他们创造病毒不是为了破坏系统,而是为了炫耀他们的技术能力;一些黑客使用这些病毒传播他们的政治思想和主张,例如"小球"病毒和"救护车"病毒。"恶性"病毒将破坏数据和系统,导致整个计算机瘫痪,例如 CIH 病毒和 porch 病毒。这些病毒一旦发作,后果将是无法弥补的。

应当指出,"危险"是计算机病毒的共同特征。"良性"病毒并非完全不造成危险,而只是危险后果相对较轻。"良性"只是一个相对概念。事实上,所有计算机病毒都是恶性的。

第5章 计算机领域新技术

5.1 云计算

5.1.1 课文

1. 云计算

云计算是一种计算,在这种计算中几大组远程服务器由网络连接,以允许集中式的数据存储和在线访问计算机服务。

云计算是通过互联网交付的计算服务(见图5-1)。云服务允许个人和企业使用由第三方远程管理的软件和硬件。云服务的例子包括在线文件存储、社交网站、网络邮件和在线商务应用程序。云计算模式允许从任何网络可达的地方获取信息和计算机资源。云计算提供共享的资源池,包括数据存储空间、网络、计算机处理能力,以及专业化的企业和用户应用程序。

图5-1 云计算

云计算的特征包括按需自助服务、宽带网络、资源缓冲池、快速的伸缩性以及可测量的服务。按需自助服务指客户(通常是机构)可以请求并管理自己的计算资源。宽带网络接入提供经互联网或专用网络访问的服务。缓冲资源是指客户从通常位于远程的数据中心等资源池中取出资源。服务规模可以被放大或缩小,而且服务的使用可以被计量并对客户进行相应计费。

云计算服务模型是软件即服务(SaaS)、平台即服务(PaaS)和基础架构即服务(IaaS)。在软件即服务模式中,可提供预定的应用,连同所需的软件、操作系统、硬件和网络。在平台即服务模型中,可提供操作系统、硬件和网络,并且客户可以安装或自行开发自己的软件和应用。基础架构即服务模式只提供硬件和网络,客户需安装或开发自己的操作系统、软件和各种应用。

云服务有三个显著的特性区别于传统的托管。它是按需销售,通常按分钟或小时;它是有弹性的——一个用户可以在任何给定时间内拥有他们所需的或多或少的服务;而服务完全由提供者管理(客户只需要一台个人计算机和对 Internet 的访问)。虚拟化和分布式计算方面的一些重要革新,以及改善的高速 Internet 访问和疲软的经济已导致了云计算的增长。云供应商正经历每年 50%的增长率。

云计算的目标是,对计算资源和 IT 服务提供容易、可伸缩的访问。

通常,云服务是通过私有云、社区云、公有云或混合云提供的。

一般来说,公有云提供的服务是通过互联网提供的,并由云提供商拥有和管理。针对一般公共服务的例子包括诸如在线照片存储服务、电子邮件服务、社交网站服务等。而且,也可以在公有云中提供针对企业的服务。

在私有云中,云基础设施只为某个特定的组织运营,并由该组织或第三方进行管理。

在社区云中,云服务由多个机构共享,并只向那些机构提供服务。基础设施可以由这些机构或云服务提供商所拥有和运营。

混合云是不同资源缓存方法的组合(如综合公有云和社区云)。

云计算的最大优势主要体现在,由于数据是在线存储而不是本地存储,用户可以在任何互联网覆盖的地区获取数据,并且当设备丢失、被盗或损坏时,数据依然安全。此外,基于 Web 的应用程序通常比需要安装的软件更加便宜。云计算的缺陷包括,当应用程序在云端的运行速度大大低于本地的运行速度时,云计算可能会降低应用的性能,以及包括对于使用高带宽公司和个人来说,与数据传输相关的潜在的高费用。同时,还存在在线存储的数据被非授权访问或数据丢失等情况的安全隐患。尽管存在这些潜在的风险,很多人还是相信云计算是未来的潮流。

家庭和企业用户选择使用云计算出于多方面的原因。

(1) 便利性:数据和(或)应用可以在全球范围内任何可联网的计算机或设备上使用。

(2) 节省开支:用户可以避免在软件和高端硬件(例如高速处理器、大容量内存和存储设备)方面的开支。

(3) 节省空间:用户可以节省来自服务器、存储设备以及其他硬件设备的地面空间。

(4) 可扩展性:云计算能够提供增加或减少所需要的计算需求的灵活性。

云计算允许企业将其信息技术基础设施的元素外包,或者承包给第三方的供应商。它们只需要支付它们实际使用的计算能力、存储、带宽以及访问应用程序的相关费用。因此,企业不再需要在设备方面进行大规模的投资并雇用专员来维护。

2. 云存储

云存储是一种数据存储模式,在那里数字化的数据存储在一些逻辑池中,物理存储分布在多个服务器(经常是多个位置),并且物理环境通常由托管公司所有和管理。这些云存储提供者负责保持数据可用和可访问,并且保护其物理环境,也负责运行。个人和机构从提供者那里购买或租用存储容量用以存放用户、机构或应用数据(见图 5-2)。

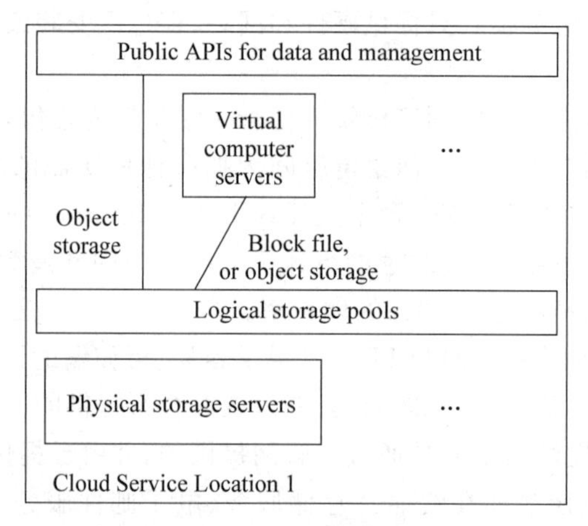

图5-2　云存储结构

云存储服务可以通过同地协作的云计算机服务、Web服务应用程序接口来访问,或者通过利用API的应用程序,如云台式机存储、云存储网关或基于Web的内容管理系统来访问。

云存储是基于高度虚拟化的基础设施,并且从可访问接口、近乎即时的灵活性和可缩放性、多租户和计量资源这几方面来说,它像更广义的云计算。可以从一个远程服务或所部署的本地服务来利用云存储服务。

云存储通常是指托管对象存储服务,但这个术语已扩展到包括其他一些类型的数据存储,如块存储,这些类型的数据存储现在已可用作服务。

云存储总结如下。

(1) 由许多分布式资源组成,但仍当成一个资源——经常称为联邦存储云。

(2) 通过数据的冗余和分布高度容错。

(3) 通过建立各版本副本高度持久。

(4) 关于多份数据副本,通常最后保持一致。

5.1.3 阅读材料

网格计算

网格架构形成了网格成功应用的核心基础。该架构是一些为有待解决的特定问题和环境而确定的资源和能力的复杂组合。

在交付网格计算应用架构的起始阶段,为了确定特定环境要求的核心架构支持,开发商或服务提供商必须考虑以下一些问题。

(1) 试图为用户解决什么问题?

(2) 在使用户的应用更便捷的同时,如何使网格支持能力简单一些?

(3) 开发商如何帮助用户更快地访问并充分利用这些应用来最大限度地满足解决问题的需求?

(4) 使用网格工具有多难?

(5) 网格开发商能为目标用户群体提供灵活可变的环境吗?

(6) 有没有一些可以让网格服务提供商更容易创造网格工具以及适合问题域的事情没有考虑到?

(7) 网格服务提供商应该提出的开放标准、环境和规则是什么?

通常,一个网格计算架构部件必须要涉及多个实施阶段的若干潜在复杂的领域。

在网格计算环境的安全方案中,资源的异构本质及其不同的安全策略是复杂的、复合的。这些计算资源处在不同的安全域和异构平台上。简言之,中间件解决方案必须处理局部安全整合、安全身份映射、安全访问/认证、安全同盟,以及信用管理等问题。其他安全需求的重点通常在于数据完整性、保密性以及信息隐私。

大量的具有异构可能性的网格计算资源使资源管理成为网格计算环境中重要的、要花大力气来解决的问题。这些资源管理方案常包括资源发现、资源清单、故障隔离、资源供给、资源监控、各种各样的自治能力以及服务级管理活动。资源管理区域中最有趣的方面是基于服务级要求的,从网格资源库中甄选出正确的资源并有效地供给以满足用户需求。

多种多样的服务提供商可以管理跨越许多领域的网格计算资源,例如安全、管理、网络服务以及应用功能等,了解这一点很重要。可操作的和应用资源也可以在不同的硬件和软件平台上运行。除了这个复杂性之外,网格计算中间件必须提供有效的资源监控来收集关于利用情况、可获得性以及其他信息的需求矩阵。

就根本而言,信息服务关注的是为不同的网格计算架构资源提供有价值的信息。这些服务大大影响并完全依赖信息提供商所提供的信息,如资源的获取、容量和利用。这些信息服务使服务提供商们能够高效地分配与网格计算架构解决方法相关的不同的具体任务所需的资源。

此外,开发商以及供应商同样可以构建网格解决方法来反映门户网站,利用元调度器、元资源管理器。这些矩阵有助于服务级管理同资源策略结合。这个信息针对具体资源而且基于从属该资源的图表来提供的。人们需要更高级的索引服务或数据整合器以及转换器将这些针对具体资源的数据转成对终端用户有价值的信息源。

5.2 大数据

5.2.1 课文

直到大约 5 年以前,各种企业收集的大多数数据都是结构化的事务处理数据,这些数据可以简单地填充到关系数据库管理系统的行和列中。从那时以后,来自 Web 流量、电子邮件以及社交媒体内容(微博、状态信息),甚至音乐列表以及来自传感器的机器产生的数据带来了数据爆炸。这些数据也许是无结构的或半结构化的,因此使它们不适用于以行和列的形式组织数据的关系数据库产品。流行术语“大数据”指的就是这种蜂拥而至的数字化数据,这些流向世界各地的公司的数据很大一部分是来自网站和互联网点击数据。由于这些数据的量过于庞大,以至于传统的数据库管理系统无法在适当的时间内获得、存储和分析它们。

大数据通常指的是所有来自不同来源的 10^{15} ～ 10^{18} 的数据。换句话说,数十亿到数万亿的记录。大数据能够被更大量地产生,并且产生的速度远远快于传统数据。尽管每条推特被限制为140个字符,但Twitter公司每天仍然产生了超过8 TB的数据。根据IDC技术研究公司的调研,数据每两年都会增长一倍以上,因此对组织而言可用的数据量不断激增。理解数据的高速增长以便获取市场优势至关重要。

根据IBM最近的一项研究,在不断创建的所有信息中,90%都是在过去的两年中产生的。那就是大数据,其中许多如此之大,以致要高效地处理已超出常规数据库管理系统的能力。它包括由社交媒体、电子邮件、视频、音频、文本和网页产生的数据。数据来自智能手机、数码相机、全球定位系统(GPS)、工业传感器、社交网络,甚至公共监控和交通监控系统,以及其他一些来源。每次使用手机、进行谷歌或百度搜索、使用信用评级,或从亚马逊买东西,都扩展了你的数字足迹,创建更多的数据。

随着谷歌、百度和亚马逊这些互联网公司探索了改进他们的网络规划、广告部署和顾客照管的方式,他们创造了创新的大数据分析新应用。今天,最大的数据生产者是推特、脸书、领英及其他一些新兴的社交网络服务。

企业对大数据感兴趣,是因为它们与更小的数据集相比包含了更多的模式与有意思的特殊情况,大数据具有能够提供新的针对顾客行为、天气情况、金融市场活动或其他现象的洞察力的潜力。然而,要从这些数据中获取商业价值,组织需要能够管理和分析非传统数据以及其传统企业数据的新的技术和工具。

为了处理这些大量的无结构的、半结构化的以及结构化的数据,一些公司正在使用Hadoop。Hadoop是一个由Apache软件基金会管理的开源软件框架,它可以使在廉价的计算机上分布地并行处理大量的数据成为可能。

Hadoop可以处理大量的任何种类的数据,包括结构化的事务性数据,松散结构化的如脸书和推特种子的数据,复杂的如Web服务器日志文件数据和无结构的音频与视频数据。Hadoop可运行在一群廉价的服务器上,并且处理器可以根据需要添加和删除。公司可以使用Hadoop来分析非常大量的数据,以及在把数据装入数据仓库之前可使无结构的和半结构化的数据有一个临时区域。脸书在其巨大的Hadoop集群上存储了大量数据,这些数据大约有10^{17}字节,这个数量是美国国会图书馆所存信息的约1万倍。雅虎使用Hadoop来跟踪用户的行为从而可以修改其主页,以符合用户的喜好。生命科学研究公司NextBio使用Hadoop和HBase来为进行染色体组研究的制药公司处理数据。顶级数据库供应商,例如IBM、HP、Oracle,以及Microsoft都有其自己的Hadoop软件发行版。其他的供应商可提供将数据移入与移出Hadoop,或在Hadoop中分析数据的工具。

数据的巨大增长与"云"的开发相一致,"云"实际上只是全球互联网的一个新的别名。随着数据的激增,特别是使用Apple和Android智能手机及操作系统的移动数据应用程序的增长,对数据传输和存储的需求也增长了。诸如Microsoft.com或FedEx.com这些网站,它们为全球的客户通信服务,有数以百万计的事务,对于从它们得到的巨大量的数据,没有单个的网站服务器配置能够提供足够的能力。用户想要快速的响应时间和即时的结果,特别是在最大和最复杂的基于网络的商业环境中,以互联网速度操作。

大数据分析需要基于云的解决方案——一种能够跟上数据传输量和速度加速增长的联网方法。这意味着诸如Hadoop和企业控制语言(ECL)这些帮助找到大量数据中隐藏的含义的软件和服务器群分布遍及高宽带电缆上的云处。使用基于云的实现方法，谷歌市场营销分析师可能正坐在硅谷输入信息请求，但数据是在东京、阿姆斯特丹和德克萨斯州的奥斯汀同时被处理。

一些制造最先进工业设备的大公司，现在能够从仅仅检测设备故障到预测故障。这使设备能在一个严重问题形成之前就被更换。

一些大的互联网商务公司，例如亚马逊和淘宝，使用大数据分析来预测买家活动以及了解仓储需求和地理定位。

政府医疗结构和医学家们将大数据用于早期发现和跟踪潜在的流行病。急诊室就诊突然增加，甚至某些非处方药的销售增加，可能是某种流行病的早期警告，使医生和应急部门能启动一些控制和遏制程序。

许多大数据应用程序被创建来帮助使用网络的公司与意想不到的数据量作斗争。只有最大的一些公司有大数据的开发能力和预算。但是数据存储、宽带和计算的成本持续下降，意味着大数据正迅速成为中型，甚至一些小公司的有用和负担得起的工具。大数据分析已经成为许多新的、高度专业化的商业模式的基础。

许多 25～35 岁的年轻中国人已经开始在线购买许多的服装和消费品。这意味着，像淘宝和京东商城这样的中国公司将需要越来越复杂的大数据分析来高效地经营他们的业务。当前，大多数中国公司使用开源软件，尤其是 Hadoop 来管理大数据应用。但潜在大数据的规模表明，中国的 IT 专家们多半开发本土的各种分析产品。中国在未来的 5 年内开发一个全球品牌的大数据产品是可能的。

中国公司不论是否开发自己的产品，中国大数据市场的规模将对数据分析行业与国际产品和服务开发产生重大影响。

正如通用电气、沃尔玛和谷歌等大企业使用数据分析，一些小公司也将在较小规模上使用同样一些处理，以提高自己的竞争地位和更有效地利用稀缺资源。

5.2.3 阅读材料

知识管理

知识管理模型意味着那些在收集、索引、存储和分析知识方面做得最好的机构，拥有超过竞争对手的优势。为区分信息与知识，请考虑一下你在解释数据日志时发生了什么。只看日志，感觉某个办公室里带宽利用率每天有两次下降，好像很神秘，但只要与现场经理核对一下，你就会发现这种下降标志着办公室咖啡推车的到来。

每当新雇员到来或职责的改变都会出现这样的情况，一次又一次地解决同一问题浪费宝贵的时间。借助知识管理，系统被做成能收集答案并使之很容易地被访问。此方法适用于一个机构内的任何地方，但通常在客户支持应用中最有意义。应用可以包括对 MIS(管理信息系统)问题解决方案的汇编、对雇员提供人力资源支持以及在很多行业中提供零售客户的自我服务支持等。

虽然相对于技术而言，它更是一种商业模型，但知识管理能随着新技术的出现而把它们包容进去。在 20 世纪 80 年代后期和 90 年代初期将 PC 联网的机构，能使更多的员工不仅使用了而且对早期的知识管理系统作出了贡献。这些系统依赖于集中式数据库，员工将有关其工作的信息输入数据库,其他的员工能从数据库中寻找答案。

知识管理系统始终与数据管理技术如关系数据库管理系统、数据仓库及数据整理有关。为跟踪和分析如何使用知识管理系统,管理者借用数据库系统中的报告应用程序。这些报告工具也有助于为机构生成知识和管理已有的知识资产。

知识管理的实践者们已经迅速吸纳了群件工具的优点。区别知识管理和群件可能有困难。知识管理系统常常依赖于群件技术,而按照定义,群件方便了机构信息的交流。

知识管理和群件的一个大的差异就是,知识管理系统强调识别知识来源、知识分析,以及管理机构内知识的流动——在任何时候提供对存储知识的访问。知识管理模型将机构内所有知识的总和看作"知识资产",并提供管理这些资产的工具。

作为管理工具,知识管理系统需要技术与顾问,顾问们要对如何处理知识审计、分析和流动提出咨询意见。知识管理顾问对应用新技术要迅速。在过去几年中,随着群件应用从专有的客户机/服务器模式转到与平台无关的Web模式,知识管理把Web技术纳入了进来,扩展了它的有用性并降低了成本。基于Web的知识管理系统对用户的桌面无须做修改(或极小的修改),安装和管理更简单。

最近,知识管理系统开始利用XML来识别有关联的数据单元,从机构内部和外部的数据单元中提取知识。XML提供文档模式和标记,允许读者收集有关每个信息的元信息。

知识管理需要在一个机构的最高层买入。由于现成的产品不大可能解决大机构所面临的大量且复杂的挑战,所以成本可能很高。因而,知识管理只对大机构有用。因此,软硬件的高成本,相比于定制的知识管理软件或生成定制的公司内部应用程序的顾问费用而言是低的。

最终不管你是购买还是新建,创立知识管理系统是一项重大的管理决策——必须获得整个机构全体人员的支持。

5.3 物联网

5.3.1 课文

讨论互联网的未来却不提及物联网(IoT)是不完整的。物联网有时也被称为工业互联网。互联网技术广泛地应用在台式计算机、笔记本电脑、平板电脑、智能手机、消费类电子产品、电气设备、汽车、医疗设备、公共事业系统、各种类型的机器,甚至衣服上——几乎所有可以装备传感器的东西。传感器可收集数据并连接互联网,能够用数据分析软件分析数据。

物联网建立在现有技术的基础上,例如射频识别技术(RFID),并且随着低成本的传感器的可用性,数据存储费用的降低,可以处理万亿数据的大数据分析软件的发展,以及允许为所有这些新设备分配互联网地址的IPv6技术的实现,使物联网正在成为可能。欧盟、中国(被称为遥感地球),以及美国的公司(例如IBM的智慧地球计划)正在带头资助和研究物联网。尽管在物联网完全实现之前,挑战还是存在的,但已经越来越接近成功了。

物联网有时也被称为物体的互联网，将会改变包括人们自己在内的一切(见图 5-3)。这虽然好像是一个大胆的声明，然而考虑到互联网已经对教育、通信、商业、科学、政府和人类发生的影响，显然互联网是人类历史上最重要和强大的创造之一。

图 5-3 物联网

如今，物联网还在其早期阶段，并且大部分用于远距离监视事物。例如：

(1) 农场主正在通过牛身上的无线传感器，来提醒农场主他的牛是否生病或走失；

(2) 穿戴式健康技术能够让医生对患有慢性疾病的病人进行监测；

(3) 家用电器上的传感器可以提醒制造商器械是否需要维护或修理。

从技术角度来看，物联网不是单个新技术的结果，相反，它是几个互补技术的发展共同提供的功能，这些功能组合在一起有助于弥合虚拟世界和物理世界之间的差距。这些功能如下。

(1) 沟通与合作：物体拥有将互联网资源连成网络，甚至实现物体间相互连接，以及使用数据和服务，并且更新物体状态的能力。在此，无线技术如 GSM、UMTS、无线网络、蓝牙、ZigBee 以及其他各种无线网络标准都与此紧密关联。

(2) 寻址能力：在物联网内，物体可以被定位，并通过发现、查找或者命名服务进行寻址，因此可以远程查询或配置。

(3) 识别：物体是唯一可识别的。RFID、NFC(近场通信)和光可读条形码都是这类技术的应用实例。采用这些技术后即使没有内置能源的被动物体都可以被识别(借助于如 RFID 阅读器或移动手机这样的“中介”)。如果“中介”被接入网络，则识别功能就可使物体被链接到与该特定物体相关联的信息，该信息还可以由服务器检索到。

(4) 感知：物体利用传感器收集其周围的环境信息，记录、转发该信息，或者直接对该信息作出反应。

(5) 执行：物体包含执行机构(如将电信号转换成机械运动)来操纵其周围环境。这种执行机构可以通过互联网远程控制真实的过程。

(6) 嵌入式信息处理：智能物体带有处理器或微控制器，以及存储空间。例如，这些资源可被用于处理和解释传感器信息，或者向物体中存入有关物体是如何被使用的信息。

(7) 本地化：智能物体能知道其物理位置，或者被定位。全球定位系统或移动电话网络是适用于实现该功能的技术，另外还有超声时间测量，UWB(超宽带)，无线电信标(例如，相邻的 WLAN 基站或具有已知坐标的 RFID 阅读器)和光学技术。

(8) 用户界面：智能物体能以适当方式与人通信(不论直接或间接，如通过智能手机)。与此有关的创新互动方式有诸如可触摸的用户界面，基于聚合特性的柔性显示，以及语音、图像或手势的识别方法。

最专业的应用程序只需这些功能的一个子集，特别是由于实现所有上述功能通常很昂贵，并且需要复杂的技术。例如在后勤应用中，目前集中在近似定位功能(即上一次读取点的位置)并对使用RFID或条形码的物体进行相对低成本的识别，传感器数据(如用于监视低温运输)或嵌入式处理器只被用于不可缺少这些信息的物流应用中，例如疫苗的有温度控制运输。

与日常生活中物体交互的例子已经很常见了，特别是RFID，例如，酒店钥匙卡与房间门之间的短距离通信。未来更多的场景如智能扑克牌桌，通过采用RFID技术装备扑克牌，可以对打牌过程进行监控。然而，所有这些应用还基于在当地部署的专用系统，所以这里不是在谈论基于开放、可扩展、标准化意义上的"互联网"。

无线通信模块变得更小，也更便宜，IPv6正越来越多地被使用，闪存芯片的容量越来越大，处理器的单指令能耗持续下降，智能手机都内置了条码识别、NFC和触摸屏——可以担任人、日常用品和Internet之间的中介。所有这一切都有助于物联网的发展：从远距离对物体和物体互联网的识别开始，人们正朝着这样一个系统发展——系统中或多或少的智能物体真实地与用户、互联网服务，甚至物体相互之间进行通信。

最终，物联网的功能将不仅局限于提醒物体的位置和情况。设备之间将会相互交流，并且渐渐变得有主见。这就是常说的机器对机器(M2M)的技术。

举例而言：

(1) 汽车可以自动驾驶；

(2) 交通灯会自动对交通拥堵或交通事故作出反应，以引导汽车远离路况糟糕的区域；

(3) 房屋会在房间中无人的情况下，自动关闭灯和暖气。

最终，提供的每一件商品都会被追踪并且"智能化"。

同事的行踪也同样可随时掌握。INEX顾问公司的咨询顾问W. David Stephenson说："每一个级别的雇员的工作都会因此变得更加高效。"这将会使经理们运营公司的模式发生转变，摆脱层次决策制定者(老板的经典角色)。Stephenson表示："我觉得，这将是物联网带来的最大的商业益处。"

就像物联网听起来的那样酷，它也存在缺点。隐私性、可靠性以及数据控制方面的问题仍然亟待解决。

5.3.3 阅读材料

嵌入式系统

嵌入式系统是一个专门的计算机系统，它是一个更大系统或机器的一部分，为某一特定应用设备而设计。嵌入式系统是计算机硬件和软件的结合物，不论是在功能上还是在编程上。

在1930—1940年的计算机早期年代，计算机有时致力于单一的任务，但要比今天运行绝大多数任务的嵌入式计算机要大得多也昂贵得多。但随着时间的推移，可编程控制器的概念从传统的机电定序器，经过固态装置，发展成了计算机技术的用途。最早公认的现代嵌入式系统之一是 Charles Stark Draper 在 MIT 仪器实验室开发的"阿波罗指导计算机"。

某些操作系统或语言平台是针对嵌入式市场的,例如"嵌入式 Java 语言"和"Windows XP 嵌入"。不过,一些低端的消费者产品使用非常廉价的微处理器和有限的存储器,具有单一程序的应用程序和操作系统。通常,嵌入式系统位于单个微处理器的板上,它带有已经永久写入 ROM 的程序,而不是带有在个人计算机上需要被加载进 RAM 的程序。

嵌入式系统能够控制许多今天使用的普通设备。事实上所有的设备都有一个数字接口——手表、微波炉、摄像机、汽车都可以使用嵌入式系统。由于嵌入式系统专用于特定的任务,设计工程师可以对其进行优化,减少产品的尺寸和成本,或增加可靠性和性能。一些嵌入式系统能够被大规模生产,从而能从规模经济中获得好处。

对许多嵌入式系统,为了适应诸如 RAM、固态盘(SSD)、处理机速度,以及功耗的约束,嵌入 Linux 的主要任务是,使系统所需的资源最小。嵌入式操作可能需要从一个芯片盘或紧凑闪存固态盘上自举;或者自举和运行在没有显示器和键盘("无头"操作)的环境,或经由以太网连接,从远程设备装入应用程序。

现成的小 Linux 有许多来源,其中有日益增多的面向应用的 Linux 配置和分发版,这些都被修改成适用于特定的应用,如路由器、防火墙、互联网/网络应用、网络服务器、网关等。

你也可选择建立你自己喜欢的嵌入式 Linux,从一个标准分发版开始,略去不要的模块。虽然如此,还可以考虑从别人的工作配置基础上开始你的工作,因为其版本的源码可用于那个目的。最好的是,这种在别人努力的成果上建立系统,在 Linux 团体中不仅是完全合法的,而且也被鼓励。

许多嵌入式系统需要对现实世界事件可预测,并且受限响应。这样的实时系统包括工厂自动化、数据采集和控制系统、音频/视频应用,以及许多其他计算机化的产品和设备。什么是"实时系统"? 通常接受的"实时"性能的定义是,现实世界事件必须在确定的、可预测的,以及在相对短的时间间隔内得到响应。

虽然 Linux 不是一个实时操作系统(Linux 内核不提供所需要的事件优先级和抢占功能),但当前有几个扩充选项可用,这些选项把实时能力带给基于 Linux 的系统,最通常的方法是双内核方法。用这个方法,通用(非实时)操作系统运行作为实时内核的一个任务。通用操作系统提供诸如磁盘读/写、LAN 通信、串行/并行 I/O、系统初始化、内存管理等功能,而实时内核处理实时事件。你可以把这个看作两者兼得,因为它能够保持流行的通用操作系统的好处,而增加了实时操作系统的能力。就 Linux 来说,你能保持与标准 Linux 兼容,而以非干扰的方式增加了实时功能。

当然,也可以专研并修改 Linux,把它改变成实时操作系统,因为它的源码是公开可用的,但如果这样做,你会面临这样的严重缺点,即不论特性方面,还是驱动程序方面都不能与主流 Linux 同步前进。简言之,你的定制 Linux 将不能从 Linux 的不断进展中获得好处,而这种进展是世界范围内数以千计的开发人员共同协作的结果。

Linux 是一个操作系统,它担当计算机系统硬件(或计算机的物理设备)与软件(或使用硬件的应用程序)间的通信服务,Linux 内核包含了你在任何操作系统所期望的所有特性。

5.4 移动商务

5.4.1 课文

随着万维网的引入,电子商务彻底改变了传统的商务,大大地推动了销售额以及商品和信息的交换。最近,无线网络和移动网络的出现使电子商务进入了新的应用及科研主题:移动商务。移动商务可以定义为:通过移动的无线电通信网络进行的涉及货币价值的任何交易。一个不太精确的说法是把移动商务描述为人们通过连接网络的移动设备所获取一系列应用及服务的兴起。移动商务可以有效、方便、随时随地给客户传递电子商务。很多大公司已经意识到移动商务带来的好处,开始为客户提供移动商务选择。

从拥有智能手机或平板电脑到搜索产品或相关服务,浏览这些信息,最后下单购买,这只是几个简单的步骤。结果就是移动商务的业务一年的增长超过了50%,远高于桌面电子商务的业务一年12%的增长率。移动商务的高增长率当然不会一直持续下去,但分析人士估计到2017年,移动商务将会占据整个电子商务的18%。

一份对排名前400的移动公司销售的研究表明,在移动商务中,零售物品占了73%,旅游业务占了25%,同时还有2%是票务。

越来越多的顾客正在利用其移动设备搜索人物、地点以及餐馆,或他们在零售店看过的商品的交易。顾客从桌面平台到移动设备的快速转换驱动着在移动营销花费上的上涨。现在,对于搜索引擎来说,大约有25%的请求是来自移动设备。由于搜索对将顾客引导到导购地点是如此的重要,所以对诸如谷歌、必应这样的搜索引擎来说,移动搜索广告的市场也就变得尤为重要。对于这两家公司来说,桌面搜索业务的收入增长缓慢。尽管谷歌有25%的搜索请求来自移动设备,但移动搜索广告每年大约只创造80亿美元,只占其所有广告收入的16%。谷歌的移动广告业务虽然增长迅速,但它可以利用移动广告收取的费用要远少于桌面PC上的广告。谷歌和其他移动营销公司所面临的挑战在于如何让更多的顾客点击移动广告,以及如何向发布广告的商家为每一次点击索要更高的价格。这一问题的答案在于决定可以点击什么和何时点击的顾客。

与电子商务系统相比,移动商务系统要复杂得多,因为它必须包含与移动计算相关的成分。下面简略地描述了一个典型的由移动用户提交请求后所引起的处理过程。

(1) 移动商务应用:内容提供商通过提供两套程序实施应用,客户端程序,如微浏览器上的用户界面;服务器端程序,如数据库访问及更新。

(2) 移动站:移动站向终端用户显示用户界面,这些用户在界面上细化他们的要求。然后,移动站把用户的要求传递到其他组件并在用户界面显示处理的结果。

(3) 移动中间件:移动中间件的主要目的是不留痕迹地、清晰地把互联网的内容绘制到移动站上,该站支持各种操作系统、标记语言、微浏览器及协议。大多数移动中间件也通过加密信息在一定程度上保证交易的安全性。

(4) 无线网络:移动商务之所以可行的很大原因是无线网络的应用。用户的要求被传递到最近的无线接入点(在无线局域网环境里)或者一个基站(在蜂窝网络环境里)。

(5) 有线网络：对于移动商务系统来说,该部分是可选的。

(6) 主机：该部分同电子商务所使用的一样。用户的要求通常在这里得到执行。

没有信任与安全就不会有移动商务时代。在客户连接支付业务或用其移动设备进行购物时,如果供货商或支付提供者不能给客户安全感,那怎么能指望吸引客户呢？对消费者来说,他们需要对以下事情感觉舒心：他们不会被要求为他们没有使用的服务付费;他们的支付细节不会落在别人手里;有现成的适当的机制来帮助解决纠纷。

不管怎样,信任与安全是多个方面的,有些是技术方面的,其他的涉及人们对一个既成的环境有多安全或既成的解决方案有多方便的看法。安全的解决方案如"公钥基础设施"(PKI)取得大众认可的过程很慢,因为人们觉得它很难理解而且有些难以使用。然而,无论对固定互联网还是移动互联网来说,加密技术都是安全的核心,它的复杂性通常很好地隐藏在用户视线之外——当没有这样做的时候,它将更难被大众所接受。

如已提到的那样,除了将手机忘在出租车上这样的额外风险外,移动互联网还给它的提供方带来了一些挑战。这些挑战主要涉及移动设备的局限性和传输发生时其所通过的空中接口的类型。考虑到大多数移动设备的输入功能,即便是到目前为止通过固定互联网的最普通的支付形式——输入你的姓名、信用卡卡号和有效期也是不可取的。如果使用密码技术,大多数手机有限的存储量和处理功能又会大大地限制算法的种类和可以使用的密钥的长度。除非采取特殊防范措施,否则空中接口的通信会更容易被窃听,而且低数据率和经常断开的移动互联网导致 WAP 协议已经不能保证端到端的安全性。更糟糕的是,当人们在移动设备上接收电子邮件、下载歌曲和图片、运行小应用程序时,设备对"病毒"和"蠕虫"不再有免疫力。

随着越来越多的公司购买移动设备以便能让其员工可以远距离地连接到企业内部网上,移动安全性就不再只是消费者市场的问题,而成为一个公司首先需要考虑的问题。值得庆幸的是,如果能够周密地配置,现有的移动技术一般都能够提供足够的安全性。

在过去的几年里,一些操作人员发现认证机制和他们建立的付账基础设施使他们处在作为微付款提供商和代表内容提供商收取费用的一个理想位置。在 GSM、GPRS 或者 UMTS 标准中,这种基础设施的一个中心元件是客户身份模块(SIM),它处于操作员的控制下,用来存储鉴定密钥。该模块还可以进入 CDMA,通常由插入手机的智能卡来执行。无线应用协议还以无线身份模块或 WIM 的形式引入自己的客户身份模块版本,该无线身份模块可以在像客户身份模块那样的卡上执行,也可以在单独的卡上执行,该卡不一定由操作员发放,而可由银行、信用卡公司或第三方发放。

当在评论移动安全性的各个方面时,应该牢记的是安全性总是需要全面考虑的。一个系统的安全性只相对于它最弱的部分,而保证网络传输只是安全的一部分。一个可悲的事实是：人往往被证明是这条链上最薄弱的环节——无论是以破坏公司账表数据或无线应用协议路径的员工的形式出现还是以把自己的密码写在 GSM 手机背面又把它忘在了地铁里的粗心用户的形式出现。从技术方面来说,网络安全涉及很多不同的方面,每个方面都对应着受到的威胁或薄弱环节的一个层面。防御其中一个层面不能保证你不受其他层面的侵扰。

5.4.3 阅读材料

移动商务应用

移动商务应用广泛。下面列出了主要的移动商务应用以及每一类的详细情况。

(1) 商务

商务是指大批货物的买卖或者交换,涉及从一处到另一处的运输。移动商务技术的便利与无处不在推动了商务的发展。有很多例子表明移动商务是如何促进商务的。例如,消费者现在可以用他们的手机为自动售货机里的商品付款或者支付停车费;移动用户不必去银行或自动取款机就可以查看他们的银行账户并进行余额转账等。

(2) 教育

由于缺乏计算机实验室空间、教室和实验室分离、为了装有线网络对旧教室进行改造等问题,很多院校都面临着困境。为了解决这些问题,无线局域网通常用来将计算机或移动手持设备连接到互联网或其他系统。因此,学生不必去实验室就能获取很多必要的资源。

(3) 娱乐

娱乐一直在互联网应用上起着十分重要的作用,对于更年轻的一代来说也许是最广泛的应用。移动商务使随时随地下载游戏、图像、音乐、视频文件成为可能,也使在线游戏和赌博更容易进行。

(4) 卫生保健

卫生保健费用昂贵,而移动商务可以帮助减少费用。通过移动商务技术,医生和护士可以立刻远程获取病人记录并将其更新,而在过去,很多事情都是因为这项工作不能及时进行而耽搁。这改进了效率和生产率,减少了行政开支并提高了总的服务质量。

(5) 库存跟踪及发货

及时送货对当今的企业取得成功至关重要。移动商务让企业可以跟踪其移动库存并适时地送货,这样可以改善客户服务、减少库存并增强公司的竞争力。大多数运输服务公司如"联合包裹服务公司"和"联邦快递"都已经把这些技术应用到其全球范围的企业运作中。

(6) 交通

交通是指车辆或行人在某一范围或沿着某一路线的运动。车上的旅客或行人是运动的目标,是移动商务理想的客户。交通管制对于很多大城市来说是一件头疼的事。用移动商务技术可以在很多方面轻易改善交通。例如,移动手持设备预计会拥有全球定位功能,如确定司机的位置、指示方向、对该区域的交通现状进行咨询;交通控制中心会根据车里移动设备发出的信号监控并管制交通。

(7) 旅行与票务

旅行费用对企业来说可能是非常高的。移动商务通过向商务旅行者提供移动旅行管理服务可以帮助减少经营成本。它可以给有需求的客户提供有吸引力的、难忘的体验,它利用移动频道查找附近理想的旅馆、购票、进行运输安排等。它也可以扩展那些公关公司的经营范围,增加现有的经营渠道,从而帮助移动用户识别重要的消费者,吸引他们、为他们服务并且留住他们。

附录 A

计算机专业英语常用术语表

A

acceleration card 加速卡

access control 访问控制

access list 访问控制表

access permission 访问许可

access time 存取(访问)时间

accessory program 附件程序

account 账号

active desktop 活动桌面

active window 活动窗口

acyclic directory structure 非循环目录结构

adapter card 适配卡

adaptive scheduler 自适应调度

addressability 可寻址能力,寻址率

address space 地址空间

algorithm 算法,规则系统

animation 动画

antivirus program 防病毒程序

application integration 应用程序集成

application layer 应用层

application object 应用对象

archive 存档

arrow keys 箭头键,方向键

assembler 汇编程序

asymmetric encryption 非对称加密

asynchronous 异步的

asynchronous primitive 异步原语

atomic action 原子操作

atomicity property 原子属性

attribute 属性,标志

authentication 鉴别,证实,验证

auto-answer 自动应答

B

backbone 主干网

background 后台

backup 备份

bandwidth 带宽

bar code 条形码

baseband 基带

batch processing 成批处理

baud rate 波特率

big data 大数据

binary digit 二进制数字

bitmap 位图

Boolean logic 布尔逻辑

branch 分支

bridge 网桥,桥路,桥接器

broadband network 宽带网络

browser 浏览器

bubble jet printer 喷墨打印机

buffer 缓冲区

bulk storage 大容量存储器

bulletin board 告示板,公告板

bus-contention 总线争用

byte 字节

C

certificate authority 证书认证

channel 信道

check box 复选框

cellular 蜂窝状的,多孔的

child window 子窗口

chip set 芯片组

cloud computing　云计算
cloud storage service　云存储服务
cipher text　密文
circuit switching　电路交换
client program　客户程序
clipboard　剪贴板
Client/Server　客户/服务器
cluster　簇
coding　编码
command button　命令按钮
comment　注释
communication deadlock　通信死锁
compatibility　兼容性
compiler　编译程序,编译器
compression　压缩
computerize　计算机化
configuration　配置,构造
congestion　拥塞
connectionless service　无连接服务
console　控制台
context free　上下文无关
context sensitive　上下文相关
control box　控制框
Control Panel　控制面板
core dump　内核转储
cracker　黑客
critical region　临界区
cryptography　密码系统,密码学
custom　定制

D

database　数据库
database interface　数据库接口
database server　数据库服务器
Data BUS　数据总线
data driven　数据驱动方法
data flow diagram　数据流程图
datagram　数据报
data level　数据层
data link layer　数据链路层
data management　数据管理
data mining　数据挖掘
data source　数据源
data stream　数据流
data structure　数据结构
data transfer rate　数据传输速度
data window object　数据窗口对象
deadlock　锁死
debugger　调试(排错)程序
decision level　决策层
decode　解码
decoding operator　解码操作
decryption　解密
dedicated line　专用线路
default　默认
demo　演示软件
demodulator　解调器
desktop　桌面
device dependent　设备相关的
device independent　设备无关的
diagnosis　诊断
dialog box　对话框
digital camera　数码相机
digital cash　数字现金
digital certificate　数字证书
digital signature　数字签名
directory　目录
disk drive　磁盘驱动器
diskless workstation　无盘工作站
display adapter　显示适配器
distributed database　分布式数据库
distributed processing 分布式处理
distributed system　分布式系统
document　文档,文件,资料
dot-matrix　点阵
download　下载
drop-down listbox　下拉列表框
drop-down menu　下拉菜单
dynamic binding　动态绑定
dynamic encoding　动态编码
dynamic router　动态路由器

E

echo system　动态模拟系统
electronic mail(E-mail) 电子邮件
embedded computer　嵌入式计算机

embedded real-time system 嵌入式实时系统
emulation 仿真
encapsulation 封装(将相关的数据和过程打包在一个对象中)
encode 编码
encryption 加密
encryption key 加密密钥
end user 终端用户
end-to-end 端到端的
environment variable 环境变量
Ethernet 以太网
evolutionary 进化算法
expanded memory 扩充内存
expansion bus 扩展总线
expansion slot 扩展插槽
expert hypermedia 智能超媒体
expert system 专家系统
extended attributes 扩展属性
extended memory 扩展内存
external frequency 外频(CPU 的基准频率,也称为系统总线频率)
external procedure 外部过程

F

fast packet switching 快速分组交换
fault tolerance 容错
feedback 反馈
fiber-optic table 光纤
field 字段(数据库中表的每一列称为一个字段)
file handle 文件句柄
file server 文件服务器
file system 文件系统
firewall 防火墙
firmware 固件
flash memory 闪存
floppy disk 软盘
flowchart 流程图,框图
flow control 流量控制
folder 文件夹
font format 字样格式
footer 脚注
foreign agent 外地代理
Foreign Key 外键(数据库中用以建立同其他表间的关联)
format 格式化
fragmentation (程序的)分段存储,存储(碎)片
frame relay 帧中继
frame 帧
full-screen 全屏
function 函数
function key 功能键

G

gang scheduling 集体调度
gateway 网关
gigabit network 千兆网
global scheduler 全局调度
graphics package 图形软件(包)
graphics tablet 图形输入板
groupware 群件

H

hacker 黑客
handset 手机,手持机,遥控器
hardcopy 硬拷贝
hexadecimal system 十六进制
hierarchical data fusion tree 信息融合树
hierarchical directory structure 层次目录结构
high-level language 高级语言
hits 点击率
home page 主页
host 主机
hub 集线器
hyperlink 超链接
hypermedia 超媒体
hypertext 超文本

I

icon 图标
image 图像
image map 图像映射
implicit parallelism 隐含并行性
information superhighway 信息高速公路
infrastructure 基础设施,基础建设
inheritance 继承
innovation 改革,创新
install 安装
instruction 指令

integraterd package 集成软件包
interface 接口,界面
internal memory 内存储器
Internet 互联网
Internet telephone 网络电话
interpreter 解释器,解释程序
interrupt 中断
int-jet printer 喷墨打印机
Intranet 企业内部互联网
IP address 网际协议地址

J

Java 由 SUN Microsystem 开发的用于像互联网这样的广域网的编程语言
JavaBeans API 一套由 SUN 公司制定的,描述开发独立可重用的 Java 软件组件的标准
job object 作业对象(Windows 2000 中新的可命名的、安全的、可共享的对象)
joystick 操纵杆
justification 对齐,版面调整

K

kernel 核心
Key 关键字
keyboard 键盘
kilobit 千比特
kilobyte 千字节

L

laptop 便携式电脑,笔记本电脑
laser-etched 激光蚀刻的
laser printer 激光打印机
library 库
lightpen 光笔
link 链接
load 装载,装入
local scheduler 本地调度
local variable 局部变量
location 定位,位置,配置
log file 日志文件
logical link control 逻辑链路更新
login 注册
log on 登录
log out 注销登录
low-level language 低级语言

M

machine code 机器码
macro 宏
mailbomb 邮件炸弹
mail merging 邮件合并
mainframe 大型机,主机
main memory 主存储器
main window 主窗口
map 映射(将虚拟地址转换为物理地址)
megabit 兆位,百万位
megabyte 兆字节
megahertz 兆赫兹
menu bar 菜单栏
microcontroller 微控制器
micropayment 微支付
micro recorder 宏记录器
mobile commerce 移动商务
mobile middleware 移动中间件
modem 调制解调器
monetary 货币的,金融的,财政的
mother board 主板
multi-agent system 多主体系统
multicomputer 多计算机
multidocument interface 多文档界面
multiline edit box 多行编辑框
multiple inheritance 多重继承
multi-threaded 多线程
multi-processor 多处理器
multitasking 多任务
mutual exclusion 互斥

N

navigate 导航
netmask 子网掩码
network layer 网络层
network system 网络系统
network administer 网络管理员
neural network 神经网络
newsgroups 新闻讨论组
non-blocking primitive 非阻塞原语
non-impact 非击打式
nozzle 喷头

O

object-based system 基于对象的系统

object-oriented 面向对象
object-oriented system 面向对象系统
octal system 八进制系统
offline 离线
online 在线
optical disk 光盘
optical fiber cable 光导纤维电缆
optimal scheduling algorithm 最优调度算法
overflow 上溢
overfrequency 超频
overlapped 重叠
overloading 重载
output device 输出设备

P

package 软件包
page description language 页面描述语言
paradigm 范例,样式
parallel port 并行接口
password 口令,密码
Pentium 奔腾计算机
peripheral 外围设备
photo-sensitive drum 感光鼓
pixel 像素
platform 平台
playlist 播放列表
plotter 绘图仪
plug and play(or PnP, P&P) 即插即用
pointing device 定位设备
point-to-point layer 点对点层
polymorphism 多态(同一个对象中的两个或多个名字相同、参数列表不同的函数)
pop-up menu 弹出式菜单
preemptive multitasking 抢先式多任务
printer driver 打印机驱动程序
primary key 主键(唯一标识数据库表中每条记录的一个或多个列)
private key cryptography 私钥加密
process 进程
protocol 协议
proxy server 代理服务器
public key 公开密钥
public key cryptography 公钥加密

Q

quantizer 数字转换器,编码器
quantometer 光谱分析仪
query 查询
queue 队列
quit 退出

R

rank-based model 排序选择算法
real time system 实时系统
reasoning 推理
recombination 重组
reduction 规约
refresh 刷新
refresh time 刷新率,更新率
repeater 中继器
replicate 重复
remark 注释
remote 远程
resolution 分辨率
response window 响应式窗口
right-click 右击
router 路由器
routing 路由选择

S

safe mode 安全模式
scalability 可伸展性
scale 定标,缩放
scanner 扫描仪
schema theorem 模式理论
screen capture 屏幕捕获
screen saver 屏幕保护程序
script 脚本
search engine 搜索引擎
sector 扇区
security certificate 安全认证
segment 段,节
semi-structured 半结构化的
sensor 传感器,灵敏元件
serial port 串行接口
service pack 服务包
shared variable 共享变量
shortcut key 快捷键

shortcut 快捷方式
signature 签名
simulator 仿真器
single-line edit box 单行编辑框(一种包含单行文本的控件)
site 站点
smart phone 智能手机
source code 源代码
spreadsheet 电子表格
stack 堆栈
storage class specifier 存储类标识符
structure chart 结构图
subnet 子网
subroutine 子程序
super user 超级用户
swap area 交换区
synchronous 同步
synergetic computer 协同计算机
system board 系统板,主板

T

tablet 平板电脑
taskbar 任务栏
telnet 远程登录程序
terminal 终端
thread 线程
title bar 标题条
token 令牌,记号
topology 拓扑
traffic 通信量
transaction 事务
transceiver 收发器
translation 转换
translator 翻译程序
transport layer 传送层
trillion 万亿,兆,大量的
typeface 字体,字样

U

unauthorized access 未授权访问(非法闯入计算机系统的行为)
union 共同体
update 更新,修正
upgrade 升级
upload 上传
user account 用户账号
user-defined 用户自定义
user ID 用户标识符
user object 用户对象

V

video bandwidth 视频带宽
video capture card 视频采集卡
video clips 视频片段
video conferencing 电视会议
video phone 可视电话
Video Text 可视图文
virtual address space 虚拟地址空间
virtual circuit packet switching 虚电路分组交换
virtual device 虚拟设备
Virtual Host Service 虚拟主机服务
virtual interface 虚拟接口
virtual IP address 虚拟 IP 地址
virtualization 虚拟化
virtual memory technology 虚拟存储器技术
virus checker 病毒检查程序
Voice Messaging 语音信息传递
Voice Synthesis 语音合成
volume file 卷文件
vulnerable 易受攻击的

W

warm boot 热启动
Web page 网页
Web server Web 服务器
Web site Web 站点
Web space Web 空间
Wild Card Character 通配符
window-based 基于视窗的
windows message 窗口消息
word processor 文字处理软件
workgroup hub 工作组集线器
workstation 工作站
worm 蠕虫,寄生虫

Y

Yahoo 雅虎(美国四大信息检索公司之一)

Z

ZIP Driver ZIP 驱动器
zoom in 放大,拉近

附录 B

计算机专业英语缩写词表

A		
ACL	Access Control Lists	访问控制列表
ACK	acknowledgement character	确认字符
ACPI	Advanced Configuration and Power Interface	高级配置和电源接口
ADC	Analogue to Digital Converter	模数转换器
ADSL	Asymmetric Digital Subscriber Line	非对称用户数字线路
AGP	Accelerated Graphics Port	图形加速端口
AI	Artificial Intelligence	人工智能
AIFF	Audio Image File Format	声音图像文件格式
AL	Artificial Life	人工生命
ALU	Arithmetic Logic Unit	算术逻辑单元
AM	Associative Memory	联想记忆
ANN	Artificial Neural Network	人工神经网络
ANSI	American National Standard Institute	美国国家标准协会
API	Application Programming Interface	应用程序设计接口
APPN	Advanced Peer-to-Peer Network	高级对等网络
ARP	Address Resolution Protocol	地址分辨/转换协议
ASCII	American Standard Code for Information Interchange	美国信息交换标准代码
ASP	Application Service Provider	应用服务提供商
ATM	Asynchronous Transfer Mode	异步传输模式
ATR	Automatic Target Recognition	自动目标识别
AVI	Audio Video Interface	声音视频接口
B		
B2B	Business to Business)	商业机构对商业机构的电子商务,企业对企业(电子商务模式)
B2C	Business to Consumer)	商业机构对消费者的电子商务,商家对顾客(电子商务模式)
BBS	Bulletin Board System	电子公告牌系统
BGP	Border Gateway Protocol	边缘网关协议
BIOS	Basic Input/Output System	基本输入/输出系统
BISDN	Broadband-Integrated Services Digital Network	宽带综合业务数字网
BLU	Basic Link Unit	基本链路单元

BOF	Beginning Of File	文件开头
bps	Bits Per Second	每秒比特数
BRI	Basic Rate Interface	基本速率接口
BSP	Byte Stream Protocol	字节流协议
BSS	Broadband Switching System	宽带交换系统
C		
CAD	Computer Aided Design	计算机辅助设计
CAE	Computer Aided Engineering	计算机辅助工程
CAI	Computer Aided Instruction	计算机辅助教学
CAM	Computer Aided Manufacturing	计算机辅助管理
CASE	Computer Assisted Software Engineering	计算机辅助软件工程
CAT	Computer Aided Test	计算机辅助测试
CATV	Community Antenna Television	有线电视
CCS	Common Channel Signaling	公共信令
CDFS	Compact Disk File System	密集磁盘文件系统
CD-MO	Compact Disc-Magneto Optical	磁光式光盘
CD-ROM	Compact Disc Read-Only Memory	只读光盘
CD-RW	Compact Disc Rewritable	可读/写光盘
CGI	Common Gateway Interface	公共网关接口
CI	Computational Intelligence	计算智能
COM	Component Object Model	组件对象模型
CORBA	Common Object Request Broker Architecture	公共对象请求代理结构
CPU	Central Processing Unit	中央处理单元
CRC	Cyclical Redundancy Check	循环冗余校验码
CRM	Client Relation Management	客户关系管理
CRT	Cathode-Ray Tube	阴极射线管,显示器
CSS	Cascading Style Sheets	层叠样式表
CTS	Clear To Send	清除发送
D		
DAC	Digital to Analogue Converter	数模转换器
DAO	Data Access Object	数据访问对象
DAP	Directory Access Protocol	目录访问协议
DBMS	Database Management System	数据库管理系统
DCE	Data Communication Equipment	数据通信设备
DCE	Distributed Computing Environment	分布式计算环境
DCOM	Distributed COM	分布式组件对象模型
DDB	Distributed Database	分布式数据库
DDE	Dynamic Data Exchange	动态数据交换
DDI	Device Driver Interface	设备驱动程序接口
DDK	Driver Development Kit	驱动程序开发工具包
DDN	Data Digital Network	数据数字网
DES	Data Encryption Standard	数据加密标准
DFS	Distributed File System	分布式文件系统

DHCP	Dynamic Host Configuration Protocol	动态主机配置协议
DLL	Dynamic Link Library	动态链接库
DMA	Direct Memory Access	直接内存访问
DMSP	Distributed Mail System Protocol	分布式电子邮件系统协议
DNS	Domain Name System	域名系统
DOM	Document Object Mode	文档对象模型
DOS	Disk Operation System	磁盘操作系统
DRAW	Direct Read After Write	写后直接读出
DSM	Distributed Shared Memory	分布式共享内存
DSP	Digital Signal Processing	数字信号处理
DTD	Document Type Definition	文件定义类型
DTE	Data Terminal Equipment	数据终端设备
DVD	Digital Versatile Disc	数字多功能盘
DVI	Digital Video Interactive	数字视频交互
DVI	Digital Visual Interface	数码视像接口
E		
EDIF	Electronic Data Interchange Format	电子数据交换格式
EEPROM	Erasable and Electrically Programmable ROM	电擦除可编程只读存储器
EGP	External Gateway Protocol	外部网关协议
EISA	Extended Industry Standard Architecture	增强工业标准结构
EMS	Expanded Memory Specification	扩充存储器规范
EPH	Electronic payment Handler	电子支付处理系统
EPROM	Erasable Programmable ROM	可擦除可编程只读存储器
ERP	Enterprise Resource Planning	企业资源计划
F		
FAT	File Allocation Table	文件分配表
FCB	File Control Block	文件控制块
FCFS	First Come First Service	先到先服务
FCS	Frame Check Sequence	帧校验序列
FDD	Floppy Disk Device	软盘驱动器
FDDI	Fiber-optic Data Distribution Interface	光纤数据分布接口
FDM	Frequency Division Multiplexing	频分多路
FDMA	Frequency Division Multiple Address	频分多址
FDX	Full Duplex	全双工
FEK	File Encryption Key	文件密钥
FEP	Front Effect Processor	前端处理机
FIFO	First In First Out	先进先出
FPU	Floating Point Unit	浮点部件
FRC	Frame Rate Control	帧频控制
FTAM	File Transfer Access and Management	文件传送访问和管理
FTP	File Transfer Protocol	文件传送协议
G		
GAL	General Array Logic	通用逻辑阵列

GCR	Group-Coded Recording	成组编码记录
GDI	Graphics Device Interface	图形设备接口
GIF	Graphics Interchange Format	图形转换格式
GIS	Geographic Information System	地理信息系统
GPI	Graphical Programming Interface	图形编程接口
GPIB	General Purpose Interface Bus	通用接口总线
GPS	Global Positioning System	全球定位系统
GSM	Group Special Mobile	分组专用移动通信
GSX	Graphics System Extension	图形系统扩展
GUI	Graphical User Interface	图形用户接口
H		
HDC	Hard Disk Control	硬盘控制器
HDD	Hard Disk Drive	硬盘驱动器
HDLC	High-level Data Link Control	高级数据链路控制
HDTV	High-Defination Television	高清晰度电视
HDX	Half DupleX	半双工
HEX	HEXadecimal	十六进制
HTML	Hyper Text Markup Language	超文本置标语言
HTTP	Hyper Text Transport Protocol	超文本传送协议
I		
IAC	Inter-Application Communications	应用间通信
IBM	International Business Machines	美国国际商用机器公司
ICMP	Internet Control Message Protocol	互联网控制消息协议
IDC	International Development Center	国际开发中心
IDE	Integrated Development Environment	集成开发环境
IDL	Interface Definition Language	接口定义语言
IIS	Internet Information Service	互联网信息服务
IoT	Internet of Things	物联网
IP	Internet Protocol	互联网协议
IPC	Inter-Process Communication	进程间通信
IPSE	Integrated Project Support Environments	集成工程支持环境
IRC	Internet Relay Chat	在线聊天系统
IRP	I/O Request Packets	输入输出请求包
ISA	Industry Standard Architecture	工业标准结构,是 IBM PC/XT 总线标准
ISDN	Integrated Service Digital Network	综合业务数字网
ISO	International Standard Organization	国际标准化组织
ISP	Internet Service Provider	互联网服务提供者
IT	Information Technology	信息技术
ITU	International Telecommunication Union	国际电信联盟
J		
JDBC	Java Database Connectivity	Java 数据库互联
JDK	Java Developer's Kit	Java 开发工具包

JPEG	Joint Photographic Experts Group	联合图片专家组
JSP	Java Server Page	Java 服务器页面技术，使用户能将需动态产生的页面内容与静态 HTML 部分分开
JVM	Java Virtual Machine	Java 虚拟机
K		
KB	Kilobyte	千字节
Kbps	Kilobits Per Second	每秒千比特
KMS	Knowledge Management System	知识管理系统
L		
LAN	Local Area Network	局域网
LAT	Local Area Transport	本地传送
LCD	Liquid Crystal Display	液晶显示器
LED	Light Emitting Diode	发光二极管
LLC	Logical Link Control sub-layer	逻辑链路控制子层
LP	Linear Programming	线性规划
LSIC	Large Scale Integration Circuit	大规模集成电路
LUT	Look Up Table	查询表
M		
MAC	Medium Access Control	介质访问控制
MAN	Metropolitan Area Network	城域网
MC	Memory Card	存储卡
MCA	Micro Channel Architecture	微通道结构
MDA	Monochrome Display Adaptor	单色显示适配器
MFM	Modified Frequency Modulation	改进调频制
MHz	Megahertz	兆赫(频率单位)
MIB	Management Information Bass	管理信息库
MIMD	Multiple Instruction Stream,Multiple Data Stream	多指令流,多数据流
MIPS	Million Instruction Per Second	每秒百万条指令
MIS	Management Information System	管理信息系统
MISD	Multiple Instruction Stream,Single Data Stream	多指令流,单数据流
MMU	Memory Management Unit	内存管理单元
MTBF	Mean Time Between Failure	平均故障间隔时间
MUD	Multiple User Dimension	多用户空间
N		
NCSC	National Computer Security Center	国家计算机安全中心
NDIS	Network Device Interface Specification	网络设备接口规范
NCM	Neural Cognitive Maps	神经元认知图
NFC	Near Field Communication	近场通信
NFS	Network File System	网络文件系统
NIS	Network Information Services	网络信息服务
NORMA	No Remote Memory Access (multiprocessor)	非远程内存访问(多处理器)
NRU	Not Recently Used	非最近使用

NSA	National Security Agency	国家安全局
NSP	Name Server Protocol	名字服务器协议
NTP	Network Time Protocol	网络时间协议
NUI	Network User Identifier	网络用户标识符
NUMA	Non-Uniform Memory Access (multiprocessor)	非一致内存访问(多处理器)
O		
OA	Office Automation	办公自动化
OCR	Optical Character Recognition	光学字符识别
ODBC	Open Database Connectivity	开放式数据库互联
ODI	Open Data-link Interface	开放式数据链路接口
OEM	Original Equipment Manufactures	原始设备制造厂家
OLE	Object Linking and Embedding	对象链接与嵌入
OMG	Object Management Group	对象管理组织
OOP	Object Oriented Programming	面向对象程序设计
ORG	Object Request Broker	对象请求代理
OS	Operating System	操作系统
OSI	Open System Interconnect Reference Model	开放式系统互联参考模型
OSPF	Open Shortest Path First	开发最短路径优先
P		
PC	Personal Computer	个人计算机
PCI	Peripheral Component Interconnect	外部部件互连
PDA	Personal Digital Assistant	个人数字助理
PDF	Portable Document Format	便携式文档格式
PDN	Public Data Network	公共数据网
PMMU	Paged Memory Management Unit	页面存储管理单元
POP	Post Office Protocol	邮局协议
POST	Power-On Self-Test	加电自检
PPP	Point to Point Protocol	点到点协议
PPSN	Public Packed-Switched Network	公用分组交换网
PROM	Programmable ROM	可编程只读存储器
Q		
QC	Quality Control	质量控制
QLP	Query Language Processor	查询语言处理器
QoS	Quality of Service	服务质量
R		
RAD	Rapid Application Development	快速应用开发
RAI	Remote Application Interface	远程应用程序界面
RAM	Random Access Memory	随机存储器
RAM	Real Address Mode	实地址模式
RAID	Redundant Arrays of Inexpensive Disks	冗余磁盘阵列技术
RCP	Remote Copy	远程复制
RDA	Remote Data Access	远程数据访问
RGB	Red,Green,Blue	三原色(红色、绿色、蓝色)

RIP	Raster Image Processor	光栅图像处理器
RIP	Routing Information Protocol	路由选择信息协议
RISC	Reduced Instruction Set Computer	精简指令集计算机
ROM	Read Only Memory	只读存储器
ROT	Running Object Table (DCOM)	运行对象表(DCOM)
RPC	Remote Procedure Call	远程过程调用
RTS	Request To Send	请求发送
S		
SAA	System Application Architecture	系统应用结构
SAF	Store And Forward	存储转发
SAP	Service Access Point	服务访问点
SCSI	Small Computer System Interface	小型计算机系统接口
SDLC	Synchronous Data Link Control	同步数据链路控制
SDK	Software Development Kit	软件开发工具箱
SGML	Standard Generalized Markup Language	标准通用置标语言
SHTTP	Secure Hype Text Transfer Protocol	安全超文本传送协议
SIMD	Single Instruction Stream,Multiple Data Stream	单指令流,多数据流
SISD	Single Instruction Stream,Single Data Stream	单指令流,单数据流
SMDS	Switch Multi-megabit Data Services	交换多兆位数据服务
SMP	Symmetric Multi-Processor	对称式多处理器
SMTP	Simple Mail Transport Protocol	简单邮件传送协议
SNA	System Network Architecture	系统网络结构
SNMP	Simple Network Management Protocol	简单网络管理协议
SNTP	Simple Network Time Protocol	简单网络时间协议
SONET	Synchronous Optic Network	同步光纤网
SPC	Stored-Program Control	存储程序控制
SQL	Structured Query Language	结构化查询语言
SSIC	Small Scale Integration Circuit	小规模集成电路
STDM	Synchronous Time Division Multiplexing	同步时分复用
STP	Shielded Twisted-Pair	屏蔽双绞线
T		
TCB	Transmission Control Block	传输控制块
TCP	Transmission Control Protocol	传输控制协议
TCP/IP	Transmission Control Protocol /Internet Protocol	传输控制协议/网间协议
TDM	Time Division Multiplexing	时分多路复用
TDMA	Time Division Multiplexing Address	时分多址技术
TDR	Time-Domain Reflectometer	时间域反射测试仪
telcos	telecommunications companies	电子通信公司
TIFF	Tagged Image File Format	有标签的图形文件格式
TIG	Task Interaction Graph	任务交互图
TLI	Transport Layer Interface	传送层接口
TSR	Terminate and Stay Resident	终止并驻留
TTL	Transistor-Transistor Logic	晶体管—晶体管逻辑电路

TWX	Teletypewriter Exchange	电传电报交换机
U		
UART	Universal Asynchronous Receiver Transmitter	通用异步收发器
UDF	Universal Disk Format	通用磁盘格式
UDP	User Datagram Protocol	用户数据报协议
UIMS	User Interface Management System	用户接口管理程序
UNI	User Network Interface	用户网络接口
UPS	Uninterruptible Power Supply	不间断电源
URI	Uniform Resource Identifier	环球资源标识符
URL	Uniform Resource Locator	统一资源定位符
USB	Universal Serial Bus	通用串行总线
UTP	Unshielded Twisted-Pair	非屏蔽双绞线
V		
VAD	Virtual Address Descriptors	虚拟地址描述符
VAN	Value-Added Network	增值网络
VAP	Value-Added Process	增值处理
VAS	Value-Added Server	增值服务
VAX	Virtual Address eXtension	虚拟地址扩充
VCPI	Virtual Control Program Interface	虚拟控制程序接口
VDD	Virtual Device Drivers	虚拟设备驱动程序
VDR	Video Disc Recorder	光盘录像机
VDT	Video Display Terminals	视频显示终端
VDU	Visual Display Unit	视频显示单元
VFS	Virtual File System	虚拟文件系统
VGA	Video Graphics Adapter	视频图形适配器
VIS	Video Information System	视频信息系统
VLAN	Virtual LAN	虚拟局域网
VLSI	Very Large Scale Integration	超大规模集成
VMS	Virtual Memory System	虚拟存储系统
VOD	Video On Demand	视频点播系统
VON	Voice On Net	网上通话
VPN	Virtual Private Network	虚拟专用网
VR	Virtual Reality	虚拟现实
VTP	Virtual Terminal Protocol	虚拟终端协议
VxD	Virtual Device Driver	虚拟设备驱动程序
W		
WAN	Wide Area Network	广域网
WAE	Wireless Application Environment	无线应用环境
WAIS	Wide Area Information Service	广义信息服务,数据库检索工具
WAP	Wireless Application Protocol	无线应用协议
WDM	Wavelength Division Multiplexing	波分多路复用
WDP	Wireless Datagram Protocol	无线数据包协议
WFW	Windows for Workgroups	工作组窗口

WML	Wireless Markup Language	无线置标语言
WORM	Write Once, Read Many time	写一次读多次光盘
WWW	World Wide Web	万维网
WYSIWYG	What You See Is What You Get	所见即所得
X		
XGA	eXtended Graphics Array	扩展图形阵列
XML	eXtensible Markup Language	可扩展置标语言
XMS	eXtended Memory Specification	扩展存储器规范
XQL	eXtensible Query Language	可扩展查询语言
Z		
ZA	Zero and Add	清零与加指令
ZBR	Zone Bit Recording	零位记录制

参 考 文 献

[1] 金志权,张幸儿.计算机专业英语教程[M].6 版.北京：电子工业出版社,2015.
[2] 吕云翔.计算机英语实用教程[M].北京：清华大学出版社,2015.
[3] 王小刚.计算机专业英语[M].4 版.北京：机械工业出版社,2015.
[4] 卜艳萍,周伟.计算机专业英语[M].北京：清华大学出版社,2010.
[5] 甘艳平.信息技术专业英语[M].北京：清华大学出版社,2009.
[6] 刘兆毓.计算机英语[M].4 版.北京：清华大学出版社,2009.
[7] 卜艳萍,周伟.计算机专业英语[M].2 版.北京：清华大学出版社,2007.
[8] 顾大权.实用计算机专业英语[M].北京：国防工业出版社,2007.
[9] 张玲,等.计算机专业英语[M].北京：机械工业出版社,2005.
[10] 武马群.计算机专业英语[M].北京：北京工业大学出版社,2005.
[11] 杨嵘.计算机专业英语[M].北京：机械工业出版社,2004.
[12] 李代平,等.计算机专业英语[M].北京：冶金工业出版社,2001.
[13] Jeffrey D Ullman,Jennifer Widom. A First Course in Database Systems[M]. Upper Saddle River: Prentice-Hall International,Inc,1997.
[14] Microsoft. Implementing a Database Design on Microsoft SQL Server 6.5[M]. Microsoft Education and Certification Student Workbook,1996.